AF537554

ÜBERSICHT:
REGIONALE PUUKKO-TYPEN
IN FINNLAND

Anssi Ruusuvuori

DAS PUUKKO

Finnische Messer vom Altertum bis heute

Anssi Ruusuvuori

Das Puukko

Finnische Messer vom Altertum bis heute

Titel der Originalausgabe: Puukkon Historia

Übersetzung aus dem Englischen: Ingrid Elser

1. Auflage der deutschen Ausgabe, 2016

ISBN 978-3-938711-77-4

Wieland Verlag GmbH
Rosenheimer Str. 22
83043 Bad Aibling
Telefon 08061/38998-0
Fax 08061/38998-20
www.wieland-verlag.com

Gestaltung, Satz: Caroline Wydeau
Alle Fotos, soweit nicht abweichend angegeben: Anssi Ruusuvuori

Druck: Print Consult

Printed in EU

Inhalt

Vorwort des Herausgebers

Die Geschichte dieses Buchs beginnt damit, dass ich bei der Messer Macher Messe in Solingen einen finnischen Messermacher kennenlernte, der hervorragende, handgefertigte Puukkos auf seinem Tisch liegen hatte. Wir kamen ins Gespräch, und Anssi Ruusuvuori – so hieß der freundliche Mann – berichtete mir, dass er in seiner Freizeit nicht nur Puukkos machte, sondern auch ein Buch darüber geschrieben hatte. Er fragte, ob ich nicht eine deutsche Übersetzung davon verlegen wollte.

Ich hatte natürlich Interesse und bat ihn, mir ein Exemplar seiner finnischen Ausgabe zu schicken. Was dann wenige Wochen auf meinem Schreibtisch landete, war ein gewaltiger, mehrere Kilo schwerer „Wälzer" mit mehr als 700 Seiten Umfang. Anssi Ruusuuvuori hatte nicht nur ein Buch über Puukkos geschrieben, sondern eine umfassende Geschichte der europäischen Messerentwicklung von der Steinzeit bis heute. Außerdem hatte er die gesamte (!) Puukko-Sammlung des finnischen Nationalmuseums ausführlich analysiert und in seinem Buch akribisch dokumentiert. Kurz: Das ganze sprengte jeden Rahmen und war als Übersetzungswerk nicht machbar, schon allein aus wirtschaftlichen Gründen nicht.

Die anfängliche Enttäuschung wich einer fruchtbaren Diskussion, an deren Ende wir vereinbarten, eine „abgespeckte" Version des Buchs in deutscher Sprache zu veröffentlichen. In der Ausgabe, die Sie in den Händen halten, haben wir uns ganz auf das finnische Puukko konzentriert und praktisch alles weggelassen, was sich mit andersartigen Messern aus den übrigen Ländern beschäftigt. Zudem wurde die Kapitelstruktur angepasst und die Abfolge der Inhalte teilweise verändert. Die optische Gestaltung ist neu, und außerdem wurde alles noch einmal gründlich lektoriert, gestrafft und überarbeitet. So hat am Ende dieses Buch mit dem finnischen Originalwerk nicht mehr viel gemeinsam. Ich bin aber davon überzeugt, dass es dem Interesse des deutschen Lesers in dieser Form viel besser entspricht.

Anssi Ruusuvuori hat hier die Historie des Puukko, dieses bemerkenswerten Messertyps aus Finnland, in einer bislang einmaligen Form aufgearbeitet. Er beschäftigt sich mit den technischen und gestalterischen Aspekten des Puukko und führt den Leser durch die Geschichte des legendären Werkzeugs, das gleichzeitig auch Waffe ist, von der Wikingerzeit bis in die Gegenwart. Er berichtet von den großen Schmiedemeistern, der Industrialisierung im späten 19. Jahrhundert und der Wiederentdeckung des Puukko in jüngerer Vergangenheit.

Das Buch ist so aufgebaut, dass erst die Technik des Puukko und seine Historie betrachtet werden. Im zweiten Teil stellt der Autor dann die verschiedenen Puukko-Typen vor, zunächst eingeteilt nach Material und Konstruktion. Danach präsentiert Anssi Ruusuvuori die zahlreichen regionalen Typen und besondere Puukkos, die man als Sammler und Messer-Enthusiast kennen sollte. Dieses Buch gibt einen umfassenden Überblick über das Thema Puukko und vermittelt einen reichen Wissensschatz. Es gibt zum Zeitpunkt der Drucklegung kein vergleichbares Werk in deutscher Sprache. Ich hoffe, es wird Ihnen für viele Jahre ein wertvolles Nachschlagewerk und eine interessante Lektüre sein.

Hans Joachim Wieland,
März 2016

Eine edle Version eines Tommi-Puukkos, gefertigt von Jukka Hankala

Einleitung

Ich denke, wir können heute sagen, dass der Begriff „Puukko" in den meisten Teilen der Welt bekannt ist. Die wunderbare Zweckmäßigkeit des Puukko wurde über Jahrhunderte hinweg verfeinert, und seine vielen regionalen Versionen und modernen Variationen machen es zu einem perfekten Objekt für Sammler, Holzarbeiter, Naturburschen und Messer-Enthusiasten. In Anbetracht dieser Tatsache erscheint es seltsam, das vor dem Erscheinen dieses Buches noch nie ein ernsthafter Versuch unternommen wurde, die lange Geschichte des Puukko wissenschaftlich zu untersuchen.

Es wurden einige allgemeine Untersuchungen des Puukko in finnischer Sprache veröffentlicht. Aber selbst diese Bücher lassen fast jegliche Information über die Zeit vor dem Jahr 1880 vermissen. Der Grund dafür ist teilweise, dass vor 2005 fast keine Puukko-Exemplare aus den Jahren 1300 bis 1750 gefunden worden waren. Allerdings hat unser Nationalmuseum schon seit dem frühen 19. Jahrhundert eine große Anzahl von Puukkos aus der Eisenzeit und der Zeit von 1750 bis 1850 gesammelt, die bis dahin noch nie jemand eingehend untersucht hatte.

Während der letzten 15 Jahre hat sich das Wissen über mittelalterliche Puukkos und andere Messertypen Finnlands enorm vergrößert. Besonders die Ausgrabungen im alten Zentrum von Turku – der ehemaligen Hauptstadt von Finnland – haben während der letzten Jahre einige mittelalterliche Messer und Messerscheiden ans Licht gebracht. Der interessanteste dieser Funde ist ein feines Puukko mit Bronzemonturen und einem Griff aus Maserbirke, das ich „Aboa-Vetus-Puukko" genannt habe – nach dem Museum, das es beherbergt.

Nachdem ich das Puukko fotografiert und vermessen hatte, schrieb ich einen Artikel darüber im *Puukkoposti*-Magazin, das von der finnischen Puukko-Gesellschaft veröffentlicht wird. In diesem Artikel versuchte ich auch im Detail auf die Geschichte des Puukko und seine wichtige Rolle in der finnischen Kultur einzugehen. Das Schreiben dieses Artikels erweckte in mir den Wunsch, mehr über die Geschichte unserer Nationalwaffe zu erfahren. Die Tatsache, dass ich seit 1993 selbst Puukkos hergestellt habe, gab den Untersuchungen ihren eigenen Geschmack. Einige der Fragen, die mich faszinierten, waren: Was ist der Grund für den guten Ruf des Puukko? Wie unterscheidet sich seine Evolution von der der Arbeitsmesser in anderen Ländern? Und was ist das Geheimnis hinter der hohen Praxistauglichkeit des Puukko?

Ich begann meine Arbeit eher nebenbei, ohne irgendwelche großen Pläne, aber mit dem brennenden Wunsch, Licht auf die lange vergessene Geschichte unseres nationalen Schatzes zu werfen. Je mehr ich recherchierte, desto mehr wurde deutlich, dass ein oder zwei Artikel bei weitem nicht ausreichen würden, um die einströmenden Informationen zu verarbeiten. Vor allem die visuellen Materialien waren viel zu umfassend, um sie in Artikelform zu veröffentlichen. Und so entwickelte sich die Idee eines Buchs.

Ich marschierte tapfer zum finnischen Nationalmuseum und präsentierte dort mein geplantes Buch und einige Puukkos aus eigener Fertigung dem Forscher Risto Hakomäki. Zu meinem Glück war er gleich Feuer und Flamme, da er selbst gerade damit begonnen hatte, die Puukko-Sammlung des Museums zu ordnen. Hakomäki fand für mich einen Platz, an dem ich die einzelnen Stücke fotografieren und studieren konnte, und ließ die ersten 65 Puukkos meiner Wahl aus dem außerhalb der Stadt gelegenen Lagerhaus zum Museum schicken. Nicht lange danach holten wir den Rest der Puukkos zum Museum und hatten viel Spaß dabei, diese wundervolle Sammlung, die für fast 150 Jahre vergessen und vernachlässigt worden war, zu untersuchen.

Trotz der Unmengen an neuen Daten und sorgfältig recherchierten Fakten in diesem Buch, erhebe ich keinen Anspruch darauf, dass diese Arbeit irgendetwas anderes ist als meine eigene subjektive Sicht auf die Geschichte des Puukko. Ein Grund dafür ist, dass es praktisch keine verlässlichen wissenschaftlichen Studien zu diesem Thema gibt, auf die man sich stützen könnte. Ein anderer Grund für meine „unwissenschaftliche" Herangehensweise war meine Absicht, mir meine Interpretationsfreiheit in Bezug auf das Thema zu erhalten. Nachdem ich einige wissenschaftliche Studien über antike Puukkos gelesen hatte, wurde mir klar, dass manche Forscher die Natur der Schneidwerkzeuge nicht ganz verstanden hatten und daher zu einigen seltsamen Schlüssen kamen, zum Beispiel beim Katalogisieren der verschiedenen Klingenformen.

Auch die in diesem Buch benutzte Terminologie ist teilweise neu und unterscheidet sich von wissenschaftlichen Veröffentlichungen. Das ist auf die Tatsache zurückzuführen, dass keine existierende Terminologie komplex genug war, um all die verschiedenen Modelle und Details eines Puukko zu beschreiben. Daher war es notwendig, für diese Publikation einige neue Puukkobezogene Begriffe zu erfinden.

Die Hauptquelle in Bezug auf Material für dieses Buch sind die Puukko-Sammlungen von finnischen

Jagd-Puukko von Anssi Ruusuvuori, 2001 gefertigt mit einer Klinge aus Wootz-Stahl von Heimo Roselli und einem Griff aus Elchhorn

Puukko mit einem Griff aus Tigerkoralle, von Anssi Ruusuvuori 2014 gefertigt

Museen und privaten Sammlern. Der größte Anteil untersuchter Messer stammt vom finnischen Nationalmuseum. Zusätzliches Material wurde vom Kauhava Puukko Museum, dem Peura-Museum, dem Turku Regional Museum, dem Aboa Vetus et Ars Nova Museum, dem Ostbottnischen Museum, dem Kriminalmuseum und verschiedenen Privatsammlungen zusammengetragen.

Der Hinweis „computerunterstützte Zeichnung" bei einigen Abbildungen bedeutet, dass das betreffende Bild mit Hilfe von Computerprogrammen rekonstruiert wurde. Die Abmessungen und Details der einzelnen Stücke erreichen die größtmögliche Genauigkeit bezogen auf die Originale, aber die Oberflächentextur unterscheidet sich gewöhnlich etwas vom Original. Alte Schwarz-Weiß-Fotografien und Strichzeichnungen wurden neben anderen Quellen als Ausgangspunkt für diese Zeichnungen benutzt.

Ich möchte gerne den folgenden Personen für ihre freundliche Mithilfe und Unterstützung danken: Sanna Jokela und Minna Hautio vom Aboa Vetus et Ars Nova Museum, Minna Vihla vom Ostbottnischen Museum, Aki Pihlman und Janne Harjula vom Turku Regional Museum, Jaana Riikonen, Hannu Kotivuori vom Lappland Regional Museum, Henry Flinkman vom Kauhava Puukko Museum, JP Peltonen, Teuvo Sorvari, Eero Heiskanen, Jouni Hohkala, Taisto Kuortti, Peter Mustonen (Morion Antiques), Altti Kankaanpää, Antti Rannanjärvi, Pentti Turunen, Pekka Tuominen, Jukka Hankala, Eero Haikala, Vesa Toivonen, Veli-Matti Hietanen, Ilari Mehtonen, Lester Ristinen, Manouchehr Khorasani, Mike Heffner, Joe Kertzman, Bernard Levine, meiner Frau Anne, meinem Sohn Joel, meiner Tochter Liila and meiner Mutter Raija.

Der Text der englischen Ausgabe wurde geprüft und korrigiert von Puukko-Schmied Theo Eichorn aus Kalifornien, der beinahe drei Jahre lang in Finnland blieb, von 2010 bis 2013, um die hohe Kunst der Puukko-Herstellung zu studieren. Danke, Theo, für deine herzliche Unterstützung und großen Anstrengungen!

Ich möchte auch John Larsen danken, der mir dabei half, passende Begriffe für die einzelnen Teile von Puukkos zu wählen und mir nach den ersten Entwürfen für diesen Text einige ermutigende Kommentare gab, die mich zu Beginn dieser Arbeit durchhalten ließen.

Das Ganze war ein intensiver und arbeitsreicher Prozess, aber zur gleichen Zeit auch eine bereichernde Erfahrung, die mich mehr über finnische Puukkos lehrte, als ich mir jemals vorgestellt habe.

Anssi Ruusuvuori
Piikiö, Finnland, Januar 2015

DIE HISTORIE DES PUUKKO

Teil A

Grundlegende Terminologie

Eine einfache Definition eines Puukko könnte zum Beispiel sein: ein Vielzweckmesser, das gut fürs Schnitzen geeignet ist, mit einer einzigen Schneide und Steckangel-Konstruktion. Der Griff eines Puukko ist meist zwischen 100 und 110 Millimeter lang. Die Klinge ist normalerweise kürzer als der Griff. Das Puukko wird gewöhnlich in einer frei hängenden Lederscheide getragen, die innen durch eine Holzeinlage geschützt ist. Ein traditionelles Puukko besitzt eine geschmiedete Klinge aus Carbonstahl, eine gut sitzende Scheide, die das Puukko auch dann hält, wenn sie mit der Öffnung nach unten hin- und hergeschüttelt wird, und einen komfortabel abgerundeten Griff, der mehrere verschiedene Handhaltungen erlaubt.

Für einen Finnen ist das Puukko das wichtigste Werkzeug und gleichzeitig die am meisten gefürchtete Waffe. Man könnte beinahe sagen, dass das Puukko für einen Finnen die gleiche Bedeutung besitzt wie ein Samuraischwert für einen Japaner. Es ist eine 2000 Jahre alte mystische Waffe, die über Jahrhunderte hinweg in Friedens- und Kriegszeiten mit derselben Überzeugung und Geschicklichkeit verwendet wurde.

Während seiner langen Geschichte wurde das Puukko für die unterschiedlichsten Aufgaben benutzt, wie zum Beispiel die Herstellung von Schöpfkellen und anderen Haushaltsgegenständen, das Schnitzen von Ornamenten, das Abkratzen von Eis auf Wagenrädern, das Schneiden von Lebensmitteln, zum Essen, Schlachten, Ausnehmen und Häuten von Wild, Fisch oder Vieh, das Herausklettern aus einem Eisloch zurück auf sicheren Boden und für die Durchführung von magischen Ritualen (um Kinder vor bösen Geistern zu beschützen, um für eine gute Ernte zu bitten und so weiter). Es wurde für die Selbstverteidigung und für Duelle benutzt, aber auch für feige Messerstiche in den Rücken. Allerdings muss man hier erwähnen, dass die „häjyt“ (ostbottnische Schlägertypen) und andere Kriminelle vom alten Schlag ihre Opfer gewöhnlich von vorne niederstachen. Jemand, der andere von hinten erstach, wurde nicht als sehr mannhaft angesehen.

Man könnte ein ganzes Buch über den Gebrauch des Puukko schreiben und die vielen Rituale und den Aberglauben, der sich um diesen Messertyp rankt. Aber in diesem Buch wollen wir uns auf ihre technischen Qualitäten konzentrieren – mit der Absicht, die „innere Wahrheit“ des Puukko zu finden.

Die Herkunft des Wortes „Puukko“

Das Wort *puukko*, das nur in der finnischen Sprache zu finden ist, wurde schriftlich mindestens seit dem frühen 19. Jahrhundert benutzt, aber die Benutzung des Wortes selbst reicht sehr viel weiter zurück. Im Kalevala (dem Nationalepos der Finnen) werden *veitsi* (Messer) und *kura* (ein älteres Wort für Messer) als Synonyme für Puukko benutzt. In Estland, dem südlichen Nachbarn Finnlands, sind *kuurask* und *kuuraski* die Worte für Messer. In der Vatja-Sprache (eine dem Finnischen verwandte Sprache) wurde ein Messer *kuraz* und ein Puukko *pupä-kuraz* (Messer mit Holzgriff) genannt. Im Finnischen selbst änderte sich die Bedeutung des Begriffs *kuras* später in die Bezeichnung für eine Keule oder einen Stock.

Die Etymologie (historische Herkunft) des Wortes *puukko* gab Anlass zu vielerlei Spekulationen. Im finnischen etymologischen Wörterbuch von 1961 wird seine Herkunft auf das Wort *puu* für Holz zurückgeführt. Dieselbe Herleitung findet sich in der Ausgabe des *Suomi*-Magazins von 1882, das von der finnischen Literaturgesellschaft herausgegeben wird. Im Text wird geschrieben: „...Sie wurden gemacht unter Verwendung von Äxten, Messern, auch als Puukko bekannt (vom Wort „puu“ für Holz)...“ Die Theorie wurde auch im Buch „Die Herkunft der Wörter“ des finnischen Romanautors Veiji Meri wiederholt. Er schlägt auch vor, dass das Wort von dem zweiteiligen Begriff *puupäinen veitsi* (Messer mit Holzgriff) abgeleitet sein könnte.

In dem Buch „Der finnische puukko und das junki-Messer“ von 1964 (nur auf Deutsch veröffentlicht) schlug der finnische Folklorist Kustaa Vilkuna eine gänzlich abweichende Definition vor. Er ging davon aus, dass das Wort *puukko* sich vom deutschen *Pook* ableitete, einem kurzen Dolch, der von den Hansekaufleuten des 13. bis 15. Jahrhunderts getragen wurde. Vikuna rechtfertigte seine Theorie, indem er sich auf das Wort *junki* (kleines Puukko) berief, das vom deutschen Wort *Junge* in die finnische Sprache kam.

Vikuna wies auch darauf hin, dass das Puukko sich direkt aus deutschen Messern entwickelt haben könnte und dabei die älteren, horizontal getragenen finnischen Messer ersetzt haben könnte. Dabei handelt es sich allerdings um ein Missverständnis, denn es gibt keinen archäologischen oder schriftlichen Beweis, der diese Theorie untermauern könnte. Die Fundstücke aus Ausgrabungen deuten darauf hin, dass der Übergang von horizontaler zu vertikaler Trageweise schrittweise vom 10. Jahrhundert n. Chr. an erfolgte. Außerdem gab es schon seit der frühen Eisenzeit in Finnland viele verschiedene Typen von Messern mit Scheide und auch von Puukkos.

Ein Weg, um die strukturellen Unterschiede zwischen den Wörtern *veitsi* (Messer) und *puukko* zu bestimmen ist, die Unterschiede ihrer Etymologie zu untersuchen. Das Wort veitsi leitet sich vom Verb *veitsää* (schnitzen) ab, was es auch zum passenden Wort für ein Puukko macht. Andererseits zeigt das Verb *puukkottaa* (mit einem Puukko töten), dass das Puukko auch als tödliche Waffe betrachtet wurde.

Die interessanteste Frage ist: Was war überhaupt der Grund dafür, dass die Finnen ein eigenes Wort für das Puukko erfanden? War es einfach ein neues Modewort für ein Messer mit Scheide, wie von Kustaa Vikuna vorgeschlagen, oder hat das Wort eine tiefere Bedeutung? War es das Wort für ein Messer, das speziell fürs Holzschnitzen gedacht war oder für die Selbstverteidigung oder für einen anderen Zweck? Da im Grunde genommen jedes Messer mit einer scharfen Spitze zur Selbstverteidigung genutzt werden kann, glaube ich persönlich eher, dass sich das Wort *puukko* vom Wort *puu* herleitet und damit ein Messer mit Holzgriff oder ein Messer zum Holzschnitzen gemeint ist. Der stärkste wissenschaftliche Beweis, der diese Ansicht unterstützt, ist das Wort für Puukko in der Vatja-Sprache: *pupäkuraz* (Messer mit Holzgriff).

Wir lassen die Etymologie des Wortes *puukko* als eine Herausforderung für zukünftige Linguisten und wenden uns lieber den physikalischen Unterschieden zwischen Puukkos und Messern zu. Die Frage ist: Was unterscheidet ein Puukko von anderen Messern? Diese Frage wurde bisher nicht angemessen beantwortet. Ich habe versucht eine Klassifizierung aufzustellen, die den Unterschied zwischen Puukkos und anderen Messern darstellen kann.

Die wichtigsten Eigenschaften des Puukko

Das wichtigste Merkmal eines Puukko ist seine Klinge, die gut fürs Holzschnitzen geeignet ist. Eine Klinge, die dafür tauglich sein soll, darf nicht zu lang sein. Aber da ein Puukko auch für viele andere Aufgaben und auch als Waffe benutzt wird, darf die Klinge auch nicht zu kurz, zu schmal oder zu dünn ausfallen. Die passende Klingenlänge wird im allgemeinen mit 70 bis 100 Millimeter angegeben. Die geeignete Breite liegt bei 17 bis 23 Millimetern.

Die Hauptfase wird meistens so flach wie möglich gemacht (das wird oft als skandinavischer Schliff bezeichnet). Der Winkel der Fase liegt meist zwischen 15 und 21 Grad. Die Schneide der Klinge wird gewöhnlich mit einem etwas größeren Winkel geschliffen, so dass eine kleine, fast unsichtbare Sekundärfase entsteht. Das Ziel ist, die Schneide möglichst dünn zu machen, ohne die Stärke der Klinge zu beeinträchtigen. Das vorsichtige Abziehen der Schneide mit einem Schleifstein feiner Körnung, einem Lederband oder einer Filzscheibe ist ebenfalls ein entscheidender Schritt bei der Herstellung einer feinen Klinge fürs Schnitzen.

Diese Merkmale machen die Klinge dazu fähig, selbst dünne Späne von grob gemasertem Hartholz zu hobeln. Die Fase eines Puukko kann auch leicht konkav sein und einen Hohlschliff aufweisen, falls sie an einem gerundeten Schleifstein oder einem Bandschleifer geschliffen wurde. Andererseits sind die Rollen von Bandschleifern in Finnland normalerweise recht groß, deutlich größer als die von Bandschleifern in Schweden oder Norwegen, daher sind die Klingen von finnischen Puukkos in der Regel zumindest annähernd flach geschliffen.

Es ist ebenfalls gebräuchlich, die Klinge eines Puukko per Hand auf einem herkömmlichen Bankstein mit geraden Kanten zu schleifen, wodurch die gesamte Klingenseite geschärft wird und nicht nur die Sekundärfase der eigentlichen Schneide. Dadurch wird letztendlich selbst der minimalste konkave Schliff geglättet. Das Problem bei einem Hohlschliff ist, dass damit die Klinge am Holz hängen bleiben kann oder die Schneide geschwächt wird. Im Gegensatz dazu stärkt ein konvexer (balliger) Schliff die Klinge, er erschwert aber das Eindringen der Klinge in das Holz.

Die Klinge eines Puukko muss stark genug sein und eine korrekte Wärmebehandlung erhalten, damit sie dem harten Gebrauch widerstehen kann. Die Schneide

Ein Puukko, bei dem der Griff und das untere Ende der Scheide aus Eschenwurzelholz gefertigt sind (Anssi Ruusuvuori, 2007)

muss hart genug sein, um leicht in das Holz eindringen zu können und dabei ihre Schärfe zu behalten, während der Rest der Klinge weicher sein sollte, um ein Abbrechen der Klinge zu verhindern. Das wird auf traditionelle Weise durch differenzielles Härten erreicht, wobei der Klingenrücken praktisch ungehärtet bleibt.

Wenn wir nun diese Merkmale betrachten und sie mit denen von anderen Messern auf der Welt vergleichen, dann findet man ähnliche traditionelle Klingen nur in Schweden und Norwegen. Aber selbst diese unterscheiden sich von den finnischen Klingen. Besonders norwegische Klingen haben normalerweise einen viel größeren Schleifwinkel – der sie weniger geeignet fürs Schnitzen macht. Trotzdem können auch schwedische und norwegische Messer Puukko genannt werden, da die meisten dieser Messer die grundlegenden Voraussetzungen dafür erfüllen. Außerdem wurden Schnitzmesser vom Puukko-Typ bis zum Ende des 19. Jahrhunderts sehr wahrscheinlich auch in Westrussland hergestellt. Allerdings ist über ihre Geschichte nicht viel bekannt.

Von den genannten Beispielen abgesehen, habe ich keine Kenntnis über Messer im Puukko-Stil aus anderen Teilen der Welt. Es gibt heute in den USA einige Messermacher, deren Messer man auch Puukko nennen könnte, allerdings sind das relativ neue und seltene Ausnahmen. Während der Eisenzeit waren sich die Messer in Europa wahrscheinlich in gewisser Hinsicht ähnlich, aber nur in Skandinavien formten Messer im Puukko-Stil die wichtigste Gruppe von Schneidwerkzeugen mit kurzer Klinge, die bis jetzt Bestand hat. In anderen Teilen Europas nahm die Entwicklung der Messer vom Mittelalter an eine andere Richtung.

Ein weiterer großer Unterschied zwischen skandinavischen und anderen europäischen Messern ist, dass in Skandinavien (genauer in Finnland, Schweden und Norwegen) die traditionellen Messertypen fast ausschließlich feststehende Messer mit Steckangel-Konstruktion sind, während die traditionellen Typen in Süd- und Mitteleuropa gewöhnlich Klappmesser sind. Einfache Klappmesser wurden auch in Skandinavien hergestellt, allerdings wurden sie dort aufgrund ihrer geringeren Stabilität niemals so populär wie Puukkos.

Stärke der Klinge

Timo Hyytinen hat in seinem Werk „Suuri Puukkokirja“ die Klingenstärke als eine dieser definierenden Eigenschaften vorgeschlagen. Er gibt vor, dass die Klinge eines Puukko mindestens drei Millimeter stark sein sollte. Das scheint ein fairer Vorschlag zu sein. Da auf der anderen Seite viele bekannte Puukko-Modelle eine Klingenstärke von genau drei Millimetern aufweisen, manchmal auch etwas weniger, scheint es vertretbar zu sein, diese Regel etwas „aufzuweichen“. Die absolute Untergrenze könnte also bei 2,5 Millimetern liegen. Falls ein Messer im Puukko-Stil also eine Klingenstärke von weniger als 2,5 Millimetern besitzt, sollten wir es einfach Messer nennen.

Länge der Klinge

Wir haben bereits festgestellt, dass die gebräuchlichste Länge eines Puukko 70 bis 100 Millimeter beträgt. Obwohl die Klinge eines Puukko in der Regel kürzer als der Griff ist, gibt es bestimmte Zwecke, für die die Klinge länger gemacht wurde. Manchmal wurde sie zum Schlachten von Nutztieren verlängert, und in einigen Fällen wurde sie einfach für repräsentative Zwecke gemacht. In Anbetracht dessen erscheinen eher weitgesteckte Grenzen für die Klingenlänge eines Puukko angebracht.

Für dieses Buch habe ich eine Obergrenze von 20 Zentimetern für die Klingenlänge definiert. Mehr als das erscheint mir ein wenig überzogen. Eine minimale Länge habe ich nicht festgelegt, da auch ein Puukko mit einer winzigen Klinge oft sehr praktisch beim Holzschnitzen und anderen feinen Arbeiten sein kann.

Puukko mit einem Griff aus Bruyère-Holz und Messingzwinge (Anssi Ruusuvuori, 2008)

Damit ein Puukko zum Allzweckwerkzeug wird, sollte die Klingenlänge trotzdem mindestens sieben Zentimeter betragen.

Fasenwinkel (Winkel des Anschliffs)

Ein wesentliches Merkmal eines Puukko ist der Fasenwinkel (also der Winkel zwischen den beiden Seitenflächen der Klinge). Die feine Klingengeometrie und die damit verbundene Schneidfähigkeit ist eine der wichtigsten Eigenschaften eines Puukko. In ihrem Buch „Puukkoeppä“ (Messerschmied) empfehlen Ilari Mehtonen und Tanno Tamminen einen Schleifwinkel von 15 Grad für ein Puukko zum Schnitzen. In einem anderen Buch namens „Sepän taidot“ (Die Fertigkeiten eines Kunstschmieds) von Ilari Mehtonen und Heimo Roselli lautet die Empfehlung 15 bis 20 Grad. In einem Zeitschriftenartikel von 1997 wurde die Empfehlung auf 12 bis 17 Grad festgelegt. Es gibt tatsächlich einige wenige, aber sehr populäre Puukko-Modelle, wie zum Beispiel das „Orijärvi-Puukko“ von Fiskars, mit einem Fasenwinkel von nur 12 bis 13 Grad. Diese Puukkos sind hervorragend fürs Holzschnitzen geeignet. Ich denke allerdings, dass diese Exemplare hauptsächlich bei weichem Holz wie zum Beispiel Kiefern- und Fichtenholz benutzt werden, die in Finnland die populärsten Holzarten fürs Schnitzen sind.

Zu beachten ist, dass der Fasenwinkel nicht dasselbe ist wie der Winkel der Klinge während des Schleifvorgangs. Wenn zum Beispiel der Fasenwinkel 20 Grad beträgt, dann bedeutet das, dass die Klinge am Schleifband oder Schleifstein von beiden Seiten mit einem Winkel von zehn Grad anliegt. Das ist ein sehr flacher Winkel. Gewöhnlich wird das Puukko nachgeschärft, indem man die gesamte Seitenfläche der Klinge schärft (schleift), so wie bei traditionellen japanischen Kochmessern. Das heißt, der Fasenwinkel bleibt gleich, unabhängig vom Verschleiß der Klinge. Das ist eine sehr einfache Methode, denn auf diese Weise muss sich der Nutzer normalerweise nicht mit dem Einhalten des korrekten Schleifwinkels befassen.

Nachdem ich Hunderte von Puukkos – alte und neue – untersucht hatte, konnte ich feststellen, dass der

Schneidfreudig: Altes finnisches Haushaltsmesser, Fasenwinkel etwa fünf Grad (Finnisches Nationalmuseum, NMF)

typische Fasenwinkel bei 17 bis 21 Grad lag. Bei Puukkos aus dem 19. Jahrhundert betrug der durchschnittliche Winkel 19 Grad. Allerdings war dabei die Bandbreite ziemlich groß, besonders bei den ältesten Klingen. Ihr Winkel lag zwischen 13 und 30 Grad. Es ist allerdings schwierig, den richtigen Wert des Winkels abzuschätzen. Die ältesten Klingen waren ziemlich abgenutzt und schlecht gepflegt, daher könnte sich der Winkel deutlich vom ursprünglichen Wert entfernt haben. Der typische Phasenwinkel für moderne, industriell hergestellte Puukkos beträgt 20 bis 22 Grad.

Konstruktion eines Puukko

Ein Puukko besitzt immer eine Steckangel-Konstruktion, wobei die Angel entweder kürzer als der Griff ist (Kurzangel oder Kurzerl) oder durch den gesamten Griff verläuft und am Griffabschluss befestigt ist. Die Flachangel-Bauweise, bei der Griff und Angel dieselbe Breite besitzen und die Griffschalen seitlich auf der Angel montiert werden, gehört nicht zu einem traditionellen Puukko. Eine schmale Steckangel verlegt die Balance des Puukko weiter nach vorn, was bei einer kurzen Klinge sinnvoll ist.

Klingenform

Der fünfte Unterschied bezieht sich auf die Form der Klinge. Falls die Klinge stark gekrümmt ist oder sich aus einem anderen Grund schlecht fürs Schnitzen eignet, sollte ein Messer besser nicht Puukko genannt werden. Im Bild unten ist ein Messer zu sehen, auf dessen Klinge diese Definition zutrifft. Das Messer stammt wahrscheinlich aus dem 18. oder 19. Jahrhundert.

Klingenmaterial

Die Klinge eines Puukko wird traditionell aus Kohlenstoffstahl hergestellt, aber heutzutage kann sie auch aus

Kein Puukko: Altes finnisches Messer (Finnisches Nationalmuseum, NMF)

rostfreiem Stahl (ATS-34, Stahl der 440er Reihe usw.), pulvermetallurgischem Stahl, Wootz oder Damaszenerstahl gemacht sein. Der entscheidende Faktor ist, dass die Klinge eine passende Wärmebehandlung erhält, um die richtige Widerstandskraft mit einer ausreichenden Elastizität zu kombinieren. Eine zu harte Klinge kann leicht ausbrechen oder splittern. Eine passende Härte für die Schneide eines Puukko ist normalerweise etwa 57 bis 59 HRC, allerdings sollte der Klingenrücken weicher bleiben.

Wenn ein bestimmtes Messer nicht alle Anforderungen an ein Puukko erfüllt, aber in den meisten Details einem Puukko ähnelt, dann kann es als „Puukko-Messer“ oder „Puukko-Dolch“ bezeichnet werden, so wie ich es in diesem Buch getan habe. Es gibt alte Puukko-Modelle, die nicht alle genannten Anforderungen erfüllen, die aber schon unter dem Namen Puukko etabliert sind, und dabei sollte es auch bleiben.

Selbst wenn die dargelegten Kriterien nicht erreicht werden, könnte sich ein altes Messer als so finnisch und ursprünglich herausstellen, dass es trotzdem verdient, Puukko genannt zu werden. Am Ende geht es um Finnlands Nationalerbe und um den emotionalen und mythologischen Zusammenhang, daher sollte man in dieser Angelegenheit keine zu strikte Haltung einnehmen.

Um auf die Frage „Wann ist ein Puukko ein Puukko?“ zurückzukommen, können wir ein typisches amerikanisches Messer betrachten, das auf den ersten Blick wie ein Puukko aussieht. Das unten abgebildete Messer ist ein Buck Woodsman, Modell 102. Es hat eine Klingenlänge von zehn Zentimetern, eine Klingenstärke von drei Millimetern, eine Steckangel und eine passende Klingen- und Griffform. Damit deckt es die meisten der aufgeführten Puukko-Voraussetzungen ab. Doch selbst wenn wir über den unpassenden Handschutz hinwegsehen, stellen wir fest, dass die Klinge deutlich hohl geschliffen ist. Für einen Laien mag das Messer ein gutes Schnitzmesser sein, für einen Puukko-Kenner ist der Unterschied sonnenklar.

Fast ein Puukko, aber eben doch nicht: Buck 102 (2003)

Puukko-Begriffe

Hier finden Sie einige der wichtigsten Begriffe, die ein Puukko und seine Scheide beschreiben.

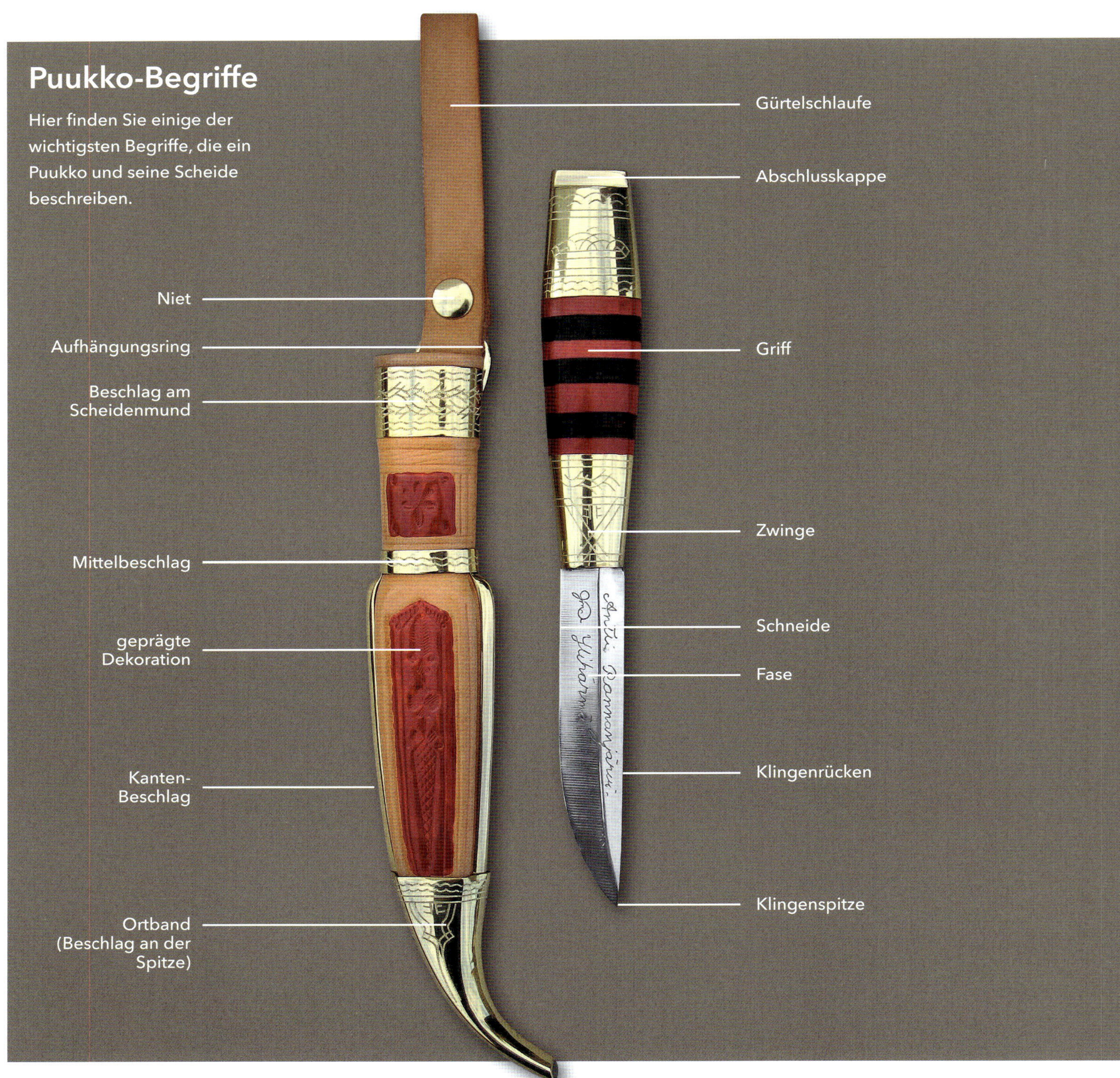

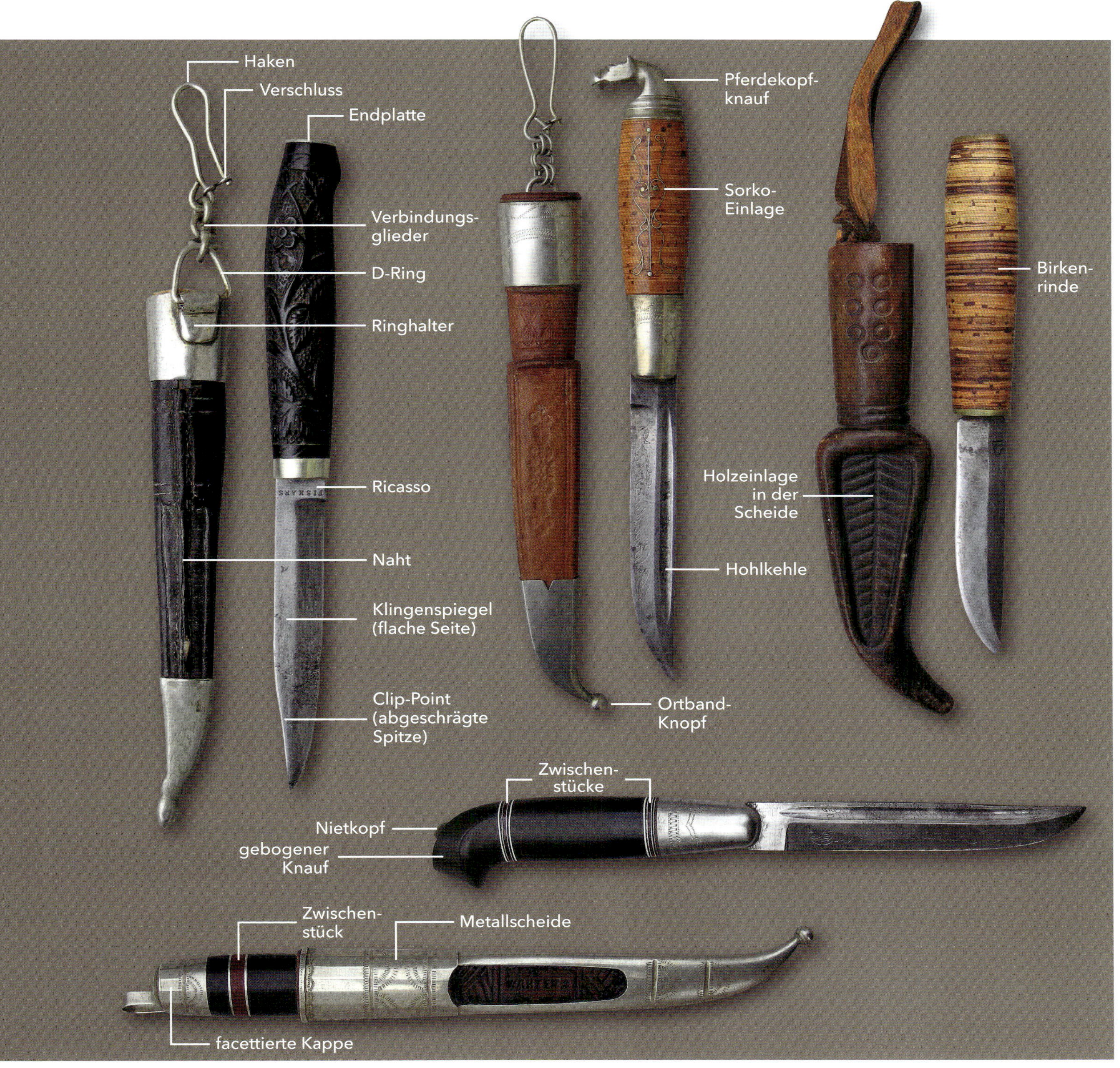
Haken
Verschluss
Endplatte
Verbindungs-
glieder
D-Ring
Ringhalter
Ricasso
Naht
Klingenspiegel
(flache Seite)
Clip-Point
(abgeschrägte
Spitze)
Pferdekopf-
knauf
Sorko-
Einlage
Holzeinlage
in der
Scheide
Hohlkehle
Ortband-
Knopf
Birken-
rinde
Zwischen-
stücke
Nietkopf
gebogener
Knauf
Zwischen-
stück
Metallscheide
facettierte Kappe

Die verschiedenen Puukko-Varianten

Klingenformen

Vor dem Erscheinen dieses Buchs wurden verschiedene Klingentypen finnischer Puukkos nur in einige Grundtypen eingeteilt. Viele Details ihrer Designs wurden nicht berücksichtigt. Ich habe daher ein neues System der Klassifizierung von Puukkos aufgestellt.

Klinge mit gekrümmtem Rücken (Drop-Point-Klinge)

Die Klinge mit nach unten gekrümmtem Rücken (heute meist englisch als Drop-Point-Klinge bezeichnet) ist einer der ältesten Puukko- beziehungsweise Messertypen in Finnland. Die Krümmung des Klingenrückens kann entweder konstant sein (wie beim mittleren Messer in der Abbildung unten) oder mehr gebogen in der Nähe der Klingenspitze (wie beim oberen Messer).

Das untere Puukko stammt aus der Zeit der Kreuzritter (1050 bis 1150). Es repräsentiert eine andere Variante der Drop-Point-Klinge. Bei diesem Modell ist der hintere Teil des Klingenrückens zuerst beinahe gerade, allerdings krümmen sich der Rücken und die Schneide in der Nähe der Spitze zu einer steilen Kurve. Dieser Typ war sehr häufig bei den Skramasaxes der finnischen Wikingerzeit (800 bis 1150) und wird auch bei manchen Puukko-Klingen gefunden, die meist aus derselben Periode stammen.

Klinge mit geradem Klingenrücken

Der gerade Klingenrücken repräsentiert ebenfalls einen der ältesten Typen des Klingendesigns in Finnland. Der Rücken ist gerade und folgt dem Verlauf des Griffs. Die Klinge mit geradem Rücken kann eine leicht nach oben gebogene Spitze besitzen. Wenn die Abweichung nur gering ist, dann kann man die Klinge trotzdem als eine „mit geradem Klingenrücken" klassifizieren. Trotzdem muss man, speziell bei der Klassifizierung neuerer Klingen vom späten 19. Jahrhundert oder später, besonders vorsichtig vorgehen, da diese Klingen oft kleine, fast nicht sichtbare, aber beabsichtigte Merkmale aufwei-

Puukkos mit Drop-Point-Klingen

Puukkos mit geradem Klingenrücken

sen, die ihre Erscheinung stark beeinflussen und sie von den gewöhnlichen Messern mit geradem Rücken unterscheiden. Ein gutes Beispiel dafür sind die originalen Rautalammi-Puukkos, die früher als Klingen mit geradem Rücken klassifiziert wurden, die aber tatsächlich meist leicht nach oben gekrümmte Klingen aufweisen.

Klingen mit geradem Rücken sind oft etwas nach unten gerichtet platziert, in Bezug auf die Mittellinie des Griffs. Falls die Linie fast unmerklich abwärts verläuft, kann man die Klinge immer noch als solche mit geradem Rücken bezeichnen. Wenn die Abwärtslinie des Klingenrückens deutlich sichtbar ist, dann sollte die Klinge jedoch, so wie im nächsten Abschnitt, als „Klinge mit abwärts gerichtetem, geradem Rücken" eingeordnet werden.

Klinge mit abwärts gerichtetem, geradem Rücken

Die Klinge mit abwärts gerichtetem, geradem Rücken gehört, zusammen mit den ersten beiden Typen zu den ältesten Klingenformen bei Puukkos. Diese Klinge wird so in den Griff eingesetzt, dass sie im Vergleich zum Griffverlauf leicht abwärts gerichtet ist. Der Unterschied zwischen Puukkos mit geradem Klingenrücken und solchen mit abwärts gerichtetem, geradem Klingenrücken (oder auch solchen mit leicht nach unten gerichteten Drop-Point-Klingen) sind oft sehr gering und nur schwer zu bestimmen. Ältere Klingen wurden von Hand geschmiedet und nicht immer perfekt ausgeformt. Dennoch ist der Unterschied manchmal offensichtlich.

Clip-Point-Klinge

Die Clip-Point-Klinge (im Deutschen auch Hechtklinge genannt) ist beinahe so alt wie die drei vorher genannten Modelle, war aber nie so populär wie andere Puukko-Klingen. Von diesem Typ gibt es viele Varianten. Die Länge und die Steilheit der Abschrägung können variieren. Außerdem kann der Klingenrücken entweder gerade oder nach oben gerichtet sein.

Die Clip-Point-Klinge wird in Finnland manchmal auch „Bowieklinge" oder „Westerner"genannt, in Anlehnung an die Messerform, die durch Jim Bowie berühmt gemacht wurde. Allerdings ist dieses Klingenmodell viel älter und stammt aus der frühen Eisenzeit. Dann gibt es noch eine seltene Variante, bei der die Abschrägung gerade und oft länger als der restliche Klingenrücken ist (der ebenfalls gerade ist).

Der Rücken der Clip-Point-Klinge ist meistens gerade und folgt der Richtung der Mittellinie des Griffs.

Puukkos mit abwärts gerichtetem, geradem Klingenrücken

Puukkos mit Clip-Point-Klingen

Falls das nicht der Fall ist, dann kann man die Klinge „nach oben gerichtete Clip-Point-Klinge“ oder analog „nach unten gerichtete Clip-Point-Klinge“ nennen.

Nach oben gekrümmte Klinge

Die nach oben gerichtete Klinge bezeichnet ein Modell, bei dem der Klingenrücken sanft und gleichmäßig nach oben zur Spitze gekrümmt ist, ohne eine klare Kurve oder Drehung in der Nähe der Spitze. Falls die Kurve sich in der Nähe der Spitze befindet und mit dem restlichen Klingenrücken durch einen „Ellenbogen“ verbunden ist, dann sollte die Klinge Clip-Point-Klinge genannt werden oder abgeschrägte, nach oben gekrümmte Klinge (wie im nächsten Abschnitt).

Der Volkskundler Sakari Pälsi, einer der ersten, die über finnische Puukko-Klingen schrieb, fand dass dieser Typ eine neue und überflüssige Ergänzung zu den finnischen Puukkos war. Pälsi übersah dabei die Tatsache, dass nach oben gekrümmte Klingen schon mindestens 200 Jahre vor seinem Protest bei Puukkos verwendet wurden.

Nach oben gekrümmte Klingen sind bei Jagdmessern sehr häufig zu finden, wahrscheinlich weil dadurch die Schneide in einer langen Kurve verlängert wird, was für das Häuten und zum Schneiden von Fleisch günstig sein kann. Das Problem bei diesem Typ ist, dass die gebogene Klingenspitze leicht an der Tierhaut hängenbleibt und sie sogar durchbohren kann (oder auch die Lederscheide). Außerdem schwächt dieses Design die Klingenspitze.

Abgeschrägte, nach oben gekrümmte Klinge

Bei der abgeschrägten, nach oben gekrümmter Klinge handelt es sich, wie man sich denken kann, um eine gekrümmte Klinge mit Clip-Point. Viele dieser Klingen wurden wahrscheinlich nachträglich in diese Form geschliffen, um die Nachteile einer nach oben gekrümmten Klinge zu vermeiden. Falls die Abschrägung nur ein paar Millimeter beträgt, kann man die Klinge immer noch „nach oben gekrümmt“ nennen. Aber wenn die Abschrägung mehr als fünf Millimeter beträgt, dann sollte die Klinge als „abgeschrägt, nach oben gekrümmt“ klassifiziert werden.

Mindestens in einigen Fällen wurde das Puukko mit Absicht in dieser Weise produziert, wie man beim obersten Exemplar in der Abbildung unten, dem Fiskars-Modell 633, sehen kann.

Puukkos mit nach oben gekrümmten Klingen

Puukkos mit abgeschrägter, nach oben gekrümmter Klinge

Ricasso-Klinge (Klinge mit Ricasso beziehungsweise Fehlschärfe)

Die Ricasso-Klinge ist nach dem ungeschärften Bereich der Klinge in der Nähe des Griffs benannt. Ricasso-Klingen wurden in Finnland hauptsächlich bei Puukkos eingesetzt, die seit dem 19. Jahrhundert in den Fabriken der Firmen Fiskars und Hackman hergestellt wurden. Auch die Puukkos der kleinen Betriebe in Kauhava haben seit dem 19. Jahrhundert häufig Ricasso-Klingen.

Gründe für eine Ricasso-Klinge gibt es einige: um den Namen des Messermachers einzustanzen, um leichter eine gute Passung zwischen Klinge und Griffzwinge herzustellen, um die Verbindung zwischen Klinge und Griff zu festigen, um das Schärfen des Messers zu erleichtern, oder um die Klinge sicherer zu machen, falls der Zeigefinger in Richtung Schneide rutscht. Ein Ricasso ist allerdings auch teilweise ungünstig, da der scharfe Bereich der Klinge in der Nähe des Griffs die beste Schneidleistung liefert.

Die Fehlschärfen der alten Kauhava-Puukkos sind in der Regel abgewinkelt und folgen dem Verlauf der Fase. Das flache Ricasso wurde bei den Kauhava-Puukkos erst nach 1922 eingeführt, als es notwendig wurde, den Namen der Firma in das Ricasso zu stanzen, um die Puukkos in die USA ausführen zu können. Die Fabrikmesser der Firmen Fiskars und Hackman besaßen von Anfang an flache Ricassos.

Auch die übrigen Eigenschaften der Klinge bestimmen natürlich ihre Benennung. Die untere Klinge in der Abbildung unten (mit einem sehr kurzen Ricasso) ist zum Beispiel als Clip-Point-Ricasso-Klinge korrekt bezeichnet.

Klinge mit Hohlkehle

Die Klinge mit Hohlkehle ist eine der jüngsten Puukko-Klingen. Die Hohlkehle wurde zuerst in ein Messingteil geschliffen, das dem Klingenrücken hinzugefügt wurde. Diese Art von Klingen wurden vermutlich zuerst im Jahr 1899 von Antti Mäenpää für die Weltausstellung 1900 in Paris geschaffen. In der Firma Iisakki Järvenpää wurden angeblich in den Jahren 1905 bis 1915 ähnliche Messer hergestellt. Von 1915 an wurden die Hohlkehlen mit einem entsprechenden Schleifstein direkt in die Klingen geschliffen, von 1922 an wurde die Hohlkehle direkt heiß in die Klinge eingepresst. Während der 20er Jahre des vorigen Jahrhunderts kam die Hohlkehlen-Klinge richtig in Mode.

Im Gegensatz zu langen Schwertklingen hat eine Hohlkehle bei Puukkos keine praktische Bedeutung,

Puukkos mit Ricasso-Klinge

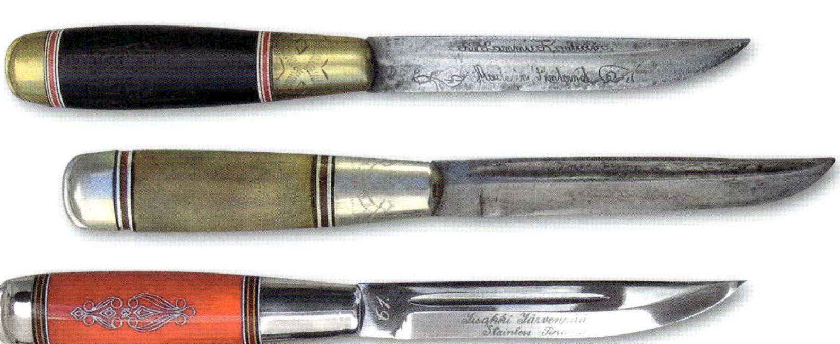

Puukkos mit Hohlkehle

sie ist nur Dekoration. Der einzige Vorteil war, dass sie den Machern von Kauhava-Puukkos einen passenden Platz für die Hinterlassung ihres Namens bot. Die Hohlkehle schützte den eingeätzten Namen des Herstellers, und daher können wir ihn normalerweise heute noch gut lesen. Der Nachteil der Hohlkehle ist, dass sie den Fasenwinkel oft dazu zwingt, größer als die typischen 17 bis 22 Grad zu sein. Außerdem erschwert es das Schärfen der Klinge (über die gesamte Fase) und könnte den Benutzer dazu verleiten, den Fasenwinkel zu vergrößern, um die Hohlkehle und die Ästhetik der Klinge zu schützen.

Eine Klinge mit Hohlkehle besitzt normalerweise ein Ricasso und kann daher gekehlte Ricasso-Klinge genannt werden. Falls die Klinge noch präziser klassifiziert werden muss, kann die Bezeichnung auch etwas komplizierter ausfallen, wie zum Beispiel gekehlte Clip-Point-Ricasso-Kinge (das Beispiel in der Mitte unten).

Wellenrücken-Klinge

Clip-Point-Klingen von Kauhava-Puukkos werden oft am Rücken in der Nähe des Griffs leicht abwärts geschliffen, so dass der Rücken eine leichte S-Form erhält. Ich habe diesen Klingentyp Wellenrücken-Klinge genannt. Der Unterschied zur normalen Clip-Point-Klinge ist nicht groß, aber da die Toleranzen bei den Puukkos der Fabriken in Kauhava von Anfang an sehr klein waren, glaube ich, dass dieser Puukko-Typ einen eigenen Namen verdient.

Ein anderer Grund dafür, dieses Modell zu benennen ist, dass es bewusst in dieser Weise entworfen wurde. Die Kontur des Rückens folgt sanft dem Umriss des Griffs und seiner Monturen und lässt die Hohlkehle natürlicher aussehen. Dieser Puukko-Typ wurde vermutlich aus dem Wunsch geboren, den Klingenrücken besser an die Griffbacken und die ovale Form der Hohlkehle anzupassen. Der passende Begriff für eine Wellenrücken-Klinge könnte – in Übereinstimmung mit ihren anderen Eigenschaften – zum Beispiel gekehlte Wellenrücken-Klinge oder gekehlte Ricasso-Wellenrücken-Klinge sein.

Wie Sie feststellen können, kann die Klassifizierung von Klingentypen im schlimmsten Fall zu einer unnötigen Verkomplizierung führen. Die vorgeschlagene Klassifizierung sollte aber zumindest eine Diskussion darüber eröffnen, wie die Merkmale des Klingendesigns in geeigneter Weise definiert werden können.

Puukkos mit Wellenrücken-Klinge

Klingenquerschnitte

Neben ihrer allgemeinen Form können Puukko-Klingen auch anhand ihrer Querschnitte eingeteilt werden. Es gibt verschiedene Schliffarten für Puukko-Klingen, die manchmal auch einen Hinweis auf das Alter der Klinge geben können.

Keilförmiger Querschnitt (dreieckiger Querschnitt)

Der keilförmige Querschnitt ist vermutlich der ursprünglichste Querschnitt einer Messerklinge. Bei diesem Typ startet der Anschliff direkt am Rücken. Die meisten europäischen Messer folgten dieser Form seit der frühen Eisenzeit bis zum späten Mittelalter. Andere Querschnittstypen verbreiteten sich erst im 17. und 18. Jahrhundert. Die Benutzung des keilförmigen Querschnitts bei finnischen Puukkos nahm im 19. Jahrhundert beträchtlich ab, wurde aber nie ganz aufgegeben. Das größte Problem dieses Typs ist, dass mit größeren Fasenwinkeln der Klingenrücken sehr breit wird, was das Messer etwas klobig macht.

Diamantförmiger Querschnitt (doppelt angeschliffener Querschnitt)

Hier laufen die Flachseiten der Klinge zum Rücken hin leicht aufeinander zu. Dieser Typ ist vermutlich die erste Abweichung vom ursprünglichen keilförmigen Querschnitt und war im 19. Jahrhundert bei finnischen Puukkos der am meisten verbreitete Querschnittstyp. Wahrscheinlich entstand er aus dem Bedürfnis, den allzu breiten Klingenrücken bei Klingen mit keilförmigem Querschnitt schmaler zu machen. Das Messer wird dadurch sowohl gewichtsmäßig als auch optisch leichter.

Meißelförmiger Querschnitt

Wenn eine Klinge nur von einer Seite angeschliffen ist, dann kann ihr Querschnitt meißelförmig genannt werden. Diese Form ist allerdings selten. Da sie allerdings ab und zu angetroffen wird, wird sie hier als eigenständiger Querschnittstyp aufgeführt.

Abgesetzter Schliff (Querschnitt mit flachen Seiten)

Bei diesem Querschnitt stehen die flachen Seiten der Klinge parallel zueinander. Diese Schliffart ist besonders bei modernen Fabrikmessern weit verbreitet, da sie weniger Schleifarbeit erfordert als die anderen Querschnittstypen. Auch viele handgeschmiedete Klingen weisen diesen Stil auf, allerdings verjüngen sich hier die Klingen normalerweise zur Spitze hin.

Die ersten handgeschmiedeten Puukkos mit diesem Schliff wurden wahrscheinlich im 18. Jahrhundert hergestellt, wohl aus alten Feilen oder Messlatten. Während des 19. Jahrhunderts wurde dieser Typ hauptsächlich in den Werken von Fiskars und Hackman produziert, aber erst im 20. Jahrhundert wurde er auch bei handgeschmiedeten Messern häufiger verwendet.

Besondere Details

Zusätzlich zu den genannten Merkmalen gibt es einige andere Details, die sich – falls nötig – gesondert klassifizieren lassen. Der Klingenrücken kann zum Beispiel ein kantiges oder abgerundetes Profil besitzen. Ein gerundetes Profil ist bei der Nutzung komfortabler, besonders wenn der Daumen auf den Klingenrücken gelegt wird, um mehr Kraft und Kontrolle zu gewinnen.

Eine von Hand geschmiedete Klinge ist gewöhnlich in der Nähe des Griffs am breitesten und verjüngt sich zur Spitze. Wenn beim Schmieden nicht gut gearbeitet wurde, kann die Ausdünnung genau entgegengesetzt sein und die Klinge verdickt sich zur Spitze hin. Das kommt allerdings nur sehr selten vor. Alte Fabrikmesser von Fiskars, Hackman und aus Kauhava verjüngen sich leicht zur Spitze hin. Erst nach dem Zweiten Weltkrieg begann man damit, Fabrikmessern eine gleichmäßige Stärke bis kurz vor der Spitze zu geben. Selbst dieser Trend hatte natürlich seine Ausnahmen. So hatte zum Beispiel das Wirkkala-Puukko von Hackman eine Klinge, die sich zur Spitze hin bis fast zum Nichts verjüngte. Es ist keine Überraschung, dass dieser Designfehler bei einer Klinge aus rostfreiem Stahl zu einer extrem schwachen Spitze führte.

Klingenmaterial

Die Klinge eines traditionellen Puukkos wird normalerweise aus Stahl mit einem Kohlenstoffgehalt von etwa 0,6 bis 1,0 Prozent geschmiedet. Fachgerechtes Schmieden des Stahls (zusammen mit der anschließenden Wärmebehandlung) optimiert seine Gefügestruktur. Nach dem Schmieden wird die Klinge abgeschreckt, indem man sie in Öl oder Wasser taucht. Dadurch wird der Stahl hart – allerdings auch spröde. Nach dem Abschrecken muss der Stahl daher angelassen (eine gewisse Zeit auf erhöhter Temperatur gehalten) werden, um die Härte auf ein praxistaugliches Maß zu reduzieren und den Stahl wieder elastischer zu machen. Die Bruchfestigkeit der Klinge kann erhöht werden, indem der Klingenrücken und Erl nicht abgeschreckt werden. Dadurch bleiben diese Bereiche ungehärtet. Eine Puukko-Klinge kann daher kaum abbrechen, sie verbiegt sich nur unter Belastung.

Die Härte des Stahls wird gewöhnlich gemäß der Rockwell-C-Skala angegeben (HRC). Dabei wird ein Diamant mit einer Kraft von rund 150 Kilogramm (es sind exakt 150 kp oder 1471 N) in den Stahl gepresst und dann die Eindringtiefe gemessen. Je größer die Zahl auf der Rockwell-Skala ist, desto härter ist der Stahl. Ein typischer Wert für ein Puukko bewegt sich im Bereich zwischen 57 bis 59 HRC, aber die Härte kann, zum Beispiel bei laminierten Stählen, auch bis 63 HRC betragen. Eine größere Härte bedeutet andererseits auch, dass der Stahl spröder und bruchanfälliger ist, und außerdem auch schwieriger zu schärfen.

Kohlenstoffstahl (Carbonstahl) ist ein Material, das Rost ansetzen kann, wenn es nicht richtig gepflegt wird. Heute werden Puukkos auch aus verschiedenen rostfreien Stahlsorten hergestellt, aber es gibt nur sehr wenige rostfreie Stähle, die die gleichen positiven Schneideigenschaften wie Kohlenstoffstahl besitzen. Ich muss allerdings hinzufügen, dass es verschiedene Meinungen zu diesem Thema gibt und der Gebrauch von rostfreiem Stahl daher weitgehend Geschmackssache ist.

Wenn jemand von Hand geschmiedete Puukkos im alten Stil den neueren, moderneren Puukkos vorzieht, dann ist die Entscheidung für Kohlenstoffstahl normalerweise immer noch die richtige. Es ist ein alter Stahltyp und für den Eigentümer eines guten, handgeschmiedeten Puukkos ist es eine Frage der Ehre, die Klinge aus Carbonstahl in gutem Zustand zu halten. Auch Kohlenstoffstahl rostet nicht wirklich, wenn er trocken gehalten wird, selbst wenn das Puukko meistens in der Scheide bleibt. Dafür wird die Klinge langsam eine dunkle Patina ansetzen, die den Stahl daran hindert zu rosten und schließlich das Alter der Klinge auf eine sehr schöne Weise zur Schau stellt.

Der Erl

Egal ob aus rostfreiem Stahl oder Kohlenstoffstahl, die Klinge eines Puukkos besitzt immer eine Steckangel. Das heißt, dass die Fortsetzung der Klinge, die innerhalb des Griffs verläuft und Erl oder Angel genannt wird, schmaler als der Griff ist und weder am Rücken noch am „Bauch" des Griffs sichtbar ist. Der Erl ist an der Klingenschulter breit und verjüngt sich zum Ende hin. Wenn der Erl kürzer als der Griff ist, dann ist sein Ende am Griffende nicht sichtbar. Das wird gewöhnlich Kurzangel oder Kurzerl genannt. Wenn der Erl länger als der Griff ist, dann heißt er durchgehender oder verlängerter Erl.

Der verlängerte Erl wird normalerweise mit der Endkappe oder Endplatte vernietet. Während der Eisenzeit konnte ein verlängerter Erl auch am Griffende verdreht sein. Das wird „Kerzenhalter-Ende" (engl. candlestick end) genannt. Das Bild unten zeigt die Röntgenaufnahme eines mittelalterlichen Puukkos, des nach seinem Fundort benannten Aboa-Vetus-Puukkos. Der sich stark verjüngende Erl ist klar erkennbar, genauso wie Zwinge und Endplatte aus Bronze.

Oberflächenfinish der Klingen

Die Oberfläche einer Klinge kann entweder geschliffen, poliert oder ihre Seiten mit schwarzer Schmiedehaut versehen sein. Schmiedehaut bedeutet, dass die flachen Seiten der Klinge nach dem Schmieden nicht geschliffen wurden. Das ist ziemlich typisch für neuere finnische Puukkos, weil die geschmiedete Oberfläche ihre eigene raue Schönheit besitzt und weil man auf diese Weise auch einfach erkennen kann, ob die Klinge wirklich handgeschmiedet ist oder zumindest mit einem Maschinenhammer geschmiedet wurde.

Ein anderer Vorteil dieser Art des Finishs liegt darin, dass sie eine Klinge aus Carbonstahl besser vor Korrosion schützt als ein Schliff oder eine Politur. Die schwarze Schmiedehaut kann auch poliert werden. Dadurch werden die Seiten weniger schwarz, manchmal sogar ziemlich glänzend, bleiben aber dennoch rau.

Obwohl sie heutzutage typisch sind, waren Klingen mit Schmiedehaut vor dem Zweiten Weltkrieg recht selten. Früher bevorzugte das ästhetische Empfinden

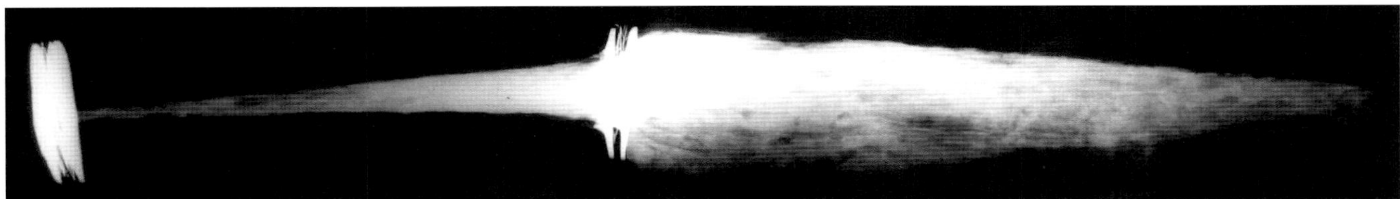

Die durchgehende Angel des sogenannten Aboa-Vetus-Puukkos im Röntgenbild

Geschliffene Klinge

Klinge mit schwarzer Schmiedehaut

Polierte Klinge mit schwarzer Schmiedehaut

Polierte Klinge

jener Zeit die glatte, hochglanzpolierte Oberfläche, die man bei den besten Fabrikmessern finden konnte. Diese Art des Finishs konnte man mit den primitiven Schleifwerkzeugen der meisten Messermacher des 18. und 19. Jahrhunderts nur schwer erreichen, aber das hielt sie nicht davon ab, es zu versuchen.

Während des 19. Jahrhunderts und davor waren die Rücken, Seiten und Fasen der Klingen normalerweise glatt geschliffen, aber die Schleifspuren waren oft stark sichtbar, und nur wenige Messer konnte man „gut poliert" nennen. Die Klingen zeigten oft deutliche Schmiedespuren, die nicht glattgeschliffen werden konnten. Gegen Ende des 19. Jahrhunderts waren die Klingen häufiger gut geschliffen und poliert, vor allem in Kauhava und anderen bekannten Puukko-Herstellungsgebieten.

Die Fasen der Klinge können nach dem Schleifen entweder etwas rau gelassen werden, oder sie werden glatt geschliffen und poliert. Zu diesem Thema gibt es mindestens zwei verschiedene Meinungen. Einige glauben, dass das Polieren der Fasen auf Hochglanz der Klinge mehr „Biss" verleiht. Andere glauben, dass ein gewisser Anteil an parallelen Schleifspuren die Klinge besser kontrollierbar macht. Ich neige dazu, der letzteren Behauptung zuzustimmen, aber ich vermute, dass beide Varianten ihre Vorteile haben.

Griffquerschnitte

Nicht nur die Klingen, sondern auch die Griffe von Puukkos können anhand ihrer Querschnitte klassifiziert werden. Es gibt vier grundlegende Typen von Griffquerschnitten, aber vereinzelt können auch andere Variationen gefunden werden.

Rundes Profil

Das runde Profil ist bei Puukkos recht selten, bei älteren Messern aus der Eisenzeit weitaus häufiger anzutreffen. Das kann aus den vielen runden Zwingen und Griffen geschlossen werden, die bei Ausgrabungen in Finnland und anderen Teilen Europas gefunden wurden. Der Grund für die Popularität dieses Querschnittstyps vor mehr als 1000 Jahren dürfte vermutlich die häufige Verwendung von Ästen und Hörnern für Messergriffe sein. Diese Arten von Griff waren stabil genug für Klingen mit kurzen Steckangeln und lagen relativ gut in der Hand, ohne dass viel Arbeit für ihre Herstellung nötig war.

Trotzdem ist ein Puukko-Griff mit diesem Profil nicht ideal. Ein runder Griff dreht sich zu leicht in der Hand und macht es unmöglich, anhand der Form des Griffs die Richtung der Schneide zu fühlen. Wahrscheinlich aus diesem Grund wurde in Finnland das runde Profil häufig – zumindest seit dem Ende der Eisenzeit – durch die Hinzufügung einer „Kante“ am Bauch und manchmal auch am Griffrücken verbessert. Dadurch wird das runde Profil zum „Linsen“- oder „Tropfen“-Profil. Einen der wenigen Puukko-Griffe mit rundem Profil aus neuerer Zeit kann man beim abgebildeten Renfors-Puukko sehen. Dieses Modell wurde Anfang des 20. Jahrhunderts nach einem finnischen Puukko der Wikingerzeit entworfen.

Tropfenprofil

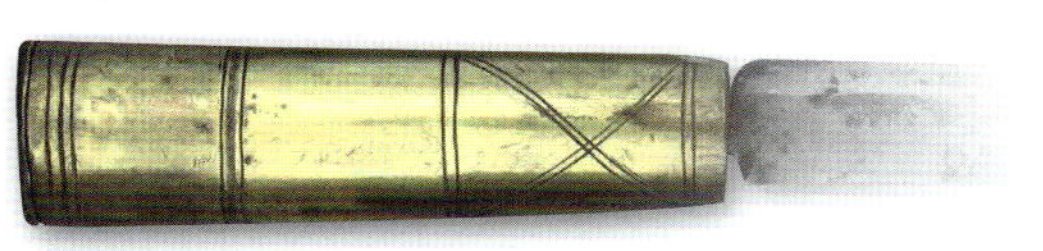

Das Tropfenprofil wurde vermutlich entwickelt, um das runde Profil am Bauch mit einer Kante zu versehen. Auf diese Weise verdreht sich der Griff nicht mehr so leicht in der Hand, und man kann auch die Richtung erfühlen, in der die Schneide liegt. Falls der Griff von einem Metallring abgeschlossen wird, bietet die Kante auch einen passenden Platz, um dessen Enden zusammenzulöten.

Abgeflachtes Tropfenprofil

Das abgeflachte Tropfenprofil ist eine leichte Variation des Tropfenprofils. Da es aber bei den Puukkos des 20. Jahrhunderts ziemlich häufig vorkommt, wird es hier als eigenständiger Typ aufgeführt. Beim abgeflachten Tropfenprofil wird der Griffrücken abgeflacht, um der Form des Klingenrückens zu folgen. Das hilft zusätzlich beim Erfühlen der Richtung, in der sich die Schneide befindet.

Linsenprofil

Das Linsenprofil kann entweder als unabhängiger Typ oder als eine weitere Abwandlung des Tropfenprofils betrachtet werden. Es hat sowohl auf dem Griffrücken als auch am Bauch des Griffs eine Kante, wodurch der Querschnitt wie eine konvexe Linse aussieht. Dieser Typ ist eher selten und wird hauptsächlich bei kleineren Puukkos aus der späten Eisenzeit gefunden, deren Griff mit Metall überzogen ist. Der Grund für die Entwicklung dieses Profiltyps ist wahrscheinlich wieder die Absicht, einen schlüpfrigen Griff besser kontrollierbar zu machen. Der Nachteil dieses Profiltyps ist, dass man bei einem symmetrischen Griff die Richtung, in der die Schneide liegt, nicht fühlen kann. Die Kante auf dem Griffrücken macht den Griff außerdem unbequem, wenn man Kraft auf die Klinge ausübt. Vermutlich wurden die Kanten auf dem Griff daher etwas flacher gemacht.

Ovales Profil

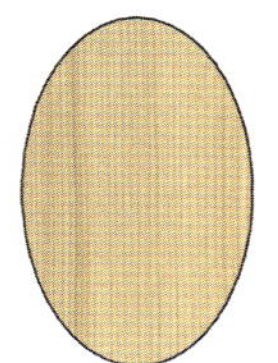

Das ovale Profil ist der bei weitem häufigste Profiltyp

bei Puukkos. Im Vergleich zum runden Profil macht das ovale Profil den Griff ergonomischer. Mit diesem Profil kann man die Richtung der Schneide erfühlen. Außerdem wird die Bauchseite des Profils (die Seite, auf der sich die Schneide befindet) normalerweise mit einer stärkeren Krümmung versehen, wodurch das Profil besser in der Hand liegt und man sofort die Richtung der Schneide bestimmen kann. Falls die „Bauchkurve“ sehr viel steiler als die „Rückenkurve“ ist, kann das Profil asymmetrisches ovales Profil genannt werden. Falls die Kurve am Bauch beinahe scharf ist, kann man diesen Typ auch sanftes Tropfenprofil nennen.

Abgeflachtes ovales Profil

Das ovale Profil kann manchmal auch einen abgeflachten Rücken besitzen, ähnlich wie beim abgeflachten Tropfenprofil.

Zweifach abgeflachtes ovales Profil

Manchmal hat ein Griff mit einem abgeflachten ovalen Profil auch einen abgeflachten Bauch, was es zum zweifach abgeflachten ovalen Profil macht. Allerdings ist dieser Typ bei finnischen Puukkos ungebräuchlich. Das abgebidete Puukko ist schwedisch.

Verschiedene Scheidentypen

Zuerst muss hervorgehoben werden, dass die Scheide (Finnisch: *tuppi*) eines finnischen Puukko in jeder Hinsicht genauso wichtig ist wie das Puukko selbst. Die Puukko-Scheide muss in der Lage sein, das Puukko sicher festzuhalten, während die Scheide gleichzeitig lose vom Gürtel hängen und sich in jede Richtung bewegen können muss, damit der Träger weder beim Gehen, noch beim Skifahren, Sitzen oder bei sonstigen Tätigkeiten behindert wird. Außerdem muss sie sicher sein und den Benutzer vor Unfällen schützen. Deshalb hat die Scheide meistens eine Holzeinlage, die die Klinge abdeckt. Eine Puukko-Scheide ist außerdem oft selbst ein Kunstwerk. Diese Einstellung ist ziemlich verschieden von der amerikanischen Tradition, in der die Scheide meist ziemlich schlicht gehalten ist.

Puukko-Scheiden können in drei grundlegende Typen eingeteilt werden: die Friktionsscheide, die Hutscheide und die Klick- beziehungsweise Einrastscheide. Zusätzlich gibt es noch einige Variationen mit Druckknöpfen, Riemen und Laschen, aber diese gibt es hauptsächlich für Jagd-Puukkos und solche mit Handschutz und andere spezielle Varianten.

Die Scheiden können außerdem, wenn nötig, auch nach dem Material eingeteilt werden (Leder, Birkenrinde, Holz, Metall, Horn und so weiter), danach ob es eine Holzeinlage gibt oder nicht, wo die Naht liegt, wie viele Beschläge es gibt, aus welchem Material diese bestehen, zudem auch nach dem allgemeinen Design und den Verzierungen. Die Scheiden aus der Eisen- und Wikingerzeit können auch nach ihrer Trageweise eingeteilt werden (horizontal, schräg oder vertikal) oder auch nach ihren Beschlägen. Wir werden uns jedoch nachfolgend auf die drei grundlegenden Typen beschränken und einige der häufigsten Varianten diskutieren.

Friktionsscheide

Die Friktionsscheide arbeitet ihrem Namen gemäß mit Hilfe der Reibung (Friktion) zwischen Puukko und Scheide. Die Reibung und damit die Haltekraft wird normalerweise durch die keilähnliche Scheidenform oder / und die enge Passung des oberen Teils der Scheide erzeugt. Das ist der häufigste Scheidentyp bei traditionellen finnischen Puukkos. Die abgebildete Scheide ist ein typisches Modell aus Kauhava mit Beschlägen aus Neusilber. Auch die Scheiden aus Birkenrinde, Blech, Holz oder Horn sind typischerweise als Friktions-Scheiden ausgelegt.

Ein Nachteil der Friktionsscheide ist, dass sie sich möglicherweise mit der Zeit dehnt und dadurch ihre Fähigkeit verliert, das Puukko fest an seinem Platz zu halten. Die Friktionsscheide wird normalerweise aus pflanzlich gegerbtem Leder hergestellt und hat ihre Naht auf der Mitte der Rückseite. Sie kann eine große Anzahl an Beschlägen haben – oder auch gar keine. Seit dem späten 19. Jahrhundert besitzen fast alle Friktionsscheiden Holzeinlagen, um die Klinge davon abzuhalten, durchs Leder zu stechen oder zu schneiden. Allerdings ist das nur typisch für finnische Puukkos. In Schweden und Norwegen haben die Scheiden normalerweise keine Holzeinlagen.

Die Scheide aus gebogenem Blech ist eine Variante der Friktionsscheide, die in der späten Eisenzeit sehr häufig war. Dieser Typ kann mehrere Beschläge aus Blech enthalten oder eine enzige, teilweise offene Metallplatte, die über dem inneren Lederfutter gebogen und von der anderen Seite vernietet wurde. Nach der Eisenzeit wurde dieser Typ vor allem im frühen 20. Jahrhundert bei Renfors-Puukkos benutzt, die teilweise den alten Eisenzeit-Modellen nachempfunden waren. Scheiden aus gebogenem Blech wurden ursprünglich horizontal getragen. Die Schneide des Messers zeigte dabei nach oben. Während der Jahre 900 bis 1200 änderte sich die Trageweise allmählich in Richtung senk-

Scheide aus gebogenem Blech von Renfors, Kajaani, frühes 20. Jahrhundert

Friktionsscheide mit Beschlägen, Kauhava, frühes 20. Jahrhundert

recht oder leicht schräg. Dieser Typ von Scheide hat normalerweise keine schützende Holzeinlage.

Hutscheide

Die Hutscheide (Finnisch: *hattutuppi*) ist ein Scheidentyp mit einem separaten „Hut“, der auf dem Knauf des Puukko sitzt, um es am Herausfallen zu hindern. Diesen Typ gibt es mindestens seit dem finnischen Mittelalter (1150 bis 1520). Der größte Vorzug ist, dass eine solche Scheide Puukkos verschiedener Größe und Form halten kann. Eine vorhandene Scheide konnte daher zum Beispiel für ein neues Puukko verwendet werden. Außerdem hält sie das Puukko sicher an seinem Platz. Hutscheiden werden generell aus dickerem Leder und ohne Holzeinlage gemacht. Die Naht befindet sich in der Mitte der Rückseite und wird oft an ihren Enden mit Messingdraht verstärkt.

Klickscheide

Bei der Klickscheide wird ein klickendes Geräusch produziert, wenn man das Puukko in die Scheide schiebt. Das geschieht, weil der Scheidenmund etwas schmaler ist als der vordere Bereich des Griffs. Wenn das Puukko den Widerstand überwunden hat und der schmalere Griffbereich hinterherrutscht, stößt das Messer an die Kante der Holzeinlage und produziert dabei das typische Geräusch. Es zeigt an, dass das Puukko in der Scheide eingerastet ist. Die Stärke dieses Scheidentyps ist, dass er – gute Passform vorausgesetzt – das Puukko fest an seinem Platz hält, auch wenn die Scheide auf den Kopf gestellt und geschüttelt wird.

Weitere Scheiden-Varianten

Es gibt viele verschiedene Variationen der drei Grundtypen, besonders bei modernen Puukkos. Diese können zum Beispiel eine Lasche mit Druckknopf besitzen oder andere Teile, die das Messer am Herausfallen hindern. Diese Bauweise ist typisch für Jagd-Puukkos,

Hutscheide von 1838, Pohjanmaa, heute im finnischen Nationalmuseum (NMF)

Klickscheide eines modernen Tommi-Puukkos von Jukka Hankala

deren Handschutz eine traditionelle Lösung verhindert. Es gibt noch viele andere Methoden, das Puukko an seinem Platz zu halten, und einige davon wurden mindestens 100 Jahre lang benutzt. Anstatt einer Lasche können diese Varianten zum Beispiel einen Riemen (einige militärische Puukkos), einen federunterstützten Verschluss (altes Toijala-Puukko), eine Gummirolle (J-P Peltonen Ranger Puukko) oder eine Kunststoffeinlage enthalten, die die Klinge festhält (wie beim Wirkkala-Puukko von Hackman).

Andere Zusätze zur Scheide können zum Beispiel eine Tasche für einen Wetzstein oder einige spezielle Materialien sein, die zum Schutz der Klinge entworfen wurden. Ein Beispiel dafür sind die mit Bronze überzogenen aus der späten Eisenzeit, die ein Innenfutter aus Birkenrinde und Robbenfell besaßen.

Scheide mit Lasche und Druckknopf für ein Jagd-Puukko des Autors (2002)

Die Wikingerzeit (800 bis 1050)

Die ersten wichtigen Fundstücke von finnischen Puukko-Griffen, Scheidenteilen und beinahe vollständigen Puukkos lassen sich auf die Wikingerzeit datieren. Der Hauptgrund für das Überleben dieser Artefakte war, dass zu dieser Zeit der Gebrauch von Bronze für Griffe und Scheiden zunahm. Auch Teile von Griffen aus Horn und beinahe vollständige Griffe mit Klingen überlebten. Doch sie können kein umfassendes Bild des frühen Puukko aus dieser Zeit liefern.

Puukko-Klingen wurden auch in Gräbern zusammen mit Skramasaxes oder Schwertern gefunden. Aber Puukkos, deren Klingen länger als zehn Zentimeter sind, wurden nur in Gräbern gefunden, die keine anderen Hieb- und Stichwaffen mit längerer Klinge enthielten. Das könnte bedeuten, dass diese Puukkos die wichtigsten Waffen ihrer Besitzer waren. Während der Wikingerzeit waren Puukkos weitaus häufiger in den Gräbern von Männern als in denen von Frauen. Anders als während der Zeit der Merowinger waren die Puukkos der Männer nun länger als die, die man in den Gräbern von Frauen und Kindern fand.

Unten abgebildet ist eine Puukko-Klinge mit Drop-Point-Form und einer Länge von 102 Millimetern. Die Breite der Klinge beträgt 14 Millimeter, und die Stärke des Rückens 6,2 Millimeter. Die Klinge hat auf beiden Seiten Hohlkehlen. Der Fasenwinkel der Klinge beträgt nicht weniger als 30 Grad, das heißt, sie kann immer noch als Puukko-Klinge gelten, wurde aber eher als kräftiges Werkzeug oder Waffe konstruiert denn als Allzweckmesser. Die konkave Form am Beginn der Schneide ist wahrscheinlich auf Schwierigkeiten beim Schärfen am Ansatz der Klinge zurückzuführen.

Griffe

Bei den Puukkos aus der Wikingerzeit finden sich kunstvoll geschnitzte Griffe aus Horn, Griffe mit Bronzemonturen und vollständig gegossene Bronzegriffe. Ausgearbeitete Bronzegriffe wurden hauptsächlich im Osten Finnlands gefunden. Die typische Abschlusskappe dieser Zeit war eine durchbrochen gearbeitete

Puukko-Klinge mit gekrümmtem Rücken, 800 bis 1050 (NMF)

Bronzekappe mit einem Ring am Ende für die Anbringung eines Riemens. Das erste Puukko mit einem Griff aus Maserbirke stammt ebenfalls aus dieser Ära, von etwa 1000 bis 1050.

Scheiden

Scheiden mit Beschlägen, auch solche mit isolierten Ortbändern und Beschlägen am Scheidenmund, wurden hauptsächlich in Südfinnland und den südlichen Teilen Zentralfinnlands gefunden. Neben mit Bronze beschlagenen Scheiden wurden auch einfache Scheiden aus Leder und Birkenrinde gefunden. Die Puukkos wurden zuerst horizontal getragen, mit der Schneide nach oben. Seit Beginn des 10. Jahrhunderts änderte sich die Trageweise langsam bis hin zur senkrechten Mode. Den Grabfunden nach wurde die senkrechte Trageweise zuerst bei Männern üblich, während die Frauen ihre kleineren Messer noch horizontal oder schräg trugen. Aber spätestens zu Beginn des Mittelalters wurde die vertikale Trageweise dominant. Beschläge wurden vermutlich hauptsächlich bei den Scheiden der Frauen benutzt. Die Scheiden der Männer waren einfache Lederscheiden oder solche aus Birkenrinde.

Das früheste finnische Scheidenmodell, das in mehreren Exemplaren überlebte, ist eine breite Scheide für ein Frauen-Puukko, aus Fell mit einem dünnen Bronzeblech. In der archäologischen Terminologie wird sie „breite Scheide, bedeckt mit einem dünnen Bronzeblech“ genannt, aber wir nennen sie bronzebeschlagene Breitscheide oder einfach nur Breitscheide. Dieses Modell war seit der späten Wikingerzeit und über die Ära der Kreuzfahrer hinaus im westlichen Teil Finnlands weit verbreitet. Es wurde von wohlhabenden Frauen getragen. Seine Größe und üppige Verzierung machten es zum repräsentativen Luxusartikel.

Bronzebeschlagene Scheide aus Luistari

Die älteste finnische Scheide, die mit allen ihren Teilen überlebt hat, wenn auch etwas beschädigt, ist eine bronzebeschlagene, horizontal getragene Puukko-Scheide einer Frau, die in Luistari gefunden wurde. Die Scheide wurde möglicherweise im 9. Jahrhundert hergestellt, spätestens aber im 10. Jahrhundert. Sie enthält sogar noch das originale Puukko, das allerdings verrostet und am Bronzeblech festgebacken ist. Das Puukko hat einen 100 Millimeter langen Griff und eine 70 Millimeter lange Klinge, deren Breite 17 Millimeter beträgt. Das Ende des Griffs ragt etwa zwölf Millimeter aus der Scheide heraus.

Es wird angenommen, dass die Luisitari-Scheide von baltischen Scheiden beeinflusst wurde, aber zumindest die späteren und breiteren Scheiden sind original „finnische“ Modelle. Die Abbildung zeigt eine computerunterstützte Zeichnung der Scheide mit ihrem Puukko. Die Form von Scheide und Griff sind exakt nachempfunden, aber das teilweise zerbrochene Bronzeblech und seine Textur, die Korbflechterei nachahmt, wurden aus Fotos von späteren Funden rekonstruiert.

Bronzebeschlagene Scheide mit ihrem Puukko aus Luistari, etwa 850 bis 1000 (computerunterstützte Zeichnung)

Bronzebeschlagene Scheide aus Kirkkomäki

Diese Scheide aus Kirkkomäki in Kaarina (zehn Kilometer westlich von Turku), die auf die ersten Jahrzehnte des 11. Jahrhunderts datiert wurde, unterscheidet sich etwas von den späteren und bekannteren breiten Scheiden. Es scheint eine Kreuzung aus den Luistari-Scheiden und den späteren, bronzebeschlagenen Breitscheiden zu sein. Es ist breiter als eine Luistari-Scheide, aber schmaler als die späteren Modelle. Außerdem fehlen die normalerweise vorstehenden Kantenbeschläge der gewöhnlichen Breitscheide.

Überdies besitzt sie zwei nebeneinanderliegende Aufhängungsringe. Diese Art von Aufhängungssystem war bei bronzebeschlagenen Scheiden im Baltikum verbreitet, aber das ist die einzige Scheide dieser Art, die in Finnland entdeckt wurde. Die Dekoration des Bronzeblechs ist komplexer als bei der Luistari-Scheide und ähnelt bereits stark den späteren Breitscheiden.

Die Scheide ist 200 Millimeter lang und 50 Millimeter breit. Das Innenfutter wurde aus Fellstücken, wahrscheinlich aus Robbenfell, mit einem Leinenfaden zusammengenäht. Dabei zeigte das Fell in Richtung „Oberfläche" der Scheide. Eine ähnliche Bauweise zeigen auch die Luistari-Scheide und die späteren Breitscheiden.

Die Klinge des Puukko, das zu dieser Scheide gehörte, ist verschwunden, der Griff in mehrere Einzelteile zerbrochen. Den Stücken nach zu urteilen war der rundliche Griff ungefähr 90 Millimeter lang, 14 Millimeter stark und verjüngte sich leicht zur Klinge hin. Dieses Puukko war also relativ klein, vor allem in Relation zur Scheide. Sowohl die Luistari- als auch die Kirkkkomäki-Scheide sind bis jetzt die einzigen Repräsentanten ihres Typs in Finnland. Das Bild unten zeigt eine computerunterstützte Grafik der Scheide.

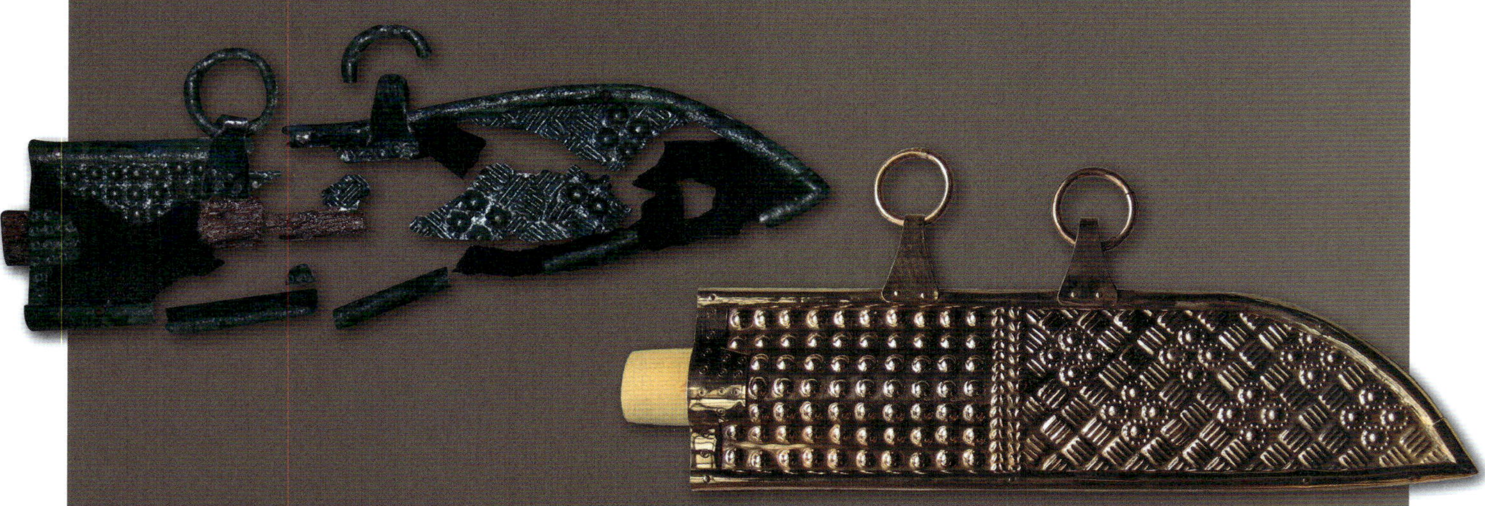

Bronzebeschlagene Scheide von Kirkkomäki mit ihrem Puukko, etwa 1000 bis 1040: Computerunterstützte Zeichnung des originalen Fundstücks zusammen mit dem „Kirkkomäki-Puukko", einer Rekonstruktion von Mikko Haverinen, 2008

Die Scheide wurde aus zwei Pelzteilen gemacht, die so mit einem Heftstich zusammengenäht wurden, dass der Pelz beider Teile in Richtung Bronzeblech zeigte (es gab kein Blech auf der Rückseite der Scheide). Zum Nähen wurde Leinenfaden benutzt, und das Fell war meist Robbenfell. Manchmal gab es auch eine Lage Birkenrinde zwischen Fell und Bronzeblech. Die Kantenbeschläge ähnelten Rinnen, die Beschläge am Scheidenmund waren mit dreiecksförmigen Vertiefungen versehen. Auf der Seite der Schneide gibt es eine Aufhängungsschlaufe, die mit Reihen kleiner Punkte dekoriert ist. Hier wurde die Scheide am Schürzenband befestigt.

Die Oberfläche der Scheide wurde aus dünnem, etwa 0,4 Millimeter dickem Bronzeblech hergestellt und mit eingeprägten Mustern verziert. Die Dekoration ist in drei Bereiche eingeteilt, von denen jeder seinen eigenen Stil hat. Der Bereich in der Nähe der Aufhängungsschlaufe ist mit Reihen schräger Linien und/oder Reihen von schmalen Knoten und Punkten verziert. Links davon (der „obere Teil“) ist mit halbkugelförmigen Knoten verziert, die von kleinen Punkten umgeben sind, die rechte Seite (der „untere Teil“) ist von einer kleineren Anzahl ähnlicher Knoten bedeckt, zusammen mit einem Muster, das wie Korbflechterei aussieht. Die Scheide ist auf der Vorderseite flach. Die Form des Puukko ist nur auf der Rückseite sichtbar.

Funde von Breitscheiden wurden auf die Jahre 1000 bis 1150 datiert, so dass ein Teil davon der Wikingerzeit zuzurechnen ist, während der Rest zur Ära der Kreuzfahrer gehört. Das im Bild gezeigte Beispiel könnte daher auch aus der Zeit der Kreuzfahrer stammen. Die Länge der abgebildeten Scheide beträgt 240 Millimeter, die Breite am Scheidenmund 75 Millimeter. Das Ende des teilweise verrotteten Puukko-Griffs ragt 22 Millimeter aus der Scheide heraus.

Ein typisches Puukko, das zu dieser Scheide gehörte, besaß eine geringe Größe und hatte einen Griff aus Birke oder Maserbirke. In einigen Fällen besaß es auch „Griffbacken“ aus verdrehtem Bronzedraht und spiralförmige Anhänger aus Eisen, die vermutlich verhindern sollten, dass das Puukko zu tief in die Scheide gesteckt wurde, eventuell auch, um das Herausziehen zu erleichtern. Die Grifflänge betrug ungefähr 90 bis 100 Millimeter, die Breite am Ende des Griffs etwa 27 bis 29 Millimeter und die Klingenlänge 50 bis 80 Millimeter. Der Griff war rundlich und verjüngte sich leicht in Richtung zur Klinge. Oben abgebildet ist eine computerunterstützte Zeichnung eines solchen „Breitscheiden-Puukkos“.

Das Vorbild der Breitscheide und seiner frühen Variationen waren wahrscheinlich breite Lederscheiden aus der Wikingerzeit, die manchmal ebenfalls mit eingeprägten Mustern verziert waren, die wie Korbgeflecht aussahen. Bronzebeschlagene Scheiden im Stil finnischer Breitscheiden wurden auch in Saaremaa, Estland

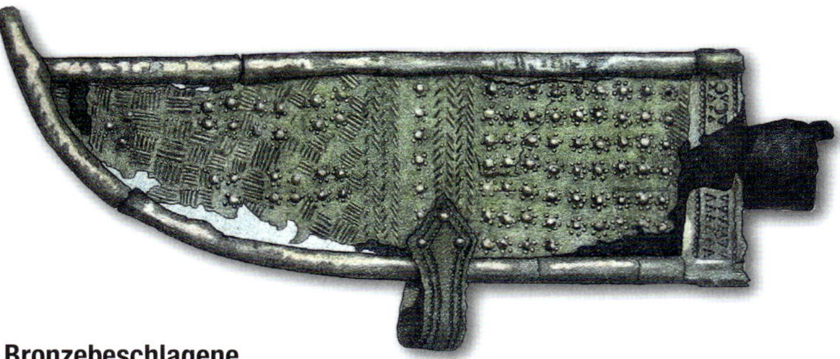

Bronzebeschlagene Breitscheide, etwa 1000 bis 1150 (Zeichnung von 1910)

„Breitscheiden-Puukko“, (computerunterstützte Zeichnung, basiert auf einem Fund aus Eura und anderen Funden aus derselben Zeitperiode)

und Lettland hergestellt, aber diese unterscheiden sich im Detail von finnischen Varianten. Baltische Exemplare hatten zum Beispiel eine schlankere Form, gewöhnlich zwei Aufhängungsschlaufen und keine verlängerten Kantenbeschläge. Auch die Einteilung der Bronzeblech-Dekoration in drei Teile und das Vernieten und die Verzierung der Aufhängungsschlaufe scheinen typisch für die finnischen Breitscheiden zu sein.

Blechscheiden

Eine andere Neuheit im Wikingerzeitalter waren Puukko-Scheiden mit Beschlägen aus gebogenem Bronzeblech. Ich nenne diesen Typ der Einfachheit halber gebogene Blechscheide. Normalerweise besitzt er ein Innenfutter aus Leder, aber teilweise wurde die Scheide auch ausschließlich aus zwei sich überlappenden Bronzeplatten gefertigt.

Gebogene Blechscheiden wurden normalerweise auf einfache Art hergestellt, indem man durchbrochene oder massive Bronzebleche oder auch separate kleinere Beschläge um eine Lederscheide bog und sie dann durch den seitlichen Saum vernietete. Das Lederfutter wurde gewöhnlich auf beiden Seiten der Nietenreihe mit einem Doppelstich zusammengenäht. Das Bronzeblech bedeckt manchmal die gesamte Scheide, manchmal ist es in mehrere Beschläge unterteilt. Die Naht war oft von einer einzigen Bronzeplatte bedeckt, aber die Bedeckung konnte auch aus mehreren kleineren Teilen gemacht werden. Manchmal wurde der mittlere Teil unbedeckt gelassen.

Diese Bauweise wurde auch für viele spätere Puukkos der Kreuzfahrerzeit benutzt – und 900 Jahre später wieder für die Renfors-Puukkos des frühen 20. Jahrhunderts. Abgebildet sind einige Fragmente der Kantenbeschläge einer gebogenen Blechscheide, die in Kalanti (in Südwest-Finnland zwischen Turku und Rauma) gefunden wurde. Die Beschläge sind mit Durchbrüchen in der Form von Stufenpyramiden verziert.

Die besterhaltenen Exemplare

Es gibt kaum Messer oder Puukkos aus dieser Periode, die mit ihren Griffen oder Scheiden gefunden wurden, aber es gibt zumindest einige Fragmente in relativ gutem Zustand. Dazu gehört ein zerbrochenes Frauen-Puukko aus der Wikingerzeit, gefunden in Messukylä, einem Stadtteil von Tampere. Das Puukko besitzt eine Endkappe, die aus einem Bronzeblech gebogen wurde und oben einen Befestigungsring hat. Die Kappe wurde mit winzigen Bronzestiften an den Holzgriff genagelt.

Der Griff mit ovalem Profil, aus Birke gefertigt, ist schmucklos. Die Breite des Griffs beträgt 16 Millimeter und die Dicke am oberen Ende 9,6 Millimeter. Die Ringzwinge fügt noch einmal drei Millimeter zur Brei-

Fragmente einer gebogenen Blechscheide aus Kalmumäki, Kalanti, 800 bis 1050 (NMF)

Puukko mit gebogener Blechscheide aus Vilussenharju, Messukylä, 900 bis 1050 (NMF)

te hinzu. Die Dicke des Klingenrückens beträgt 2,2 Millimeter am Ende des sichtbar gebrochenen Teils. Die geschätzte Gesamtlänge des Puukko und seiner Scheide (ohne den Ring) ist ungefähr 150 Millimeter, was bedeutet, dass das Puukko recht klein war.

Das innere Lederfutter ist in typischer Weise auf beiden Seiten der Nietreihe vernäht. Alle Beschläge und Nieten bestehen aus Bronze. Es sind immer noch Spuren der ursprünglichen Gravur auf den Beschlägen sichtbar. Dem Loch am oberen Ende der Kantenbeschläge nach zu urteilen, wurde das Puukko senkrecht getragen.

Das Bild unten zeigt ein kleines Messer mit Horngriff. Die Klinge ist 56 Millimeter lang, der Griff hat eine Länge von 85 Millimetern. Am Griffende gibt es eine kleine Öse für einen Riemen.

Messer mit Horngriff, 800 bis 1050 (NMF)

Epoche der Kreuzfahrer (1050 bis 1150)

Die ersten Fragmente beschlagloser Lederscheiden und Blechscheiden lassen sich auf die Epoche der Kreuzfahrer datieren. Die besten gebogenen Blechscheiden mit ihren Puukkos wurden in Karelien und in Inari, Lappland, gefunden. Die gebogenen Blechscheiden waren bei den Puukkos karelischer Frauen besonders weit verbreitet. Aber Teile ähnlicher Scheiden wurden häufig im westlichen Finnland gefunden. Die dekorativen Blechscheiden der Frauen wurden in Ostfinnland normalerweise an eine Kette gehängt, die an einer Schulterspange oder -brosche befestigt war. Im westlichen Finnland wurden ähnliche Puukkos am Schürzenband hängend getragen, in gleicher Weise wie die früheren Breitscheiden.

Ein neues Dekorationsmotiv, das für Scheiden und Griffe benutzt wurde, war die römische Akanthuslaub-Dekoration. Löcher am Ende des Griffs und am Griff angebrachte Ringe waren immer noch verbreitet. Scheiden mit Beschlägen wurden immer noch am häufigsten in den Frauengräbern gefunden, woraus sich schließen lässt, dass Männerscheiden immer noch hauptsächlich unbeschlagene Leder- oder Birkenrindenscheiden waren. Eine Ausnahme bildet die aufwändig gearbeitete, gebogene Blechscheide aus Inari, die – ihrer Größe nach zu urteilen – einem Mann gehörte.

Puukkos aus der Zeit der Kreuzfahrer besaßen schon viele Eigenschaften, die für ein gutes Allround-Puukko charakteristisch sind. Es ist anzunehmen, dass finnische Puukkos sich schon in dieser Zeit zu den ergonomischen Allzweck-Werkzeugen entwickelten, die sich von anderen Messern ihrer Epoche unterschieden.

Die meisten Puukko-Griffe aus der Ära der Kreuzfahrer sind ziemlich klein, aber sie gehörten meistens zu Frauen-Puukkos mit dekorierter Scheide aus gebogenem Blech. Die Puukkos von Männern waren in der Regel größer und hatten eine einfachere Bauweise. Ohne die Bronzebeschläge zum Schutz des organischen Materials war es für sie schwerer zu überleben.

Scheiden, die mit ihrem Puukko überlebten

Die berühmtesten Scheiden aus der finnischen Kreuzfahrerperiode, die zusammen mit ihren Puukkos überlebt haben, sind gebogene Blechscheiden aus Inari und Tuukkala. Es gibt allerdings auch ein weniger bekanntes, aber gleichermaßen aufwändig gearbeitetes Puukko aus Tuukkala, das ich „Tuukkala Schwester-Puukko“ getauft habe.

Die Puukkos aus der Ära der Kreuzfahrer haben im Durchschnitt besser überlebt als diejenigen aus der Wikingerzeit, aber auch aus dieser Periode wurde bis jetzt kein einziges vollständig erhaltenes Exemplar gefunden. Die Puukko-Klingen sind zum Beispiel oft gebrochen, und die Lederteile der Scheiden sind entweder unvollständig oder fehlen ganz.

Inari-Puukko

Dieses Puukko, das mit Bronzeblech mit geprägten Mustern bedeckt ist, wurde in Inari, Lappland, gefunden. Es ist das erlesenste Exemplar aller Funde aus der Kreuzfahrerzeit. Die Bauweise der horizontal getragenen, gebogenen Blechscheide ist einfacher und „offener“ als die meisten karelischen Scheiden aus gebogenem Blech. Eine deutlich abweichende Eigenschaft der

Inari-Puukko, 1050 bis 1150 (NMF)

Scheide, verglichen mit allen anderen in Finnland gefundenen Scheiden, sind ihre kreuzförmigen Anhänger, die offensichtlich den Einfluss des frühen Christentums zeigen. Nur ein einziges dieser Kreuze überlebte intakt.

Die vielen Ketten zur Aufhängung, der weite „Griffteil" der Scheide und die X-förmigen Gravuren zeigen einen starken Einfluss von livländischen (Baltikum) gebogenen Blechscheiden, aber die gesamte Formgebung der Scheide ist etwas mehr zurückhaltend, und die restlichen Dekorationen sind abweichend. Trotzdem ist es immer noch möglich, dass das Puukko aus der baltischen Region nach Finnland gelangte oder dass es zumindest von den heimischen Puukko-Scheiden aus gebogenem Blech beeinflusst wurde.

Die schlaufenförmigen Beschläge der Scheide, die das Puukko umrunden, wurden mit Reihen von kleinen Knoten verziert. Der breite Teil des Kantenbeschlags (in der Nähe des Griffs) besitzt kreuzförmige Öffnungen, zusammen mit gepunkteten Linien und Dreiecksformen. Er hatte drei kleine Schlaufen, die Aufhängungsringe trugen (einer davon ist abgebrochen). Diese Ringe waren durch jeweils zwei verzwirnte Bronzedrähte mit einem einzigen größeren Ring verbunden. Die Lederteile der Scheide sind vollständig verschwunden. Die Länge der Scheide beträgt 216 Millimeter.

Das Puukko hat einen Holzgriff, der mit dekorierten Bronzeblechen mit eingestanzten Mustern bedeckt ist (der untere Teil fehlt). Es besitzt eine Drop-Point-Klinge mit einer Länge von 98 Millimetern und einer Breite (am Anfang) von 13,3 Millimetern. Der Rücken hat am Anfang eine Stärke von 5,7 Millimeter und ist zehn Millimeter von der Klingenspitze entfernt noch 3,5 Millimeter stark. Der Fasenwinkel beträgt 22 Grad. Der 104 Millimeter lange Griff ist an der Klinge rund, aber an seinem oberen Ende linsenförmig.

Tuukkala-Puukko

Das Tuukkala-Puukko ist ein typisches, extravagantes Frauen-Puukko aus der Kreuzfahrerzeit. Es wurde

Tuukkala-Puukko, 1050 bis 1150 (NMF)

Tuukkala Schwester-Puukko, 1050 bis 1150 (NMF)

senkrecht getragen und hing wahrscheinlich von der Schulterspange eines Kleids. Die Scheide hatte ein Innenfutter aus Leder, das von einem durchbrochenen Bronzeblech mit Akanthusmotiven bedeckt war. Das Blech ist seitlich mit Bronzestiften vernietet.

Die Länge der gebogenen Blechscheide beträgt 147 Millimeter. Der mit Bronze überzogene Griff ist 85 Millimeter lang, 14 Millimeter breit und am unteren Ende 12,3 Millimeter dick. Am oberen Ende ist der Griff 16,7 Millimeter breit und 14,5 Millimeter dick. Die bronzene Griffplatte mit einem Muster aus miteinander verwobenen Bändern dekoriert. Im Bild ragt der Griff etwas weiter aus der Scheide hervor als ursprünglich, da die Scheide deformiert ist. Das Lederfutter der Scheide ist weitgehend verschwunden, aber einige Teile sind immer noch sichtbar.

Tuukkala Schwester-Puukko

Das „Tuukkala Schwester-Puukko" ist eine Art Kreuzung zwischen dem Tuukkala- und dem Inari-Puukko. Der untere Teil der gebogenen Blechscheide gleicht dem Tuukkala-Puukko mit seinem durchbrochenen und mit Akanthus verziertem Blech, der obere Teil hat drei schlaufenförmige Beschläge wie das Inari-Puukko. Das Lederfutter der Scheide ist relativ gut erhalten. Der Griff des Puukko, das in der Scheide steckt, ist dem Tuukkala-Puukko sehr ähnlich und sein Holzkern dementsprechend mit einer zwei Millimeter dicken Bronzeplatte bedeckt, die in diesem Fall mit leicht abweichenden Mustern aus miteinander verwobenen Bändern verziert sind. Auch hier gab es wahrscheinlich am Griffende einen Befestigungsring. Das Puukko wurde anscheinend senkrecht getragen.

Patja-Puukko

Dieses Puukko mit einer Scheide aus gebogenem Blech wurde in Patja, Sakkola, gefunden (in Karelien nahe der russischen Grenze). Es hat einen aus zwei Teilen beste-

Patja-Puukko, 1050 bis 1150 (NMF)

Bronzeüberzogenes Puukko aus Leppäsenmäki, Sakkola, 1050 bis 1150 (NMF)

henden Kantenbeschlag mit vier schlaufenförmigen Teilen, die mit verwobenen tierförmigen Gravuren versehen sind. Der von oben gesehen zweite Schlaufenbeschlag und der obere Teil des Kantenbeschlags sind kupferfarben, das heißt, sie enthalten entweder einen höheren Kupferanteil in der Bronzemischung oder wurden ganz aus Kupfer hergestellt. Die Beschläge wurden mit Bronzenieten befestigt.

Die Länge des Objekts vom Ende des Griffs bis zur Spitze der Scheide beträgt etwa 200 Millimeter, aber auch hier ragt das Puukko weiter aus der Scheide heraus als es eigentlich sollte. Ansonsten ähnelt das Puukko den beiden vorigen, aber dieses Mal hat der Befestigungsring überlebt. Der Griff hat einen Holzkern mit zwei Millimeter dickem Bronzegeflecht. Das Dekor des Griffs ist kaum sichtbar, scheint aber aus den typischen verwobenen Mustern zu bestehen. Der Klingenrücken hat eine Stärke von 5,7 Millimetern.

Sakkola-Puukko

Es gibt kaum ein Puukko, das die Kreuzfahrerzeit mit Klinge und Griff intakt überlebt hat. Mit Ausnahme des Inari-Puukkos sind die Klingen normalerweise zerbrochen oder verrostet und mit der Scheide verbacken. Eine Ausnahme bildet ein Puukko, das in Leppäsenmäki in der Region Sakkola (heute zu Russland gehörig) gefunden wurde. Der Griff ist 85 Millimeter und die Klinge 72 Millimeter lang. Der Klingenrücken ist 5,5 Millimeter stark, die Klingenbreite beträgt 14 Millimeter und der Fasenwinkel 20 Grad. Den Fragmenten nach zu urteilen, die vom Griffende übriggeblieben sind, war daran ein typischer Befestigungsring angebracht.

Der Griff hat ein leicht linsenförmiges Profil, das sich zum Ende hin verbreitert und auch dicker wird und einen diskreten Knauf formt, der typisch für die mit Bronze überzogenen Puukkos aus dieser Ära ist. Die

Dekorationen des Bronzeblechs sind besonders gut erhalten. Der obere Teil des Griffs ist mit Mustern aus verwobenen Bändern dekoriert, der untere Teil mit einfacheren gebogenen, geraden und geneigten Linien und Kreuzen.

Lederscheiden

Es gibt einige komplette Lederscheiden aus der Zeit der Kreuzfahrer. Ein Beispiel, das in Turku gefunden wurde, ist mit geprägten Akanthusmotiven verziert. Dieselbe Art von dekorierten, aber ansonsten ungeschmückten Scheiden war während des folgenden Mittelalters sehr gebräuchlich. Das heißt, dass die Beispiele mittelalterlicher Scheiden, die später gezeigt werden, wahrscheinlich auch ein ziemlich gutes Bild der Lederscheiden aus dieser Periode bieten.

Abgebildet ist der obere Teil einer Lederscheide mit dem Griff des dazugehörigen Puukko aus Säkkimäki, Kurkijoki (in Südkarelien im heutigen Russland). Der doppelte Saum des 2,2 Millimeter dicken Leders wurde mit Heftstichen genäht. Am Ende des Saums ist ein Loch für das Aufhängungssystem, was darauf hinweist, dass die Scheide in senkrechter Position getragen wurde. Der Griff ist ein typischer bronzeüberzogener Griff aus dieser Zeit. Er ist 99 Millimeter lang. Sein zwei Millimeter dickes Bronzeblech ist am oberen Ende mit verwobenen Bandmustern dekoriert, die denen des Sakkola-Puukkos ähneln.

Bronzebeschlagene Breitscheiden

Bronzebeschlagene Breitscheiden, die während der späten Wikingerzeit in Mode kamen, blieben auch in der Ära der Kreuzfahrer populär. Verschiedene Funde dieses Scheidentyps ähneln sich sehr, obwohl es kleine Unterschiede im Dekor gibt. Abgebildet ist eine Breitscheide aus der Kreuzfahrerzeit, die in Humikkala, Masku, gefunden wurde (15 Kilometer nördlich von Turku). Die Länge der Scheide beträgt 198 Millimeter, ihre Breite 73 Millimeter. Das Bronzeblech ist mit den typischen halbkugelförmigen Knoten und Korbflecht-Mustern verziert und hat eine Dicke von 0,4 Millimetern. Die Aufhängungsschlaufe ist 20 Millimeter breit und wurde aus 0,7 Millimeter dickem Bronzeblech gemacht. Unter dem Bronzeblech befindet sich eine Lage aus Birkenrinde. Die Lederteile der Scheide sind verschwunden.

Oberer Teil einer Lederscheide und ein Puukko-Griff aus Säkkimäki, Kurkijoki, 1050 bis 1150 (NMF)

Bronzebeschlagene Breitscheide, 1000 bis 1150 (NMF)

Griffe

Im Vergleich zur Wikingerzeit gab es nicht viele Veränderungen im Stil der Puukko-Griffe. Die wichtigste ist die Einführung des Akanthusmotivs bei der Dekoration von Puukko-Griffen und Scheidenbeschlägen. Ein neuer Typ, der auf diese Zeit datiert wird, ist allerdings ein durchbrochen gearbeiteter Puukko-Griff aus Bronze, der einen Holzkern besaß. Auch die Auswahl an Beschlagmaterialien vergrößerte sich, und so wurden nun zum Beispiel Silberbeschläge häufiger benutzt. Neben den üblichen Materialien, nämlich Holz und Bronze, wurden jetzt auch Knochen für die Griffe verwendet.

Unten abgebildet ist ein Puukko-Griff, der mit einem durchbrochenen Bronzeblech versehen ist. Er wurde in Kuuppala, Kurkijoki (in Karelien, heute hinter der russischen Grenze) gefunden. Die Länge des Griffs beträgt 100 Millimeter ohne den Befestigungsring, der einen Durchmesser von 14 Millimetern hat. Im Bild kann man sehen, dass der Befestigungsring mit Bronzedraht umwickelt war. Der Griff hat ein rundes Tropfenprofil: Es ist beinahe rund, besitzt aber auf der Bauchseite eine leichte Kante.

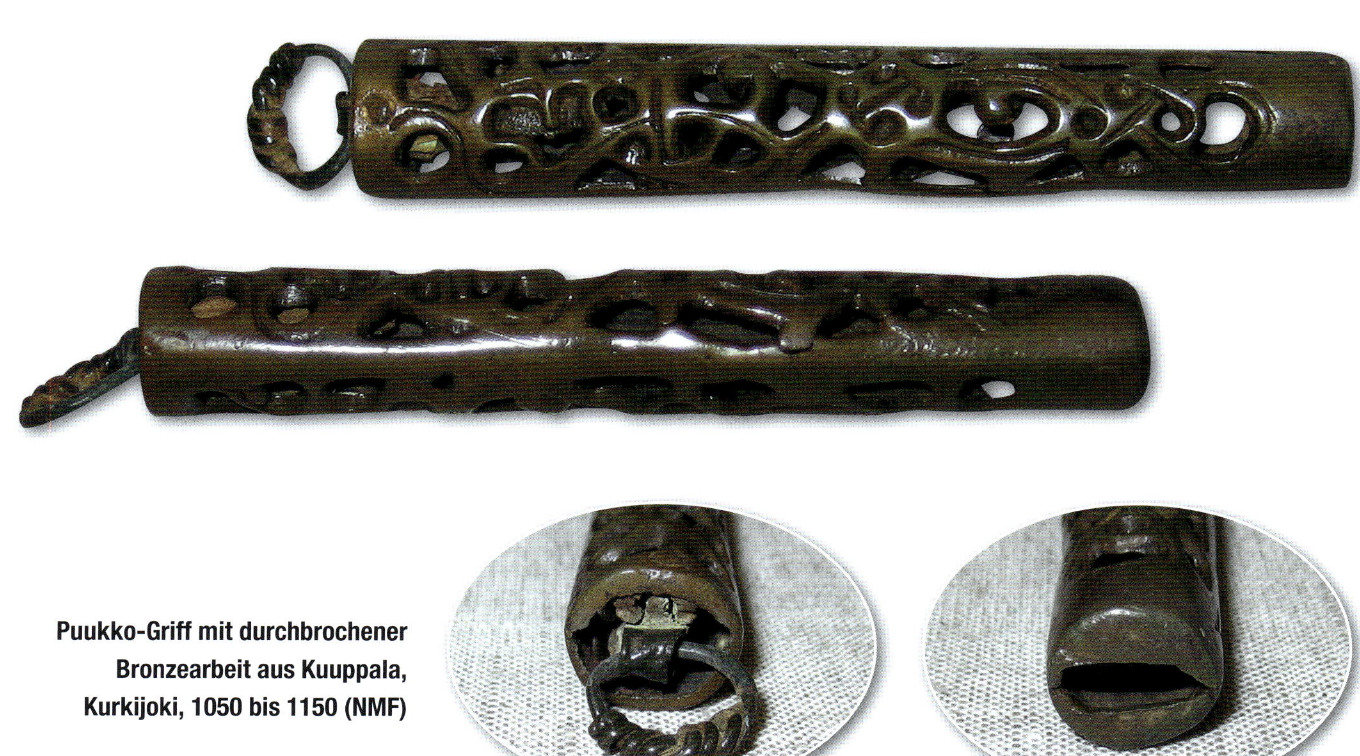

Puukko-Griff mit durchbrochener Bronzearbeit aus Kuuppala, Kurkijoki, 1050 bis 1150 (NMF)

Baltische Scheiden und Messer aus der späten Eisenzeit

Betrachten wir einige Scheiden aus dem Baltikum der späten Eisenzeit. Die Zeichnungen stammen aus einem Büchlein mit dem Titel „Relikte aus den Siedlungen mit den Finnen verwandter Nationen"), Erstveröffentlichung 1884.

Estnische und livländische bronzebeschlagene Scheiden aus der Eisenzeit gleichen teilweise ihren finnischen Gegenstücken, aber es gibt auch klare Unterschiede zwischen ihnen, die zum Beispiel ihre Bauweise und Dekorationen betreffen. Die gebogenen Blechscheiden haben häufig einen separaten Kantenbeschlag in der Nähe des Griffs – der sich oft nach oben verbreitert. Die Dekorationen von estnischen und livländischen Scheiden beinhalten oft dreieckige, gitterartige oder seilähnliche Gravuren.

Livland ist ein altes Land, das früher einmal in der Gegend von Südestland und Nordlettland lag. Während der Eisenzeit wurde es von Finnen und Balten bewohnt.

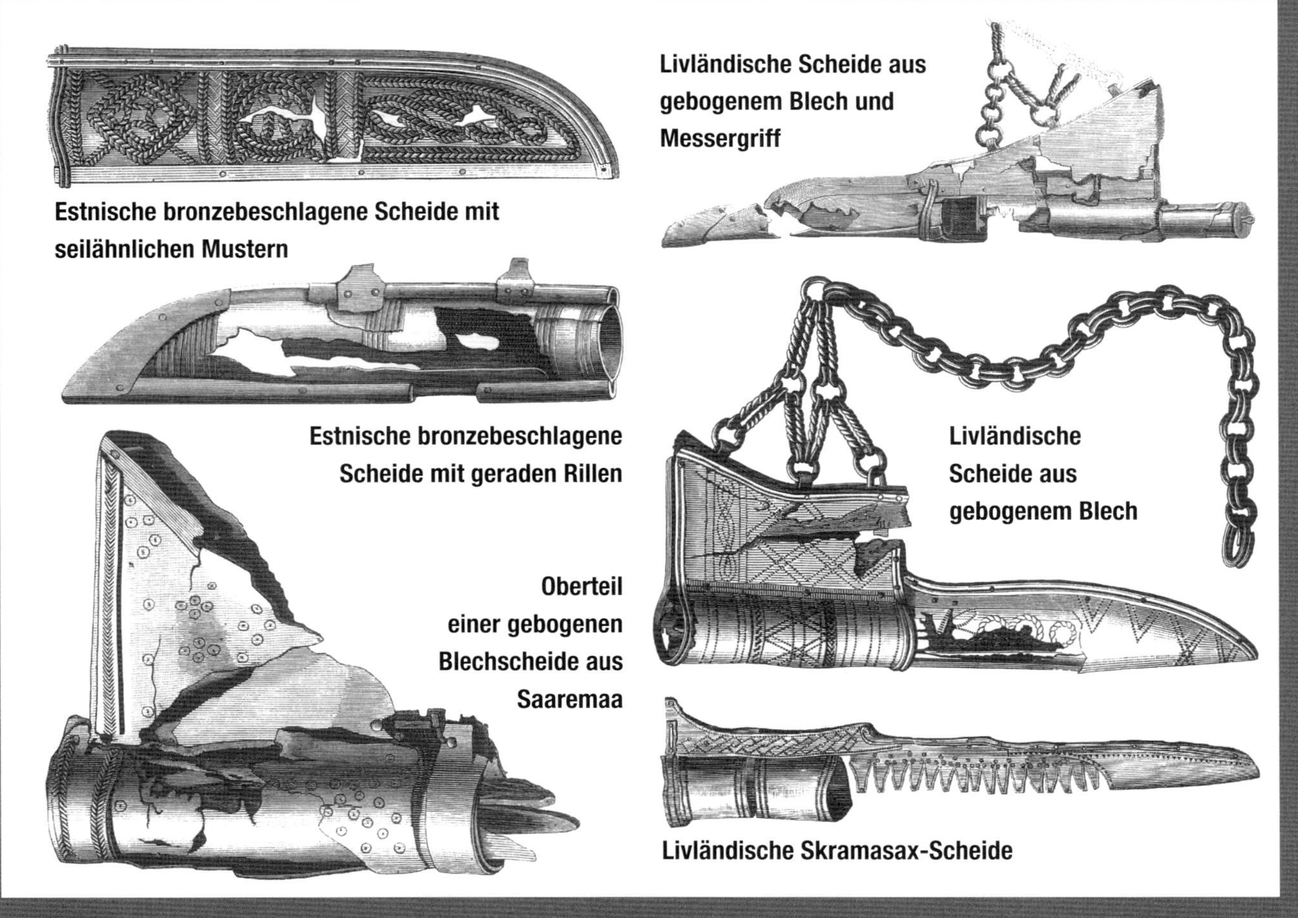

Estnische bronzebeschlagene Scheide mit seilähnlichen Mustern

Livländische Scheide aus gebogenem Blech und Messergriff

Estnische bronzebeschlagene Scheide mit geraden Rillen

Livländische Scheide aus gebogenem Blech

Oberteil einer gebogenen Blechscheide aus Saaremaa

Livländische Skramasax-Scheide

Puukkos im Mittelalter (1150 bis 1520)

Vor dem Jahr 1995 war nur wenig über die mittelalterlichen Messer und Puukkos Finnlands bekannt. Seitdem enthüllten zahlreiche Ausgrabungen im mittelalterlichen Zentrum Turku eine Fülle an neuem Material, das dieses Zeitalter in ganz neuem Licht zeigt. Unter den Fundstücken befinden sich zum Beispiel mehr als 100 Puukko-Scheiden und zwei Puukkos, die mit ihren Scheiden überlebt haben. Eines davon ist ein bronzebeschlagenes Puukko mit einem Griff aus Maserbirke, das „Aboa-Vetus-Puukko", das ich sogleich noch im Detail vorstellen werde (siehe nächste Seite). Das andere der beiden Puukkos ist leider etwas in Mitleidenschaft gezogen und klebt an der Scheide fest. Nur das obere Griffende ist sichtbar.

Mittelalterliche Puukkos aus Turku

Im Jahr 2005 wurde die Diplomarbeit des Archäologen Janne Harjula veröffentlicht. Seine Arbeit umfasste die mittelalterlichen Lederfundstücke, die 2004 in Turku ausgegraben wurden. Für sein Studium untersuchte Harjula 163 Messer- und Schwertscheiden oder deren Teile. Gemäß Harjulas Arbeit und nach anderen neueren Studien wissen wir, dass die meisten dieser Puukkos eine Klinge mit beinahe geradem Rücken hatten. Clip-Point-Klingen und Klingen mit abgewinkeltem Rücken waren ebenfalls verbreitet. Die Klingen waren gewöhnlich präziser gefertigt als während der Eisenzeit.

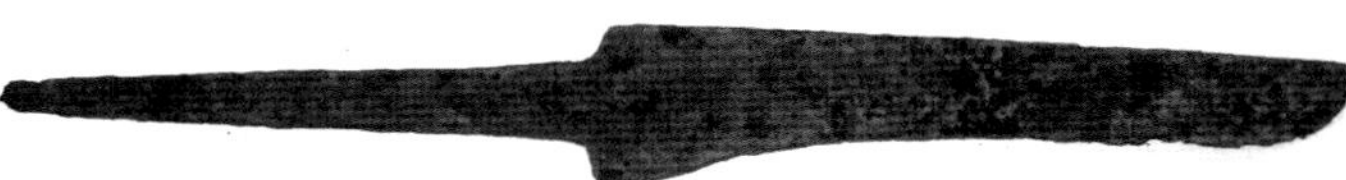

Klinge mit gerade abfallendem Rücken, 1350 bis 1450, Länge 89 mm, Breite 19,5 mm, Erl 70 mm, Rücken 3,8 mm, Fasenwinkel 12 Grad (Turku Provincial Museum)

Klinge mit gekrümmtem Rücken, 1400 bis 1450, Länge 92 mm, Breite 21,4 mm, Erl 59 mm, Rücken 6,0 mm, Fasenwinkel 16 Grad (Turku Provincial Museum)

Klinge mit gerade abfallendem Rücken, 1400 bis 1450, Länge 81 mm, Breite 21 mm, Erl 81 mm + 11 mm, Rücken 6,9 mm, Fasenwinkel 21 Grad (Turku Pronvincial Museum)

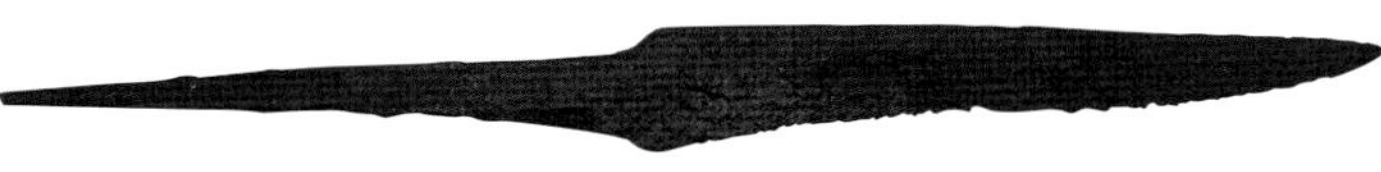

Klinge mit gekrümmtem Rücken, 1450 bis 1520, Länge 120 mm, Breite 21,6 mm, Erl 107 mm, Rücken 5,1 mm, Fasenwinkel 15 Grad (Turku Provincial Museum)

Das Aboa-Vetus-Puukko

Während der Ausgrabungen, die in den 1990er Jahren auf dem Gelände des Aboa Vetus & Ars Nova Museum gemacht wurden, wurde ein sehr gut erhaltenes Puukko gefunden, das ich einfach „Aboa-Vetus-Puukko" genannt habe. Das Puukko wurde anhand der Ausgrabungsschicht und dem Stil der Scheide auf das 14. Jahrhundert datiert. Sein Griff besteht aus Maserbirke, und beide Enden des Griffs wurden mit Einfassungen versehen, die aus dünnen Metallplatten mit dazwischenliegenden Distanzstücken aus gegerbtem Leder gemacht wurden.

Die Länge des Griffs mit seinen Monturen beträgt 96 Millimeter („Rücken") und 91 Millimeter („Bauch"). Der Griff hat ein steil nach unten abfallendes Profil. Die Klinge ist am Ansatz breiter als der Griff (erhaltene Breite 27 Millimeter). Das Ende des durchgehenden Erls ist über einer dreieckigen „Niete" auf der Endkappe kaltgehämmert. Der nach unten abfallende, gerade Klingenrücken hat eine Länge von 120 Millimeter, war aber, der Form nach zu urteilen, ursprünglich etwa 135 bis 140 Millimeter lang. Die Stärke des Klingenrückens beträgt am Anfang fünf Millimeter und 2,5 Millimeter an der Spitze. Der Fasenwinkel liegt bei nur elf Grad.

Auf der linken Seite der Klinge gibt es eine Vertiefung, die das Zeichen eines Messermachers sein könnte. Allerdings könnte diese Art von Vertiefung auch von Korrosion verursacht worden sein. Das Röntgenbild der Klinge enthüllt einige parallele Linien, die darauf hinweisen, dass die Klinge aus einigen dünnen Lagen Eisen oder Stahl feuerverschweißt wurde.

Die seitlich gesäumte Scheide wurde aus 1,5 Millimeter dickem Kalbsleder ohne Holzeinlage gemacht. Der Saum ist mit Nieten befestigt, zumindest in der Griffsektion. Das Unterteil einer Niete steckt noch in der Scheide. Die Scheide wurde mit fünf Ringen dekoriert, die aus jeweils zwei gestanzten Halbkreisen beste-

Aboa-Vetus-Puukko, 14. Jahrhundert (ausgestellt im Aboa Vetus & Ars Nova Museum)

hen. Dieselbe Art von Dekoration wurde zum Beispiel bei Scheiden benutzt, die in Svedenborg, Dänemark, gefunden wurden und auf dieselbe Zeit datiert werden.

Obwohl das Aboa-Vetus-Puukko für sein Alter sehr gut erhalten ist, sind einige Details im Laufe der Zeit verloren gegangen. Das Puukko selbst ist so gut erhalten, dass praktisch die einzige offene Frage die nach der Form der Schneide in der Nähe des Griffs ist. Meiner Meinung nach ist die wahrscheinlichste Antwort, dass die Ecke der Schneide am Beginn etwas abgerundet wurde, um das Messer sicherer benutzen zu können.

Der Scheidenmund und das untere Ende des Griffs sind verfärbt, was darauf hindeuten könnte, dass es dort metallene Beschläge gab. Außerdem gibt es deutliche Vertiefungen im Bereich von eingeschnittenen kreisförmigen Dekorationen, die darauf hindeuten, dass es einige Riemen aus Leder oder Stoff gab, die um die Scheide herum verliefen.

Auch die Trageweise des Puukko ist teilweise unklar. Die Scheide wurde zweifellos vertikal getragen oder leicht schräg, aber die Aufhängungsmethode kann den überlebenden Teilen der Scheide nicht vollständig entnommen werden.

Das Aboa-Vetus-Puukko ist einzigartig und das am besten erhaltene mittelalterliche finnische Puukko. Obwohl es nicht sicher ist, dass der Hersteller finnisch war, weist zumindest die Verwendung von Maserbirke darauf hin. Struktur, Materialien und Form sind typisch für finnische Puukkos. Auch das tropfenförmige Griffprofil findet sich bei vielen späteren finnischen Puukkos.

Scheide Nr. 9, dekoriert mit ausgeschnittenen Bögen und eingeschnittenen Schlitzen, 14. Jahrhundert (Foto: Janne Harjula)

Aboa-Vetus-Scheide, dekoriert mit Paaren von Halbkreisen, Nr. 125, 14. Jahrhundert (Foto: Janne Harjula)

Scheide Nr. 22 mit Seitentasche und tierförmigen Dekorationen, vermutlich 14. Jahrhundert (Foto: Janne Harjula)

Mittelalterliche Scheiden aus Turku

Die meisten Scheiden wurden aus pflanzlich gegerbtem Kalbsleder hergestellt, ohne Holzeinlage. Daneben gab es Scheiden aus Schaf- oder Ziegenleder sowie aus dickerem Rindsleder. Die Trageweise der Scheiden änderte sich bis Anfang des 14. Jahrhunderts zu vertikal. Es scheint, dass nicht alle Scheiden ein Aufhängungssystem besaßen. Sie konnten auch einfach unter den Gürtel gesteckt werden.

Die Scheiden hatten entweder eine seitliche Naht oder eine Naht am Rücken. Beide Typen waren gleich häufig, aber die Rückennaht war bei späteren Scheiden weiter verbreitet. Die Nähte waren entweder Stoßnähte (die Kanten des Leders wurden direkt aneinandergelegt), geschlossene Nähte (typisch bei Scheiden finnischer Puukkos, dabei werden die Kanten des Leders umgeschlagen und mit ihrer Fleischseite zusammengelegt) oder überdeckende Nähte (die Kanten des Leders überlappen sich so, dass die Fleischseite einer Seite auf der Narbenseite der anderen Seite liegt).

Der deutlich am häufigsten benutzte Stich war der Schusterstich, der mit zwei Nadeln und Hanfgarn genäht wurde. Ein anderer Stich ist der Heftstich, der ein halber Schusterstich ist, bei dem der Faden von einer Seite zur anderen läuft. Zudem fand man den Überwendlingsstich, der ähnlich dem Heftstich ist, wobei der Faden hier auch über die Kanten des Leders läuft. Einige der Scheiden hatten Hüte oder seitliche Taschen.

Scheide Nr. 98, dekoriert mit Paaren von Halbkreisen, 1350 bis 1400 (Foto: Janne Harjula)

Scheide Nr. 29 mit blattartigen Dekorationen, 1350 bis 1400 (Foto: Janne Harjula)

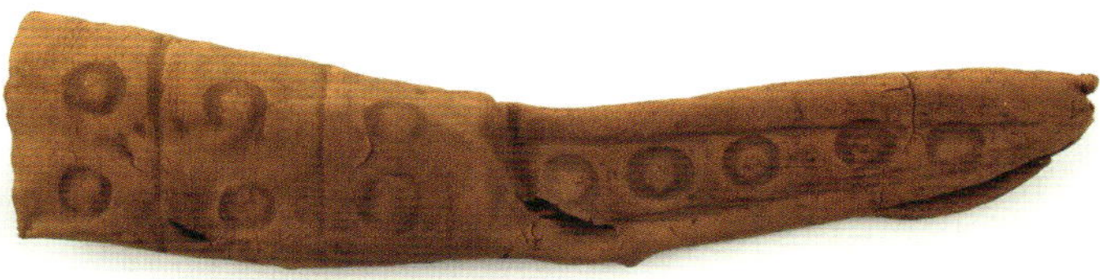
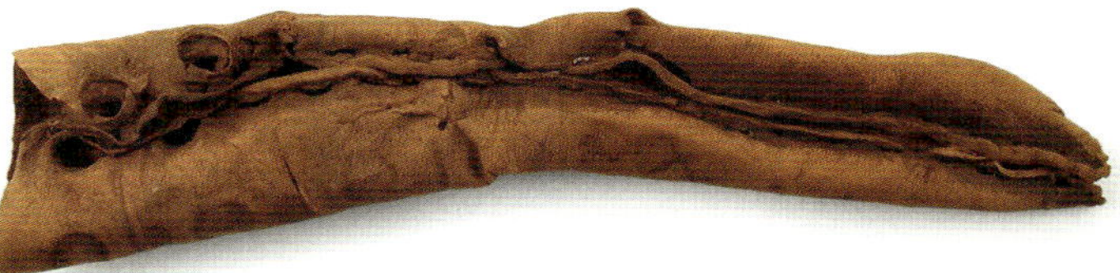

Scheide Nr. 31, dekoriert mit gestempelten Ringen, 1350 bis 1400 (Foto: Janne Harjula)

Die Mehrheit der Scheiden war leicht asymmetrisch und zeigte dadurch die Richtung der Klingenkrümmung an. Gut die Hälfte der gefunden Scheiden waren verziert. Die Dekorationen wurden oft auf angefeuchtetem Leder ausgeführt. Techniken, die für die Dekoration verwendet wurden, waren unter anderem: Eindrücken, Prägen, Gravieren, Aushöhlen, Schlitzen, Einschneiden, Stanzen, Stempeln und Brennen. Die häufigsten Motive waren verschiedene Arten von geometrischen Mustern wie zum Beispiel Linienmuster, Zickzackleisten, Fischgrätenmuster, Gittermuster oder Dreiecke. Dazu kamen eingedrückte Kreise und Blattmuster. Zu einem geringeren Teil wurden auch Kleeblätter, Blumen und tierähnliche Figuren benutzt.

Die Abbildungen zeigen hauptsächlich gut erhaltene, dekorierte Scheiden. Die schmucklosen sind prinzipiell identisch. Die verzierten Bereiche wurden oft zweigeteilt zwischen dem Griff- und Klingenbereich der Scheide. Im Klingenbereich waren die Dekorationen immer senkrecht, im Griffbereich konnten sie senkrecht oder waagrecht sein. Auf der Rückseite der Scheide fallen die Dekorationen oft einfacher aus. Manchmal wurden die Dekorationen auch nur auf der Vorderseite angebracht.

Scheide Nr. 30 mit winkligem Linienmuster, 1350 bis 1400 (Foto: Janne Harjula)

Scheide Nr. 24 mit Gittermuster, 1300 bis 1520 (Foto: Janne Harjula)

Scheide Nr. 15 mit Flecht-/Linienmuster, 1350 bis 1450 (Foto: Janne Harjula)

Scheide Nr. 18 mit Seitentasche und Blattdekorationen, 1350 bis 1400 (Foto: Janne Harjula)

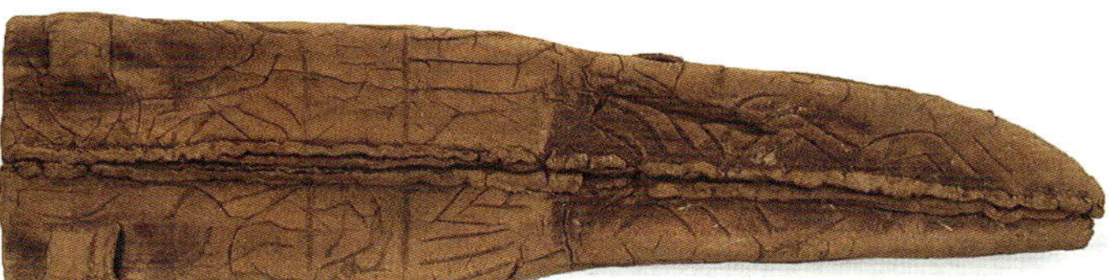

Scheide Nr. 28, verziert mit Kreisen und Bögen, 1400 bis 1500 (Foto: Janne Harjula)

Scheide Nr. 40 mit Muster aus verwinkelten Linien, 1450 bis 1500 (Foto: Janne Harjula)

Scheide Nr. 32, dekoriert mit Paaren von Halbkreisen, 1450 bis 1500 (Foto: Janne Harjula)

Puukkos der frühen Moderne (1520 bis 1770)

Was die Entwicklung des Puukko betrifft, ist diese Zeitspanne die am wenigsten bekannte. Ein Grund dafür ist, dass das Abfallmanagement der Städte sich seit dem Mittelalter weiterentwickelte und zerbrochene Gegenstände des täglichen Bedarfs nicht mehr einfach auf die Straße geworfen wurden, wo sie zu Boden gesunken wären und zumindest teilweise überdauert hätten.

Die ersten schriftlichen Notizen von professionellen Schmieden in finnischen Städten stammen aus dem 16. Jahrhundert, aber die erste Schmiedegilde wurde in Turku erst 1625 gegründet. Die erste Erwähnung eines professionellen Schwertschmieds fand ich in den Aufzeichnungen der Stadt Turku für das Jahr 1680. Auf dem Land begann man die Anzahl an professionellen Kunsthandwerkern vom 16. Jahrhundert an durch Edikte zu kontrollieren. 1604 wurde angeordnet, dass jeder Gerichtsbezirk so viele Kunsthandwerker aufnehmen konnte, wie gebraucht wurden, aber seit 1680 waren nur ein Schneider und ein Schuhmacher pro Gemeinde erlaubt. Nach 1686 wurden mehr als ein Schneider und Schuhmacher in jeder Gemeinde zugelassen, aber die Arbeit anderer professioneller Kunsthandwerker wurde erst im 18. Jahrhundert genehmigt. Von diesen Berufen wurde der des Schmieds erstmals 1739 zugelassen. Trotzdem arbeiteten professionelle Schmiede zweifellos schon in prähistorischen Zeiten auf dem Land. Aus dem 14. Jahrhundert gibt es auch schriftliche Beschreibungen von solchen Schmieden.

Wenn man die Stile mittelalterlicher Puukkos mit denen des 18. und 19. Jahrhunderts vergleicht, kann man leicht erkennen, dass es dazwischen viele größere Veränderungen gab. Der Mangel an Puukko-Funden aus den Jahren 1520 bis 1770, zusammen mit den Schwierigkeiten bei ihrer Datierung, zwingt uns zur Annäherung an dieses Thema auf eine etwas willkürliche Weise. Da die Auswirkungen der Renaissance bei den gewöhnlichen Leuten in Finnland kaum zu spüren waren und ihre Lebensweise im 16. Jahrhundert trotz der Reformation fast unverändert blieb, halte ich es für wahrscheinlich, dass die Änderungen beim Puukko hauptsächlich in der Barockzeit auftraten. Damals wurde Schweden zur Supermacht, und Finnland erlebte viele wichtige soziale und kulturelle Änderungen.

Klingenquerschnitte

Die wahrscheinlich bemerkenswerteste Änderung in dieser Zeit war die Umwandlung des keilförmigen Querschnitts der Puukko-Klinge in einen diamantförmigen Querschnitt oder in einen abgesetzten Klingenschliff mit parallelem Klingenspiegel (die flachen, ungeschliffenen Seiten). Diese Änderung ermöglichte die Vergrößerung des Fasenwinkels, ohne den Rücken unverhältnismäßig dick zu machen. Während die Fase der Klinge kürzer wurde, konnte eine breite Klinge zierlicher gemacht werden. Der keilförmige Querschnitt (mit bis zum Rücken durchgeschliffener Fase) war immer noch gebräuchlich, aber spätestens im 19. Jahrhundert war der diamantförmige Querschnitt der häufigste Typ. In dieser Zeit war auch der abgesetzte Schliff mit parallelen Seiten relativ selten. Er ist hauptsächlich bei Fabrik-Puukkos von Fiskars und Hackman zu finden.

Der diamantförmige Querschnitt war in vielerlei Hinsicht eine elegante Lösung, da der stärkste Bereich der Klinge jetzt nahe der Klingenmitte lag und die Klinge dadurch stabiler machte. Gleichzeitig sah auch eine dicke Klinge aufgrund des schlanken Rückens zierlicher aus.

Puukko-Klinge mit gebrochenem Griff, 17. Jahrhundert (Turku Provincial Museum)

Nach oben gekrümmte Klinge

Eine andere Neuheit aus dieser Zeit ist die nach oben gekrümmte Klinge, die in Europa während des 16. Jahrhunderts Allgemeingut geworden zu sein scheint. Es wurden keine finnischen Puukkos mit nach oben gekrümmter Klinge gefunden, die zuverlässig auf diese Zeitspanne datiert werden können, aber auf vielen Zeichnungen des 18. Jahrhunderts, die finnische Männer zeigen, sind Puukkos mit nach oben gekrümmter Klinge zu sehen.

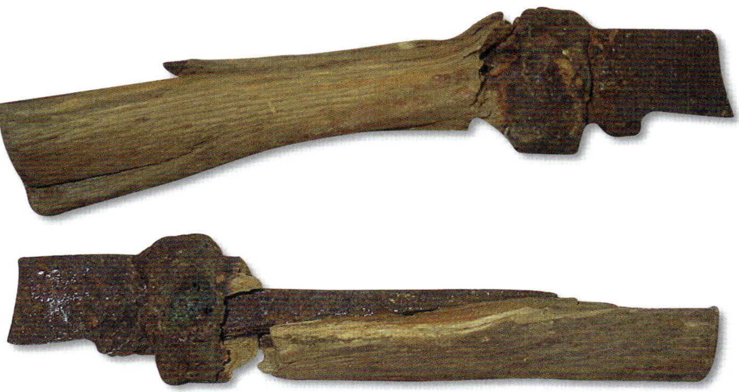

Zerbrochene Puukko-Klinge, Griffbacken und Teil des Griffs, 1700 bis 1750 (Turku Provincial Museum)

Puukko-Klinge mit Flachschliff und Zeichen des Messermachers, wahrscheinlich aus dem 18. Jahrhundert (Aboa Vetus & Ars Nova Museum)

Clip-Point-Klinge mit Steckangel, etwa 1650 bis 1740 (Aboa Vetus & Ars Nova Museum)

Eine Clip-Point-Klinge, 1650 bis 1750 (Aboa Vetus & Ars Nova Museum)

Es ist schwer zu sagen, warum die nach oben gekrümmte Klinge sich nach und nach verbreitete, vor allem, da sie weniger Vorteile als Nachteile zu haben scheint. Einer der Vorteile könnte gewesen sein, dass die Klinge auf diese Weise an der Spitze eine längere Kurve hatte, die fürs Häuten und Schneiden von Fleisch eingesetzt werden konnte. Andererseits konnte die Klinge die Lederscheide leichter durchstoßen. Ein anderer Nachteil war, dass die Klingenspitze aus der Mittellinie der Klinge weg bewegt wurde, was das Stechen und andere kleinere Arbeiten erschwerte. Außerdem wurde die Spitze dünner und dadurch auch schwächer. Wahrscheinlich waren aus diesen Gründen die nach oben gekrümmten Klingen meist nur sanft gebogen. Oft war die Spitze auch abgeschrägt, um diese Probleme zu vermeiden.

Überraschenderweise sind viele Klingen aus dieser Epoche Clip-Point-Klingen. Auf der anderen Seite gibt es nur wenige Funde, und die Sicherheit, mit der sie datiert werden können, ist oft gering. Man geht davon aus, dass alle diese Klingen wahrscheinlich vor dem Jahr 1770 hergestellt wurden. Das zeigt, dass Clip-Point-Klingen in Finnland schon Jahrzehnte vor dem Erscheinen der ersten Bowie-Messer im frühen 19. Jahrhundert geläufig waren.

Symmetrische Scheiden

Die dritte bemerkenswerte Neuheit war die Einführung von symmetrischen Scheiden mit breiten Klingenbereichen und Messingeinfassungen, die in Ostbottnien (Pohjanmaa) um die Mitte des 18. Jahrhunderts erfolgte. Die Scheiden gehörten für gewöhnlich zu Puukkos mit ebenso feinen Beschlägen. Diese Art von Puukko wurde besonders in der Gemeinde Vöyri, in der

Scheide eines Vöyri-Puukko aus dem Jahr 1749, das abgebildete Puukko ist ein Ersatz aus späterer Zeit

Vollmetallscheide von 1743 (Fotos: Jere Hietanen)

Nähe der Stadt Vaasa, hergestellt, was ihnen ihren finnischen Namen *Vöyrin puukko* gegeben hat.

Auch andere Arten von symmetrischen Scheiden, mit oder ohne metallische Beschläge, wurden im 18. Jahrhundert anscheinend in großer Anzahl hergestellt, aber die bekanntesten Modelle – wie die vielen Scheidenmodelle aus Ostbottnien – wurden hauptsächlich im 19. Jahrhundert gemacht. Die Abbildung zeigt die älteste bekannte Scheide eines Vöyri Puukkos, markiert mit dem Jahr 1749. Anderen überlebenden Vöjri Puukkos nach zu urteilen, ist das zu dieser Scheide gehörende Puukko mit einem Griff aus Birkenrinde definitiv nicht das Original-Puukko.

Stil und Erscheinung des Vöyri-Puukkos bringen die grundlegenden stilistischen Eigenschaften des Barock in Erinnerung: die Symmetrie, die aufgeblasenen Formen und ein Bedürfnis, Kontrolle über Form und Materialien zu zeigen.

Vollmetallscheiden

Nicht später als in den 1740ern wurde in Finnland mit der Herstellung von Vollmetallscheiden begonnen. Die oben abgebildete Scheide, die zu einer privaten Sammlung gehört, ist mit den Initialen „P.P." und der Jahreszahl 1743 markiert. Die 138 Millimeter lange Scheide wurde aus einem Messingblech mit einer Dicke von 0,5 bis 0,7 Millimetern ohne eine Holzeinlage gemacht und mit eingravierten Linien, Andreaskreuzen und diagonalem Gitterwerk verziert. Die gelötete Naht liegt in der Mitte der Rückseite (die Naht wurde später mit schlechter Lötarbeit „repariert"). Die Scheide ist an ihrer breitesten Stelle etwa 29 Millimeter breit. Das Puukko, das zu dieser Scheide gehörte, hatte eine Klingenlänge von etwa 70 Millimetern. Es wurde sehr wahrscheinlich in Ostbottnien hergestellt, nicht weit von Vöyri entfernt.

Vorindustrielle Puukkos (1770 bis 1900)

Wir kommen nun zu einer Epoche, aus der wesentlich mehr Wissen über Puukkos erhalten ist als aus irgendeiner anderen Zeit. Ein großer Teil der Puukko-Sammlung des finnischen Nationalmuseums fällt in diese Zeit, und einige der Exemplare sind sogar mit dem genauen Jahr ihrer Herstellung gekennzeichnet. Allerdings ist das Jahr, das auf einer Scheide angegeben ist, nicht unbedingt identisch mit dem Herstellungsjahr des dazugehörigen Puukkos. Manchmal finden sich auch fehlerhafte Jahreszahlen, wie das folgende Beispiel zeigt.

Auf Seite 48 in Sakari Pälsis klassischem Werk „Puukko" von 1955 ist ein „hundertjähriges Puukko" mit Griffbacken aus Zinn mit seiner originalen Hutscheide abgebildet. Dieses Puukko befindet sich immer noch in gutem Zustand, hat ein interessantes Design und war das einzige Exemplar aus dem 19. Jahrhundert, das ich fand, bei dem Puukko und Scheide mit demselben Jahr markiert waren. Darüber hinaus war die Scheide mit magischen Symbolen wie Swastika und Pentagramm geschmückt. All das machte es zu einem der interessantesten Stücke der Sammlung, und ich wartete ungeduldig darauf, seine Details zu studieren.

Sie können sich meine Fassungslosigkeit vorstellen, als ich anhand des alten Museumsarchivs herausfand, dass das Puukko in Wirklichkeit nicht aus dem Jahr 1851 stammte, sondern eine Kopie war, die von J. W. Kotikoski 1910 gemacht wurde. Die originale Vorlage war von Tuomo Ströhm gefertigt worden, der im Jahr 1889 starb. Die Swastikas und Pentagramme auf der Scheide wurden von Kotikoski hinzugefügt und gehörten nicht zur ursprünglichen Dekoration.

Puukko mit Zinnzwinge von 1910, Puukko und Scheide markiert mit 1851 (NMF)

Puukkos kleiner Manufakturen

Da das 20. Jahrhundert in Finnland stark von der Verstädterung und Industrialisierung geprägt war, ist das Puukko des späten 18. und des 19. Jahrhundert für uns besonders interessant. Zu dieser Zeit waren Puukkos wichtiger und wurden in größerem Umfang benutzt als später im 20. Jahrhundert. Zudem hatten die preiswerten Fabrikmesser aus Kauhava den Markt noch nicht erobert. Die Puukkos wurden hauptsächlich mit wenigen Werkzeugen von Hand gefertigt. Design und Herstellung wurde von Erfahrung und Zweckmäßigkeit geleitet und teilweise auch vom Ehrgeiz, ein Objekt der reinen Gestalt und Schönheit zu schaffen.

Ich habe 45 handgefertigte Puukkos analysiert, die auf 1770 bis 1900 datiert wurden. 43 davon gehören zur Sammlung des finnischen Nationalmuseums und zwei zu privaten Sammlungen. Gut die Hälfte davon hatte eine Klinge mit gekrümmtem Rücken. Die übrigen Klingentypen verteilten sich ziemlich gleichmäßig über den Rest. Der Klingenquerschnitt war überwiegend diamantförmig, der Fasenwinkel lag zwischen zwölf und 30 Grad mit einem Durchschnitt von 19 Grad.

Zwei Drittel der Angeln waren kürzer als der Griff, beim Rest der Puukkos ging die Angel durch den gesamten Griff. Die Klingenlänge reichte von 56 bis 117 Millimeter, die Griffe waren zwischen 66 und 115 Millimeter lang. Die Klingen waren grundsätzlich etwas kürzer als der Griff, so wie bei heutigen Puukkos. Sowohl Klinge als auch Griff waren im Durchschnitt allerdings etwas kürzer als bei den Puukkos, die heute gefertigt werden.

Alle Griffe (!) waren ohne Knauf gemacht. Das häufigste Griffmaterial war Maserbirke, gefolgt von Birke. Dazu kamen Materialien wie Birkenrinde, Weiden- oder Birkenwurzel oder in wenigen Fällen Erlenholz. Die Hälfte der Griffe wies keinerlei Monturen auf.

Von den Scheiden hatten zwei Drittel keine schützende Holzeinlage und drei Viertel keine Beschläge. Der größere Teil der Scheiden war symmetrisch. Die allermeisten Scheiden waren aus Leder gefertigt, fünf Prozent aus Birkenrinde. Einige wenige bestanden aus

Puukko aus Kajaani mit Griff aus Birkenrinde, 1831 (NMF)

Holz oder Vollmetall. Auch Horn wurde für einige Griffe verwendet.

Auf der Basis dieser Analyse ist es möglich, sich ein gutes Bild von einem typischen Gebrauchs-Puukko des 19. Jahrhunderts zu machen. Es hätte einen Griff aus Maserbirke ohne Knauf, mit einer Grifflänge von 92 Millimetern und einer Klingenlänge von 84 Millimetern. Die Klinge mit gekrümmtem Rücken besitzt einen diamantförmigen Querschnitt, eine Steckangel und einen Fasenwinkel von 19 Grad. Die Scheide ist symmetrisch, ohne irgendwelche Metallbeschläge oder Holzeinlage. Die Dicke des Leders liegt bei 1,8 Millimetern.

Finnischer Bauer, J. G. Georgi, Kupferbild, veröffentlicht 1776 bis 1781

Klingentypen

Viele frühere Schriften über Puukkos gingen davon aus, dass die Klinge mit geradem Rücken der typische und am häufigsten benutzte traditionelle finnische Klingentyp war. Drop-Point-Klingen, nach oben gekrümmte Klingen und Clip-Point-Klingen wurden für fremdartig und unpassend für Puukkos gehalten. Aber wie wir schon vorher festgestellt haben, waren Drop-Point-Klingen und nach oben gekrümmte Klingen während des 19. Jahrhunderts und davor eindeutig häufiger als Klingen mit geradem Rücken. Alle Klingentypen sind beinahe gleich alt und wurden in Finnland bereits in der frühen Eisenzeit verwendet. Klingen mit geradem Rücken wurden erst im 20. Jahrhundert üblicher. Auch U. T. Sirelius, ein finnischer Gelehrter des frühen 20. Jahrhunderts, erwähnte in seinem kurzen Überblick über Puukkos des 19. Jahrhunderts, dass bei einem typischen Puukko der Klingenrücken sich ein wenig in Richtung der Spitze senkt (U. T. Sirelius, *Suomen kansanomaista kulttuuria*, 1919).

Diese falsche Vorstellung ist teilweise verständlich, da die meisten der bekannteren finnischen Puukko-Modelle erst während der letzten Jahre des 19. Jahrhunderts oder im frühen 20. Jahrhunderts entwickelt wurden. Diese Modelle waren diejenigen, die sich um die gesamte Welt verbreiteten und damit die Basis für die Wertschätzung des finnischen Puukko schufen.

Ein anderer Grund war, dass die Klingentypen einfach nicht richtig eingeteilt werden konnten. Zum Beispiel wurden abgeschrägte Klingen mit sich sanft neigendem Rücken oder leicht nach oben gekrümmte Klingen oft als „Klingen mit geradem Rücken“ klassifiziert, obwohl sie sich bei genauerer Betrachtung deutlich voneinander unterscheiden.

Links abgebildet ist eine Zeichnung aus dem 18. Jahrhundert, die einen finnischen Bauern zeigt. Diese Zeichnung wurde von dem russischen Arzt und Künstler Johann Gottlieb Georgi während der 1770er Jahre angefertigt. Der Mann im Bild trägt ein dekoriertes Messer oder Puukko mit nach oben gekrümmter Klinge an seinem Gürtel.

Scheiden mit Holzeinlagen

Nach Sirelius begann man erst dann Holzeinlagen zu verwenden, nachdem man angefangen hatte, Scheiden aus dünnerem Leder anzufertigen. Diese Theorie, die in späteren Schriften oft wiederholt wurde, basierte auf der Annahme, dass die Scheiden früherer Zeiten aus besonders dickem Leder gemacht wurden und daher keine Holzeinlage benötigten. Das ist allerdings falsch. Die ausgegrabenen Scheiden aus dem Mittelalter zum Beispiel – alle ohne Holzeinlage – bestanden aus Leder mit einer durchschnittlichen Stärke von 1,5 Millimetern, oft war das Leder sogar noch dünner. Die durchschnittliche Dicke des Leders von Scheiden mit Holzeinlagen aus dem 19. Jahrhundert betrug 1,7 Millimeter.

Der wahrscheinlichste Grund für die Einführung einer Holzeinlage war der Wunsch, die Scheide sicherer zu machen. Vermutlich hatte jemand, der sich wegen einer kaputten Scheide verletzt hatte, die Idee, eine Holzeinlage als zusätzlichen Schutz einzusetzen. Auch die größere Verbreitung der nach oben gekrümmten Klingen könnte ein Grund für diese Erfindung sein. Diese Art der Klinge war viel gefährlicher als frühere Klingentypen und konnte leicht im Leder stecken bleiben und es schließlich durchdringen.

Der dritte mögliche Grund könnte sein, dass Holzeinlagen die Befestigung von Metallbeschlägen wie zum Beispiel Ortbändern erleichterten. Diese Theorie wird von der Tatsache unterstützt, dass es im 19. Jahrhundert gelegentlich bei Scheiden ohne Holzeinlage eine Art hölzerner Unterstützung hinter den Ortbändern und Kantenbeschlägen gab.

Die ersten bekannten Puukko-Modelle, die eine Holzeinlage hatten, waren die Vöyri-Puukkos von etwa 1740 bis 1880. Die typische Scheide eines Vöyri-Puukkos hat einen symmetrischen, rundlichen Klingenbereich. Die gesamte Scheide ist mit gravierten Messingbeschlägen bedeckt. Schlanke, halbe Holzeinlagen (mit offenem Rücken) in modernem Stil wurden spätestens zu Beginn der 1830er Jahre eingeführt, aber vermutlich schon wesentlich früher. Während des 19. Jahrhunderts scheinen Scheiden ohne Holzeinlage trotzdem immer noch in der Mehrheit gewesen zu sein.

Asymmetrische Scheiden

Sakari Pälsi behauptete in seinem Buch, dass die Vorbilder für die asymmetrischen Scheiden die Messer der Lappen seien. Meiner Meinung nach ist das äußerst zweifelhaft. Es ist wahrscheinlicher, dass asymmetrische Scheiden in Finnland schon immer gemacht wurden und symmetrische Scheiden nur zeitweise bevorzugt wurden, zum Beispiel während des 18. und 19. Jahrhunderts. Diese Annahme wird von der Tatsache gestützt, dass in den meisten der Gemälde des 17. und 18. Jahrhunderts, die Samen porträtieren, die Puukko-Scheiden symmetrisch dargestellt wurden. In den Bildern aus dem 17., 18. und 19. Jahrhundert dagegen, die finnische Menschen darstellen, sind asymmetrische Scheiden häufig.

Die Abbildung auf der kommenden Seite links zeigt eine solche Zeichnung. Das Bild, das 1831 in Schweden veröffentlicht wurde, porträtiert einen Mann aus Karelien, an dessen Gürtel eine hochgradig gebogene Scheide hängt. Das Puukko und seine Scheide scheinen mit Metallbeschlägen verziert zu sein, und auch die Aufhängung besteht entweder aus Metall oder ist mit metallenen Beschlägen in ähnlicher Weise wie der geschmückte Gürtel verziert. Die Aufhängung ist in zwei Teile unterteilt. Die starke Krümmung der Scheide deutet darauf hin, dass das Puukko eine nach oben gekrümmte Klinge besitzt.

Das Gemälde „Das Spiel des Väinämöinen" (ein Held des finnischen Nationalepos *Kalevala*) wurde von Robert Wilhelm Ekman um 1860 gemalt. Ekman porträtierte Väinämöinen mit einem Puukko im Stil seiner Zeit mit einigen Metallbeschlägen und einer asymmetrischen Scheide. Das war für die Zeit typisch, da es

Ein Mann aus Karelien, Zeichnung von H. J. Strömmer, veröffentlicht 1831

Das Spiel des Väinämöinen, R. W. Ekman, 1858 bis 1866

Karelischer Mann, Louis Sparre, 1892

kaum ein authentisches Beispiel für altertümliche Puukkos gab, das als Vorlage hätte dienen können.

1892 reiste der schwedische Maler und Designer Graf Louis Sparre nach Karelien, um dort die einheimischen Menschen, Gebäude und Gegenstände zu malen und zeichnen. Das war bei Künstlern damals in Mode. Während seiner Reise fertigte Sparre die links unten abgebildete Zeichnung eines karelischen Mannes an. Die Scheide besitzt einen rundlichen Klingenbereich, nicht unähnlich dem von Vöyri-Puukkos. Sie scheint symmetrisch zu sein, allerdings ist ihre Spitze teilweise von der Hand des Mannes bedeckt.

Das Friedhof-Puukko

Das „Friedhof-Puukko" ist das jüngste ausgegrabene Puukko, das ich in diesem Buch präsentieren will. Es wurde erst 2002 bei Ausgrabungen im alten Friedhof im Zentrum von Turku gefunden. Das Puukko wird auf das späte 18. oder den Beginn des 19. Jahrhunderts datiert. Es hat zusammen mit seinem Griff ziemlich gut überlebt, war aber zum Zeitpunkt der Fotografie noch nicht konserviert und teilweise von Erde bedeckt. Trotzdem war es bereits möglich, einige interessante Eigenschaften zu entdecken: Die Form des Griffs ist ziemlich ergonomisch und weist viele Eigenschaften späterer finnischer Puukkos auf, wie zum Beispiel den fast geraden Rücken, den rundlichen Bauch, den ovalen Querschnitt, der in der Mitte am dicksten ist, und einen leicht abfallenden Knauf. All das machte den Griff komfortabel und leicht zu halten.

Das Puukko besitzt eine Zwinge aus Bronze oder Messing. Die Grifflänge beträgt 98 Millimeter. Die ursprüngliche Länge der Klinge lag wahrscheinlich bei ungefähr 104 Millimetern (von der Spitze scheinen etwa sechs Millimeter abgebrochen zu sein). Der Erl ist sieben Millimeter kürzer als der Griff, könnte aber ein durchgehender Erl gewesen sein, der irgendwann abbrach. Das Loch für den Erl ist am Griffende sichtbar. Der Griff ist in der Mitte 27 Millimeter dick. Die Breite der Drop-Point-Klinge beträgt 20,5 Millimeter. Sie ist maximal 4,7 Millimeter stark. Der Fasenwinkel liegt bei 12 bis 13 Grad.

Das Friedhof-Puukko ist sehr interessant, weil es bereits den modernen Puukkos des 20. Jahrhunderts ähnelt. Es hat auch die Diskussion über die „Originalität des Puukko-Knaufs" belebt. Zumindest der sanft geneigte Knauf, der hier zu sehen ist, scheint schon zur Zeit der Wende vom 18. zum 19. Jahrhundert verwendet worden zu sein. Puukkos mit Knauf fanden aber erst in den 1920er Jahren weitere Verbreitung, als Fabrikmesser aus Kauhava und Rovaniemi mit massiven Knäufen hergestellt wurden, die deutschen Militärmessern und den „Puukko-Bajonetten" der finnischen Armee nachempfunden waren.

„Friedhof-Puukko", 1770 bis 1850 (Turku Provincial Museum)

Frühe Puukko-Hersteller

Professionelle und hochspezialisierte Schmiede arbeiteten bereits während des 19. Jahrhunderts in jeder Provinz. Einige der Schmiede waren beispielsweise auf Uhren spezialisiert, andere auf Feuerwaffen und einige auf Werkzeuge der Landwirtschaft und Puukkos. Darüber hinaus arbeiteten viele Bauern in Teilzeit als Schmiede. Einige von ihnen wurden sehr geschickt in der Herstellung von Puukkos.

Ostbottnien (Pohjanmaa) wurde in der Mitte des 19. Jahrhunderts zu einem der wichtigsten Bezirke Finnlands in Bezug auf die Herstellung von Puukkos. 1855 wurde zum Beispiel geschrieben „man kann in Ostbottnien extravagante Puukkos mit Scheide kaufen", und 1863 erwähnte der Vikar von Saarijärvi, dass ostbottnische Puukkos „sehr populär" seien. Ein großer Teil des Erfolgs ist auf die ausgezeichneten Puukkos von Kalajoki zurückzuführen und auf die ebenso herrlichen Exemplare, die von talentierten Schmieden im Süden Ostbottniens hergestellt wurden. Sie arbeiteten in Vöyri, Kauhava, Härmä und benachbarten Bezirken.

Im frühen 19. Jahrhundert siedelten die Puukko-Schmiede von Ostbottnien zumeist weit voneinander entfernt und arbeiteten hauptsächlich als Teilzeit-Messermacher. Allerdings gab es speziell in Kauhava schon früh professionelle Puukko-Schmiede, was einer der Gründe für die starke Entwicklung in diesem Gebiet ist. Am Ende des 19. Jahrhunderts wurde Kauhava zum wichtigsten Zentrum für die Herstellung von Puukkos. In der Mitte des 20. Jahrhunderts saßen beinahe 90 Prozent der finnischen Puukko-Hersteller in Kauhava.

Ein entscheidender Grund für den Erfolg der frühen ostbottnischen „Puukko-Industrie" war die Tatsache, dass die Gegend während der ersten Hälfte des 18. Jahrhunderts von zahlreichen professionellen Schmieden bewohnt war. Während der russischen Besetzung Finnlands von 1714 bis 1721 litt die Landwirtschaft Ostbottniens, und die Bauernhöfe wurden verlassen. Als die Menschen begannen, in ihre Heimat zurückzukehren, benötigten sie die Dienste von Schmieden, um ihre alten landwirtschaftlichen Werkzeuge zu reparieren und neue herzustellen. In den späten 1730er Jahren gab es speziell im Süden Ostbottniens immer noch Klagen über den Mangel an Schmieden, und einige neue Schmiede kamen in die Region.

Die Anzahl der Schmiede erreichte in den 1780ern und 1790ern ihren Höhepunkt. Da der Bedarf groß war, gab es auch viele nicht lizensierte Schmiede im Bezirk, und nur wenige Beamte oder lizensierte Schmiede machten sich die Mühe, gegen sie einen Prozess zu führen. Eine Lizenz trug auch nicht viel zum Ansehen der Schmiede bei, und so war gegen Ende des 18. Jahrhunderts die Anzahl der Schmiede ohne Lizenz in einigen Gegenden überraschend hoch. In der ländlichen Gemeinde Ilmajoki zum Beispiel arbeitete um die Jahrhundertwende nur ein einziger lizensierter Schmied zusammen mit 45 Schmieden ohne Lizenz.

Nur wenig Wissen über die professionellen Puukko-Schmiede des 18. Jahrhunderts hat bis heute überlebt, aber es erscheint wahrscheinlich, dass sich zumindest einige als Puukko-Schmiede spezialisierten.

Die Puukko-Schmiede von Kauhava

Der erste bekannte professionelle Puukko-Schmied, der in Kauhava arbeitete, war Jaako Kamppinen (verstorben

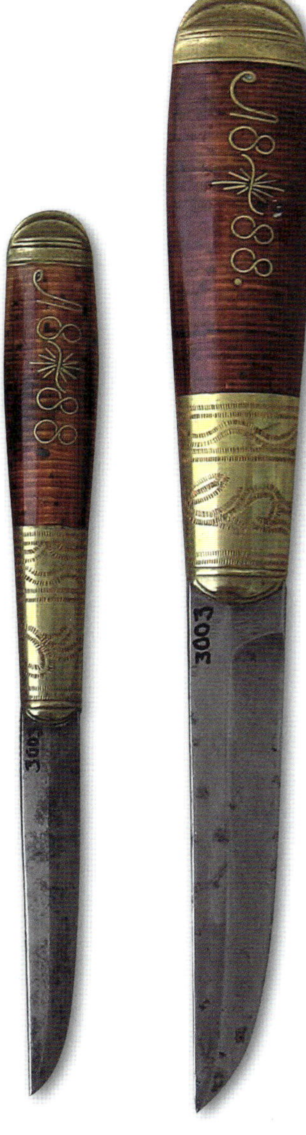

Ein Sorko-Puukko aus Kauhava von Iisakki Järvenpää mit seltener symmetrischer Scheide (Kauhava Puukko Museum)

Hersteller	Iisakki Järvenpää
Entstehungsjahr	1888
Typ	Kauvaha Sorko-Puukko (Set)
Klingenlänge gr./kl.	78 / 57 mm
Klingenbreite max.	15,4 / 9,3 mm
Klingenstärke max.	4,9 / 3,3 mm
Klingenquerschnitt	diamantförmig
Grifflänge gr./kl.	99 / 81 mm
Griffstärke max. gr./kl.	12,8 / 8,3 mm
Griffmaterial	Birkenrinde
Monturen	Messing
Scheide	Leder 1,4-1,6 mm

1855). Es heißt, dass eine seiner Spezialitäten das Zwillings-Puukko war. Tuomas Tuurinmäki, auch bekannt als „Lellun Tuppu“ (1832-1924) arbeitete zuerst als Pächter eines Bauernhofs in Kauhava. In der Zeit der Hungersnot während der 1860er Jahre lebte er in Hollola. Nachdem er dort seine Fähigkeiten im Schmieden von Puukkos erworben hatte, kehrte er 1870 nach Kauhava zurück und begann dort seine Arbeit als professioneller Puukko-Schmied. Sein Sohn Kustaa Tuurinmäki (1855-1878) wurde ebenfalls Puukko-Schmied. Er soll noch geschickter in seinem Beruf gewesen sein. Ein weiterer Name, der als früher Puukko-Schmied in der Region genannt wird, ist Tuomas Salo. Er wurde ebenfalls als fähiger Schmied angesehen, aber viel mehr ist aus seinem Leben nicht bekannt.

Johan Henrik Viholainen (1822-1915), dessen Name manchmal Juha Vihalainen geschrieben wird, war ein Schmied und Scheidenmacher, der in den 1870er Jahren zusammen mit Matti Lammi (1836-1888) und Tuomas und Kustaa Tuurinmäki die Puukkos von Kauhava verfeinerte, indem er sie schlanker machte.

Danach wurden Kauhava-Puukkos vor allem durch zwei berühmte Schmiede weiterentwickelt: den Sohn von Matti Lammi, Juho Kustaa Lammi (1861-1901), und Iisakki Järvenpää (1859-1929). Es gibt widersprüchliche Annahmen über die Bedeutung von Lammi und Järvenpää in Bezug auf die Geburt der Puukko-Industrie und die Entwicklung der schönsten Puukko-Modelle von Kauhava. Aber beide spielten entscheidende Rollen in der frühen Entwicklung von Kauhava-Puukkos und der nachfolgenden Industrialisierung. Beide verdienten sich ebenfalls den prestigeträchtigen Titel „keisarin puukkoeppä“ („Puukko-Schmied des Zaren“).

In Bezug auf die „Wer entwickelte was?“-Debatte ist es gut, sich daran zu erinnern, dass die frühen Puukko-Schmiede und Scheidenmacher von Südostbottnien sich oft untereinander austauschten. Den Geschichten zufolge besuchten zum Beispiel sowohl Iisakki Järvenpää als auch Juho Kustaa Lammi den Schöpfer des Härmä-Puukko, Erkki Rannanjärvi, um mehr über das Scheidenmachen zu lernen. Die frühen Puukko-Macher schöpften Wissen aus verschiedenen Quellen und verfeinerten ihre Methoden in einem Geist des gemeinsamen Nutzens.

Am Ende des 19. Jahrhunderts begann die Rämäkkö-Familie, die zu dieser Zeit sowohl Puukkos als auch Scheiden herstellte, auch Scheiden für andere Puukko-Macher anzufertigen. Man spezialisierte sich bald auf die Herstellung von Scheiden. Die Rämäkkö-Familie machte vor allem die Scheiden für die Fabrik von Iisakki Järvenpää, und diese Tradition hält bis heute an. Aus derselben Familie stammt auch Antti Mäenpänen, auch bekannt als Antti Mäenpää (1873-1950). Er begann im Jahr 1882 mit der Herstellung von Scheiden und machte auch verzierte Sorko- (Intarsien-)Puukkos spätestens seit dem Jahr 1892. Ein anderer Spross der Rämäkkö-Familie war August Lahtinen (geb. 1875), der Sorko-Intarsien für Iisakki Järvenpää produzierte.

Andere bekannte Puukko-Schmiede von Kauhava, die zumindest teilweise schon während des 19. Jahrhunderts arbeiteten, waren Eljas Järvenpää, Johan Dahl, Tuomas Roomio, Jaakko Hannuksela, Heikki Ahl (Kaukoranta), Antti Alamäki, Mikko Jouppi, Iisakki Kaikoo und Kustaa Somppi.

Andere Puukko-Schmiede in Ostbottnien

In Vöyri stellte die Familie Lundberg die berühmten Vöyri-Puukkos her. Bekannte Puukko-Macher der Familie waren zumindest Matts Jakobsson Lundberg (geb. 1770), Johan Mattsson Lundberg (geb. 1822) und Jacob Jacobsson Lundberg (geb. 1830). Die Lundbergs produzierten die Vöyri-Puukkos anscheinend bis in die

Vöyri-Puukko, wahrscheinlich 1780 bis 1850 (NMF)

frühen 1880er Jahre. Den Aufzeichnungen zufolge arbeitete 1735 noch kein einziger professioneller Schmied in Vöyri, erst 1737 begannen Steuerzahlungen fürs Schmieden in Vöyri. Die älteste bekannte Scheide aus Vöyri stammt aus dem Jahr 1749. Es ist daher sehr wahrscheinlich, dass die Lundbergs schon 1737 in Vöyri die Herstellung von Puukkos begannen. Das Vöyri-Puukko könnte als Typus sogar noch älter sein, da es nicht sehr wahrscheinlich ist, dass alle oder auch nur die Mehrheit der Puukko-Macher Steuern für ihre Arbeit bezahlten.

Auch der Bezirk Härmä hat seinen Anteil an fähigen Puukko-Schmieden. Aus Alahärmä kam der Puukko-Schmied Antti Alaranta (geb. 1832). Er brachte Juho Kustaa Lammi bei, wie man eine Puukko-Klinge poliert. Sein Sohn Matti Alaranta (geb. 1857) wurde ebenfalls ein sehr bekannter Puukko-Schmied. Konsta Kruut war ein Puukko-Schmied und Scheidenmacher, der für seine Hutscheiden bekannt wurde, die im Umkreis „ruutiainen" genannt wurden. Hutscheiden wurden auch in anderen Gegenden Ostbottniens gemacht, wie zum Beispiel in Vöyri und Ilmajoki.

Härmä-Puukkos wurden hauptsächlich von der bekannten Familie Rannanjärvi gemacht, die ihre Produktion bis zum heutigen Tag fortsetzt. Die Hersteller während des 19. Jahrhunderts waren der erste Meister der Familie, Erkki Rannanjärvi (1838-1925) und Johannes Rannanjärvi (1873-1931).

In Kalajoki begannen die bekannten Schmiede der Familie Helander spätestens in der Mitte des 19. Jahrhunderts damit, hochwertige Puukkos mit Griff aus Birkenrinde herzustellen. In den 1860ern fertigte eine Gruppe örtlicher Puukko-Macher ein Geschenk-Puukko für Zar Alexander II. Olof Helander (1801-1886) machte die Messingmonturen und dekorativen Gravuren für dieses Puukko, während die Klinge von seinem Schwiegersohn Jaako Merenoja (1825-1912) geschmiedet wurde, der später ein Abgeordneter wurde.

Die Puukko-Industrie von Kalajoki ging aus verschiedenen Gründen während der letzten Jahre des 19. Jahrhunderts zurück. Zu Beginn des 20. Jahrhunderts

Pyhäjärvi-Puukko von Samuli Tuoriniemi (Museum von Pyhäsalmi, Foto von Jorma Tulkku)

wird nur noch von einem aktiven Puukko-Schmied in der Kirchengemeinde von Kalajoki berichtet. Das Wissen um die Herstellung von Puukkos hatte sich allerdings schon bis in die östlichen Bezirke des Kalajoki-Tals verbreitet, einschließlich Alavieska, Ylivieska und Nivala.

Hochwertige Puukkos des Kalajoki-Tals wurden beispielsweise in Alavieska hergestellt, östlich von Kalajoki. Im Jahr 1877 arbeiteten vier Puukko-Macher im Bezirk. Der bekannteste von ihnen war Fredrik Haapasaari (1840-1909), der als professioneller Schmied arbeitete. Haapasaari erlernte seine Fähigkeiten in Kalajoki, wo er in der Schmiede von Olli Helander arbeitete. Andere bekannte Puukko-Schmiede der Gegend waren Kalle Isokääntä (geb. 1843), Tuomas Nisula (geb. 1853), Antti Isokääntä (geb. 1863) und Juho Rautio (geb. 1871).

Zeitungsartikeln aus dieser Zeit zufolge wurden Ende des 19. Jahrhunderts in Yliveska und Nivala Puukkos mit Griff aus Birkenrinde hergestellt, die den Kalajoki-Puukkos ähnelten, aber die Namen der Schmiede werden leider nicht erwähnt.

In Pyhäjärvi machte Samuli Tuoriniemi (1823-1915) sein berühmtes Pyhäjärvi-Puukko, seinerzeit auch „Tuorlainen“ genannt. In Jalasjärvi schmiedete Samuli (Sameli) Frigord (1808-1895), dessen ursprünglicher Name Sameli Tuomaanpoika Köykkä war, Puukkos und andere Gegenstände aus Eisen und reiste bis nach Turku und Helsinki, um sie an den Mann zu bringen.

Er war möglicherweise auch der Schöpfer der mysteriösen Jalasjärvi-Puukkos, die von Sakari Pälsi erwähnt werden. In seinem Buch präsentiert Pälsi die Zeichnung einer Jalasjärvi-Scheide mit steil nach oben gebogenem Ende, aber keine Abbildung des Puukko selbst. Frigord arbeitete in Ilmajoki sieben Jahre lang als Lehrling des berühmten Meisterschmieds Jaako Könni (1774-1830). Daher können wir annehmen, dass er in vielen verschiedenen Arten von Schmiedearbeiten sehr gut ausgebildet war. Seinen Erben zufolge goss Frigord die Messingmonturen für seine Puukkos selbst und machte außerdem auch Klappmesser.

Zwei von Samelis Söhnen erlernten ebenfalls das Handwerk des Vaters. Jaako Frigord (1843-1913) begann in der Werkstatt des Vaters zu arbeiten und blieb dort für den Rest seines Lebens, während der andere Sohn, Tuomas (1836-1895) im Jahr 1866 nach Kurikka zog und dort als Schmied arbeitete. Besonders Jaako Frigord, der später seinen Namen in Rautanen änderte, galt als äußerst geschickter Schmied. Im selben Dorf von Luopajärvi arbeitete ein anderer fähiger Schmied namens Jaako Hermanninpoika Mäenpää (1843-1921).

Puukko-Schmiede in anderen Teilen Finnlands

Im 19. Jahrhundert hatte praktisch jede Kirchengemeinde ihren eigenen Schmied, und Puukkos wurden im gesamten Land häufig nebenberuflich hergestellt. Es gibt dazu leider nicht viele schriftliche Quellen. Die bekannten Pekanpää-Puukkos mit Griff aus Birkenrinde wurden in Pekanpää und in Tornionlaakso gemacht, zumindest von den 1850er Jahren an. Von den örtlichen Schmieden, die dort während des 19. Jahrhunderts arbeiteten, sind zumindest die folgenden bekannt: Iisakki Mäkitalo (geb. in den 1850er Jahren), sein Bruder August Mäkitalo und Joel Hartikka (1868-1934).

Hochwertige Puukkos wurden auch in Kainuu bereits im frühen 19. Jahrhundert gefertigt. Dort arbeitete auch Kalle Keränen (1844-1912), der in den 1870ern das berühmte Tommi-Puukko entwickelte.

Gegen Ende des 19. Jahrhunderts wurde in Rautalampi ein schöner Puukko-Typ mit speziellem Scheidendesign entwickelt. Der bekannteste Hersteller des Rautalampi-Puukko war Emil Hänninen (1869-1952), der mit seinem Puukko mehrere Preise gewann.

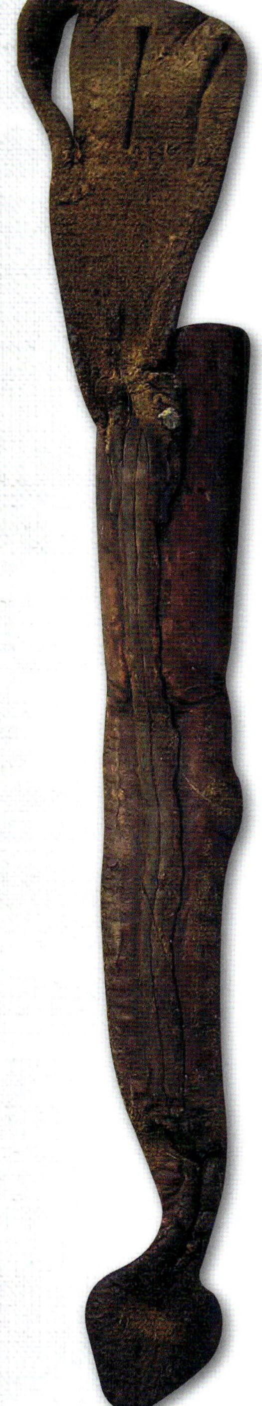

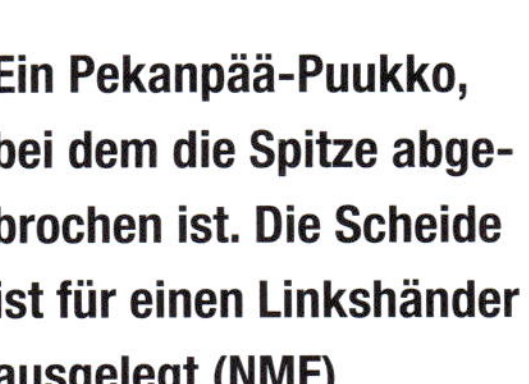

Ein Pekanpää-Puukko, bei dem die Spitze abgebrochen ist. Die Scheide ist für einen Linkshänder ausgelegt (NMF)

Hersteller	unbekannt
Entstehungsjahr	vor 1893
Typ	Pekanpää-Puukko
Klingenlänge	86 mm
Klingenbreite max.	15,9 mm
Klingenstärke max.	3,5 mm
Klingenquerschnitt	diamantförmig
Grifflänge	95 mm
Griffstärke max.	20 mm
Griffmaterial	Birkenrinde
Monturen	Messing
Scheide	Leder 1,8-2,2 mm

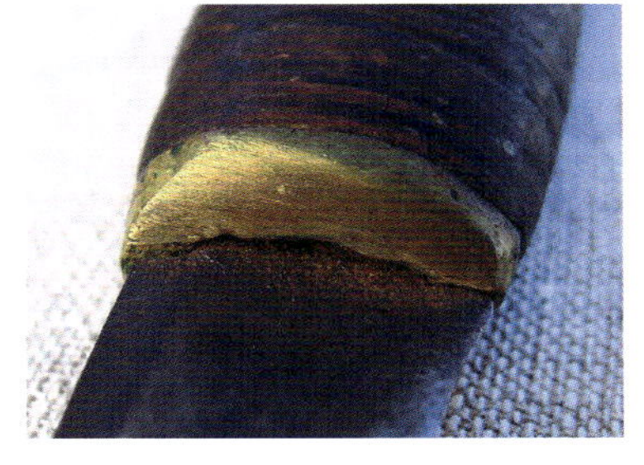

Hänninen hatte ein Puukko-Geschäft, das seinen Namen trug. Dort stellte er auch einfache Arbeits-Puukkos für den Export her. Puukkos mit Metall-Beschlägen, die fast die gesamte Scheide bedecken und als Toijala-Puukkos bekannt sind, wurden zumindest in Toijala, Padasjoki, Kuhmoinen und Jämsä hergestellt. Bekannte Hersteller von solchen Puukkos im 19. Jahrhundert waren Simon Flink (geb. 1790), Jan Flink, Karl Flink (geb. 1830) und Heikki Laakkonen (1864-1919).

In der Provinz Lappi in der Nähe von Turku machte Matts Henttu schöne, passgenaue Scheiden mit Metalleinlagen. In Säkyla stellte Iakopi Ratala um die 1870er Jahre feine Puukkos mit Zinndekor her. In Kontionlahti gab es zu Ende des 18. Jahrhunderts sechs bis sieben Meisterschmiede mit 14 Arbeitern. Ihre Puukkos wurden zusammen mit anderen Gegenständen im gesamten Südkarelien verkauft. In einer Ausstellung von 1892, die von Suomen Teollisuuskauppa (einem finnischen Industrie-Warenhaus) in ihrem Geschäft in Helsinki veranstaltet wurde, gab es Puukkos aus Toikala, Ylivieska und Hattula zu sehen.

Toijala-Puukko aus Padasjoki, 1875 bis 1885 (NMF)

Puukko mit Metalleinlagen von Matts Henttu aus dem Jahr 1840 (NMF)

Dieses Exemplar ist das einzige bekannte Rautalampi-Puukko, das von Iivar Haring gefertigt wurde. Pferdezahn war ein selten verwendetes und teures Material für den Griff (Sammlung des Autors)

Hersteller	Iivar Haring
Entstehungsjahr	1905-1915
Typ	Rautalampi-Puukko
Klingenlänge	84 mm
Klingenbreite max.	12,5 mm
Klingenstärke max.	3,6 mm
Klingenquerschnitt	diamantförmig
Grifflänge	89 mm
Griffstärke max. gr./kl.	16,6 mm
Griffmaterial	Pferdezahn
Monturen	Neusilber
Scheide	Leder 1,0 mm

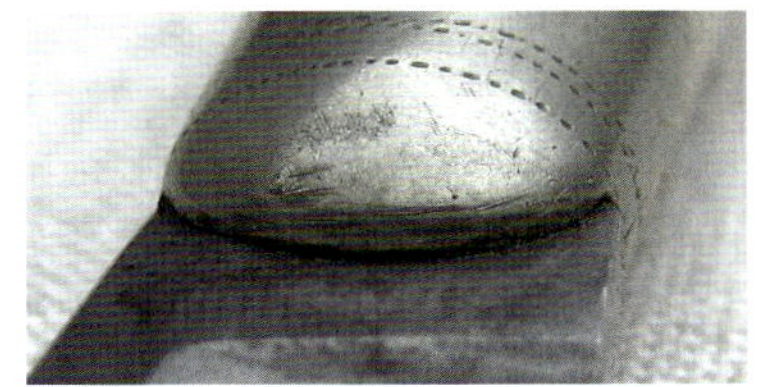

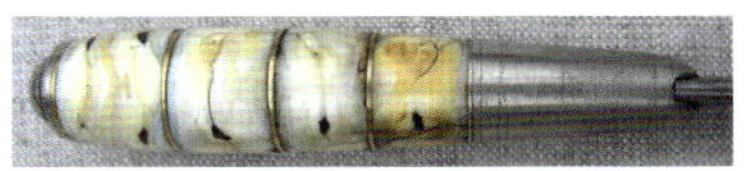

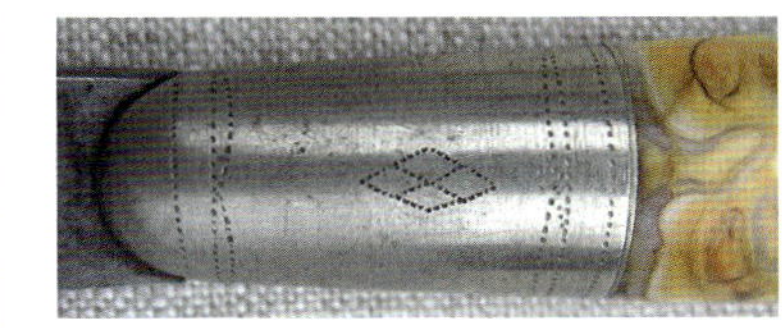

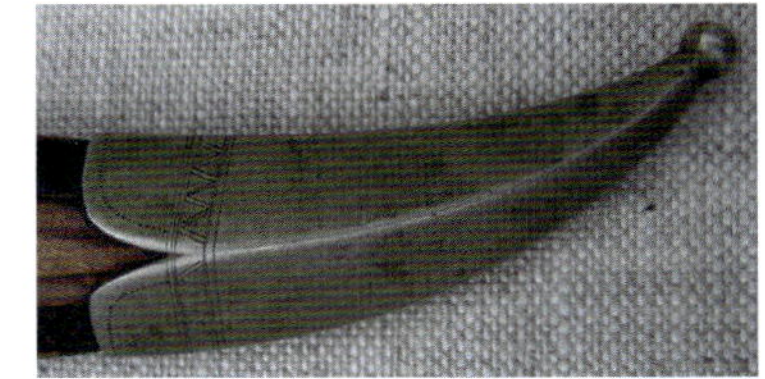

Hersteller	vermutlich Emil Jänninen
Entstehungsjahr	1920-1940
Typ	Rautalampi-Puukko
Klingenlänge	91 mm
Klingenbreite max.	17,3 mm
Klingenstärke max.	4,1 mm
Klingenquerschnitt	diamantförmig
Grifflänge	100 mm
Griffstärke max.	20,3 mm
Griffmaterial	Maserbirke
Monturen	Neusilber
Scheide	Leder 1,6 mm

Ein sehr ergonomisch proportioniertes Rautalampi-Puukko, das sehr wahrscheinlich von Emil Hänninen gefertigt wurde (Peura Museum, Rautalampi)

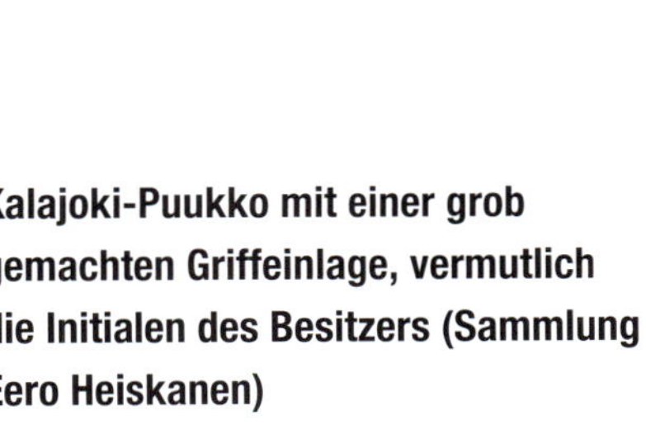

Kalajoki-Puukko mit einer grob gemachten Griffeinlage, vermutlich die Initialen des Besitzers (Sammlung Eero Heiskanen)

Hersteller	unbekannt
Entstehungsjahr	1890-1905
Typ	Kalajoki-Puukko
Klingenlänge	65 mm (nachtr. gekürzt)
Klingenbreite max.	13,2 mm
Klingenstärke max.	3,5 mm
Klingenquerschnitt	diamantförmig
Grifflänge	96 mm
Griffstärke max.	16,1 mm
Griffmaterial	Birkenrinde
Monturen	Neusilber
Scheide	Leder 1,0 mm

Die Zeit der Industrialisierung

Die Puukko-Industrie von Kauhava

Während der ersten Jahrzehnte des 19. Jahrhunderts wurde Kauhava schnell zu einem der bedeutendsten Bezirke der Puukko-Herstellung in Finnland. Ein entscheidender Grund für das schnelle Wachstum der Puukko-Herstellung war die Fertigstellung der Eisenbahnverbindung nach Kauhava im Jahr 1885. Danach wurde der Transport der Handelsgüter von Kauhava ins restliche Finnland und ins Ausland viel einfacher. Puukkos von hoher Qualität wurden auch in anderen Teilen Ostbottniens hergestellt, aber Kauhava war der erste Bezirk, in dem sich die „Heimarbeit-Industrie" der Puukko-Herstellung in eine richtige Industrie verwandelte. Zu Ende des 19. Jahrhunderts waren die Puukko-Macher von Kauhava bereits professionelle Schmiede, und noch vor der Jahrhundertwende wurden die beiden ersten Puukko-Fabriken in Kauhava gegründet.

Der erste professionelle Schmied, der in Kauhava arbeitete, war vermutlich Tuomas Tuurinmäki (alias „Lellun Tuppu"), der von Hollola, wo er als Dorfschmied gearbeitet hatte, nach Kauhava zurückkehrte. Tuurinmäki schmiedete seine eigenen Klingen und führte auch die Wärmebehandlung selbst durch. Die Scheiden machte er zusammen mit seiner Familie. Tuurinmäki verkaufte seine Arbeiten in Vöyri, Jepua, Pietarsaari und Kokkola.

Andere frühe Puukko-Macher von Kauhava waren der Sohn von Tuomas Tuurinmäki, Kustaa Tuurinmäki, Juho Viholainen und Matti Lammi. Diese innovativen Puukko-Schmiede entwickelten den Typ des Kauhava-Puukkos während der 1870er und den folgenden Jahrzehnten immer weiter. Die beiden Meister Juho Kustaa Lammi und Iisakki Järvenpää setzten diese Arbeit fort und vollendeten viele der bekanntesten Kauhava-Puukko-Modelle vor dem Ende des Jahrhunderts.

Im Jahr 1890 erhielten Lammi und Järvenpää einen zinsfreien Kredit über 2000 Mark vom finnischen Senat, um Arbeitsräume und Werkzeuge zu kaufen, aber die eigentliche industrielle Fertigung von Puukkos begann im Jahr 1895, als Jaakko Hannuksela, ein begabter Puukko-Schmied, die erste Puukko-Fabrik von Kauhava gründete, in der er eine Dampfmaschine einsetzte (Hannukselan Puukkotehdas, 1895-1912). Das Vorbild für diese Fabrik stammt aus Eskilstuna, Schweden, wo zu dieser Zeit viele kleinere Messerfabriken aktiv waren.

Dann folgte die Firma Kauhavan Puukkotehdas (1898 bis 1939), die von Jaakko Kujanpää und Kustaa Somppi gegründet wurde. Iisakki Järvenpää wurde als Werkmeister verpflichtet, aber entgegen der Versprechungen wurde ihm nur der Lohn eines einfachen Arbeiters gezahlt. Järvenpää erfüllte seine Pflichten trotzdem, und die Firma erhielt 1900 den ersten Preis auf der Weltausstellung in Paris. Trotz Järvenpääs ausgezeichneter Arbeit wurde sein Lohn noch weiter verringert: anstatt der versprochenen 100 Mark im Monat erhielt er während der Jahre 1902 bis 1903 nur 25 Mark, ein Lohn, der dem eines Hausdieners entsprach. Ein gutes Beispiel für die Bedingungen, die die Arbeiter in den Puukko-Fabriken von Kauhava erdulden mussten. Es hilft auch zu verstehen, warum Kauhavas Puukko-Industrie andere Betriebe von ostbottnischen Puukko-Machern teilweise vom Markt verdrängen konnte.

1904 kündigte Järvenpää schließlich und gründete seine eigene Puukko-Fabrik. Allerdings wird die Grün-

Kauhava-Puukko mit schlichter, gerader Endkappe und leicht nach oben geschwungener Klinge (Sammlung Eero Heiskanen)

Hersteller	Hannukselan Puukkotehdas
Entstehungsjahr	1895-1905
Typ	Kauhava-Puukko
Klingenlänge	98 mm
Klingenbreite max.	14,9 mm
Klingenstärke max.	3,7 mm
Klingenquerschnitt	diamantförmig
Grifflänge	100 mm
Griffstärke max.	14,1 mm
Griffmaterial	Birke, schwarz lackiert
Monturen	Messing
Scheide	Leder 1,2 mm

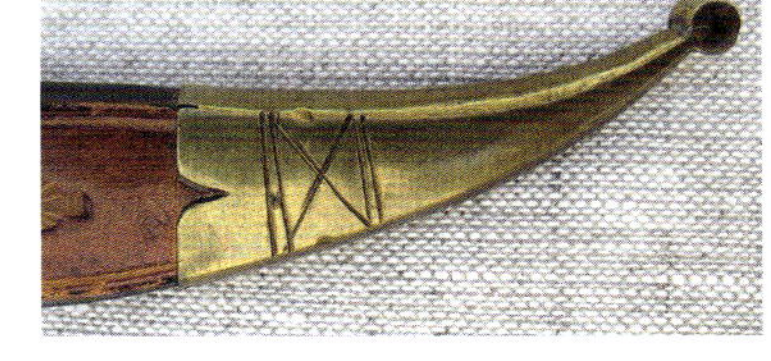

Hersteller	Kauhavan Puukkotehdas
Entstehungsjahr	1898-1905
Typ	Kauhava-Puukko
Klingenlänge	104 mm
Klingenbreite max.	15,8 mm
Klingenstärke max.	4,0 mm
Klingenquerschnitt	diamantförmig
Grifflänge	92 mm
Griffstärke max.	17,4 mm
Griffmaterial	Maserbirke
Monturen	Neusilber
Scheide	Leder 1,6 mm

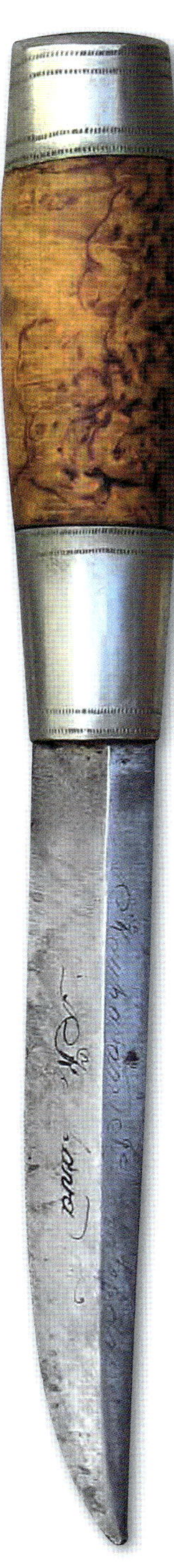

Kauhava-Puukko mit zweifarbiger Scheide und einer Klinge mit leichter Clip-Point-Form (Sammlung JP Peltonen)

dung der Järvenpää-Fabrik nach heutiger Rechnung schon ins Jahr 1879 verlegt, in die Zeit, als Järvenpää begann eigene Puukkos zu machen.

Während der frühen Jahre des 20. Jahrhunderts wurde die Fertigung von Puukkos mehr und mehr industrialisiert. Flexiblere Arbeitsmethoden wurden entwickelt und neue Maschinen angeschafft, um die Produktion zu beschleunigen. Die „Kauhava-Puukkos" wurden so weiterentwickelt, dass sie für die Fabrikproduktion besser geeignet waren. Die Kosten wurden niedrig gehalten, indem man neue Maschinen für die Produktion entwarf, die Arbeit in verschiedene Phasen unterteilte und die Löhne der Arbeiter auf ein Minimum reduzierte.

Verschiedene Arten künstlicher Materialien wie zum Beispiel Ebonit, Galalith und Zelluloid wurden in der Puukko-Industrie von Kauhava bald als Griffmaterial verwendet. Diese Materialien waren sehr gut für die Serienproduktion geeignet, da sie eine gleichbleibende Struktur besaßen und leichter zu formen und schnitzen waren als Holz oder andere natürliche Materialien. Schwarzes Ebonit, das zuerst 1839 vom Amerikaner Charles Goodyear entwickelt worden war, wurde schon während des 19. Jahrhunderts nach Kauhava importiert. Nach den aufgezeichneten Erinnerungen von Antti Mäenpää, eines bekannten Puukko-Schmieds aus Kauhava, wurde das erste Puukko mit Ebonitgriff 1896 von J.K. Lammi gefertigt.

Zelluloid, der erste thermoplastische Kunststoff, wurde 1869 in den USA patentiert. Es wurde zuerst neben weißem Ebonit als Ersatz für Elfenbein verwendet. Sein Vorteil war, dass man es leicht färben konnte. Gefärbtes Zelluloid wurde zum Beispiel benutzt, um wertvolle natürliche Materialien wie Perlmutt, Bernstein, Schildpatt und Halbedelsteine zu ersetzen. In Eskilstuna, Schweden, wurde Zelluloid seit 1885 in der Messerherstellung verwendet. In Kauhava begann man um 1906, Zelluloid einzusetzen. Von 1912 bis 1922 wurde es wegen des vorübergehenden Stillstands der Galalith-Produktion in Kauhava am intensivsten genutzt. Im Jahr 1913 zum Beispiel machte Iisakki Järvenpää zwei Pferdekopf-Puukkos mit durchsichtigen Zelluloid-Griffen für Messen in St. Petersburg.

Galalith, das aus dem Kasein von Milch gewonnen wurde, hatte man 1890 in Frankreich entwickelt. Seine industrielle Produktion begann bereits 1904. Es war billiger als Zelluloid und konnte auch mit künstlichen Pigmenten gefärbt werden, was es ermöglichte, seine Durchsichtigkeit zu kontrollieren. Aus diesem Grund wurde es zum Beispiel für die Knopf-Herstellung genutzt. Galalith wird auch als „künstliches Horn" bezeichnet. Das Material war leicht zu bearbeiten, neigte allerdings auch dazu, Feuchtigkeit aufzunehmen, was zu Rissen im Material führte. Galalith wurde zunächst aus Deutschland und Holland nach Finnland importiert. In Finnland wurde es zuerst von Sarvis Oy hergestellt, gegründet 1921. Auch Bakelit, das von 1910 an in Deutschland und Amerika hergestellt wurde, verwendete man neben anderen künstlichen Materialien für Puukko-Griffe.

Juho Kustaa Lammi gründete seine erste Fabrik in Kauhava 1921 und rüstete sie 1924 mit einem Elektromotor aus, um die Produktion zu beschleunigen. Während dieser Phase erhielt Lammi seine Klingen immer noch von Zulieferern, aber die Verzierung der Klingen und Zwingen wurden in seiner Werkstatt gemacht. Während der Jahre von 1926 bis 1939 wuchs der Bedarf an Puukkos stetig, und in der besten Zeit arbeiteten 32 Männer für Lammi, manche davon in Heimarbeit. Im Jahr 1938 begann man damit, Klingen auch in Lammis Fabrik herzustellen. Die Ausstoß der Fabrik betrug in der besten Zeit beinahe 700 Puukkos wöchentlich. Sie wurden in 15 verschiedene Länder exportiert.

Die Fabrik wurde in den 1950er Jahren geschlossen, aber Lammi stellte danach immer noch für lange Zeit Puukkos her. Sein letztes Stück machte er 1996 im Alter von 96 Jahren. Auch Lammis älterer Bruder, Matti Lammi (1896-1979), arbeitete während der Jahre 1916 bis 1929 als unabhängiger Puukko-Schmied, bervor er das Land in Richtung Amerika verließ. Nach seiner Rückkehr nach Finnland im Jahr 1932 setzte er die Herstellung von Puukkos als Subunternehmer in den Fabriken von Kustaa Lammi und Iisakki Järvenpää bis ins Jahr 1961 fort.

Nur wenige kleine Unternehmen konnten mit den Produktionsmengen und günstigen Preisen der Puukko-Fabriken in Kauhava konkurrieren, aber auch kaum mit den exklusiven Materialien und der hervorragenden Verarbeitung der Puukkos von Fiskars und Hackman. Viele der unabhängigen Puukko-Schmiede des frühen 20. Jahrhunderts mussten sich entweder mit einem kargen Lebensstandard zufrieden geben oder ihren Beruf wechseln. Die Herstellung von hochwertigen Puukkos in Kalajoki, zum Beispiel, hörte kurz nach Beginn des neuen Jahrhunderts auf zu existieren. Auch die Hersteller der schönen und aufwändigen Puukkos von Toijala bekamen für ihre Arbeit nur den Preis, der für industriell gefertigte Exemplare gezahlt wurde.

Finnische Puukkos begannen, oft zu schlank und übermäßig verziert zu werden, verglichen mit den stämmigen und praktischen Puukkos des 19. Jahrhunderts. Auch die Hohlkehle und das lange Ricasso vieler Klingen aus Kauhava waren meistens unnötige Neuerungen. Das Ricasso erleichterte es, Klinge und Zwinge einzupassen und schützte die gravierte Zwinge vor versehentlichen Kratzern beim Schärfen der Klinge. Auf der anderen Seite bewegte das Ricasso die Schneide weiter vom Griff weg und erschwerte es so, das Puukko kraftvoll einzusetzen.

Die Ricasso-Klinge war eine Anleihe bei den Fabrik-Puukkos von Fiskars und Hackman. Dort hatte das Ricasso hauptsächlich den Zweck, den Firmennamen einprägen zu können. Das war die Regel bei Fabrikmessern, die für den Export vorgesehen waren. Auf diese Weise verblieb der Name des Herstellers auf der Klinge, selbst wenn sie „bis zum Nichts" geschärft wurde. Handgefertigte Puukkos des 19. Jahrhunderts hatten dagegen selten ein Ricasso.

Eine besonders dubiose Neuerung bei Fabrikmessern des 20. Jahrhunderts aus Kauhava und Rovaniemi war die seitlich genähte „Fischschwanz-Scheide". Diese Scheide wurde gemäß den Anforderungen einer schnellen Fabrikproduktion entworfen und hatte keinerlei Vorteile gegenüber den traditionellen Scheiden mit Rückennaht. Zum Beispiel besaß sie keine schützende Holzeinlage, was die Scheide zusammen mit der schwachen Seitennaht potenziell gefährlich machte. Nach den örtlichen Erzählungen von Kauhava wurden diese Scheiden hauptsächlich von deutschen Soldaten gekauft, die nicht sachkundig genug waren, um nach besseren Scheiden zu fragen.

Aufgrund der Materialknappheit während der Kriegszeiten (1939 bis 1944) und ein paar Jahre danach, wurden Fischschwanz-Scheiden sogar aus Pappe hergestellt. Man kann sich vorstellen, wie gefährlich diese Art von Scheiden gewesen sein muss.

Nach dem Krieg wurden 30 Lizenzen an finnische Hersteller von Puukkos vergeben, von denen 26 nach Kauhava gingen. Die übrigen vier Hersteller waren Fiskars (Fiskars), Hackman (Sosakosi), Marttiini (Rovaniemi) und Lahdensuo (Lapua), die Puukkos im Kauhava-Stil machten. Daher ist es nicht verwunderlich, dass die Wahrnehmung des finnischen Puukkos in der gesamten Welt hauptsächlich durch die Puukko-Fabriken in Kauhava geformt wurde.

Über 100 kleine, mittelgroße und große Puukko-Fabriken wirkten seit dem späten 19. Jahrhundert bis heute in Kauhava. Der Gewinner des Wettkampfs war die Fabrik von Iisakki Järvenpää, die einzige alte Puukko-Fabrik von Kauhava, die heute immer noch tätig ist.

Trotz einiger kritischer Kommentare über die Puukko-Industrie von Kauhava kann man sagen, dass die extravaganten Kauhava-Puukkos des späten 19. und frühen 20. Jahrhunderts – speziell das Sorko-Puukko mit Intarsien – zu den feinsten Hieb- und Stichwaffen gehören, die der Geschichtsschreibung bekannt sind. Daher verdient die Puukko-Industrie von Kauhava ihren Ruhm und Respekt bei Sammlern und Forschern weltweit.

Sorko-Puukko mit Intarsien von Iisakki Järvenpää vom Beginn des 20. Jahrhunderts

Zwingen-Puukko von Kauhavan Puukkotehdas, geschätzt auf etwa 1915 bis 1930

Die Entwicklung der Kauhava-Puukkos

1870 Tuomas Tuurinmäki („Lellun Tuppu") kehrt von Hollola, wo er eine Ausbildung als Puukko-Schmied erhielt, nach Kauhava zurück. Tuurinmäki ist der erste spezialisierte Puukko-Schmied und Scheidenmacher in Kauhava. Die früheren Hersteller waren normale Schmiede.

1876 Die Gravurarbeiten von Matti Sippola werden in Kauhava ausgestellt. Das gibt vermutlich den Anstoß für die Gravur von Zwingen und anderen Monturen von Kauhava-Puukkos.

1877 Juho Kustaa Lammi beginnt mit der Herstellung von Puukkos und Scheiden. Die Griffe seiner Puukkos sind aus Birken- und Erlenholz gemacht.

1878 Juho (Johan Henrik) Viholainen führt in Kauhava einen neuen Stil des Scheidenmachens ein. Bald beginnen auch Juho Kustaa Lammi und Eljas Järvenpää damit, Scheiden zu machen.

1879 Iisakki Järvenpää beginnt mit der Herstellung von Puukkos.

1880 Um die frühen 1880er Jahre beginnt man damit, Puukko-Klingen zu polieren. Das wurde mit Hilfe eines „truka" getan, eines mit Leder überzogenen Bretts, das mit körnigem Korund, Asche oder Tonerde bestreut war.

1881 Juho Viholainen, Eljas Järvenpää und Juho Kustaa Lammi beginnen damit, sowohl Puukkos mit Holzgriff und Zwingen als auch Scheiden herzustellen.

1884 Iisakki Järvenpää benutzt ovale Zwingen aus Metallblech für seine Puukkos. Erstes Puukko mit Griff aus Birkenrinde von Kauhava (Lammi/Järvenpää). Erstes Puukko mit Pferdekopfknauf (Lammi).

1885 Das erste bekannte Sorko-Puukko (Lammi/Järvenpää).

1888 Iisakki Järvenpää macht ein „Kronprinzen-Puukko" für den russischen Kronprinzen (den zukünftigen Zaren Nikolaus II.). Nach dem Bericht im Finnland-Magazin Nummer 56 (7.3.1888) handelt es sich dabei um ein doppeltes Pferdekopf-Puukko mit einer vergoldeten Sorko-Intarsie (das Jahr 1888) in einem braun gefärbten Griff aus Birkenrinde. Die Monturen sind aus Silber und Neusilber gemacht, mit Ausnahme des Pferdekopfknaufs, der aus Messing gefertigt ist. Wegen des Zeitungsartikels steigt der Bedarf an Puukkos. Ein Handelsvertreter der Firma Singer Nähmaschinen zeigt Kauhavas Puukko-Machern, wie man Klingendekorationen ätzt. Die Scheiden erhalten Gürtelschlaufen. Frühere Scheiden wurden ohne Gürtelschlaufen verkauft, die Kunden mussten sie selbst anfertigen. Normalerweise wurde nur der Aufhängungsring mitgeliefert.

1889 Antti Alaranta zeigt Juho Kustaa Lammi, wie man eine Polierbank zum Polieren der Klingen herstellt. Dieses Wissen wird auch an andere Puukko-Macher weitergegeben.

1890 Die Zollbehörden der USA ordnen an, dass importierte Messer mit dem Namen des Herkunftlands markiert werden müssen.

1893 Kettenschlaufen (Gürtelschlaufen aus metallenen Kettengliedern und Haken) werden seit etwa 1892 bis 1894 benutzt, wie man anhand von Puukkos der Firmen Fiskars und Hackman sehen kann.

1894 Iisakki Järvenpää und Juho Kustaa Lammi machen beide ihr eigenes Zaren-Puukko für Zar Nikolaus II und Zarin Alexandra. Ihr doppeltes Pferdekopf-Puukko zeigt das finnische Wappen als Sorko-Intarsie.

1895 Jaako Hannuksela gründet die erste Puukko-Fabrik und setzt eine Dampfmaschine ein, um den Schleifstein anzutreiben.

1896 Juho Kustaa Lammi macht das erste Puukko mit Ebonitgriff.

1898 Kustaa Rämäkkö beginnt mit der Herstellung von Scheiden. Kauhavan Puukkotehdas wird gegründet. Auch diese Firma nutzt eine Dampfmaschine.

1905 Die ersten Klingen mit Hohlkehle werden in der Järvenpää-Fabrik hergestellt.

1906 Osuuspuukkotehdas wird gegründet. Antti Mäenpää baut die erste Maschine für die Herstellung von Puukko-Griffen. Ähnliche Maschinen werden bald von Kauhavan Puukkotehdas und Osuuspuukkotehdas angeschafft, wenig später auch von der Järvenpää-Fabrik.

1907 Järvenpää schafft Schleifsteine aus Korund an, die in Schleifmaschinen eingebaut werden. Sie werden mit den Füßen angetrieben.

1908 In der Järvenpää-Fabrik wird eine Dampfmaschine installiert, die die Maschinen antreibt.

1910 Die ersten manuell zu bedienenden Zwingen-Pressen werden in Dienst gestellt. Die Zwingen werden immer noch von Hand hergestellt.

1911 Iisakki Järvenpää schleift all seine eigenen Klingen bis 1911 selbst. Danach – bis zu seinem Ausscheiden im Jahr 1929 – überprüft er immer noch die Schärfe aller Klingen, die seine Fabrik verlassen.

1915 Der erste Schleifstein für Hohlkehlen in der Järvenpää-Fabrik.

1921 Die ersten Pressen für Ortbänder in der Järvenpää-Fabrik. Vor dieser Zeit entstehen Ortbänder (Beschläge an der Scheidenspitze) meist bei dörflichen Handwerkern.

1922 In der Järvenpää-Fabrik werden ein Fallhammer und Stahlgesenke installiert. Die Herstellung von Klingenrohlingen, besonders von Klingen mit Hohlkehle, wird stark vereinfacht, da die Hohlkehle nun direkt im Gesenk ausgearbeitet werden kann. Die Zollbehörden der USA ordnen an, dass das Herkunftsland aller importierten Messer ins Ricasso der Klingen eingestanzt sein muss. Aus diesem Grund werden Puukko-Klingen jetzt auch mit flachem Ricasso hergestellt (bei denen die gegenüberliegenden Flächen parallel stehen und nicht in einem Winkel zueinander, wie es bis dahin üblich ist).

1923 Die erste Friktionspresse in der Järvenpää-Fabrik. Sie ist dazu geeignet, abgerundete Abschlusskappen aus Messing zu pressen. Iisakki Järvenpää entwirft einen „Ringhalter" (die schmale Schlaufe auf der Rückseite des Beschlags am Scheidenmund) aus Blech anstelle von rundem Metalldraht.

1924 Kustaa Lammi erwirbt einen Elektromotor, um seine Maschinen anzutreiben.

1925 Im Dezember 1925 beginnt die Järvenpää-Fabrik mit der Herstellung des ersten Puukko-Modells für Pfadfinder.

1926 Die Järvenpää-Fabrik installiert die erste maschinelle Exzenterpresse für die Herstellung von Beschlägen.

1945 Das Ätzen der Klingendekoration wird in der Järvenpää-Fabrik durch Verzierungen ersetzt, die mit einem elektrischen Stift gemacht werden. Das Endresultat wird allerdings nicht als zufriedenstellend angesehen.

1956 In der Järvenpää-Fabrik wird eine Ätzmaschine eingeführt. Zuerst muss der Text von Hand geschrieben werden, später wird eine Schablone verwendet.

Hersteller	J.K. Lammi
Entstehungsjahr	1901
Typ	Kauhava Sorko-Puukko
Klingenlänge	60 mm
Klingenbreite max.	12 mm
Klingenstärke max.	4,2 mm
Klingenquerschnitt	diamantförmig
Grifflänge	82 mm
Griffstärke max.	12,4 mm
Griffmaterial	Birkenrinde
Monturen	Messing
Scheide	Leder 0,9 mm

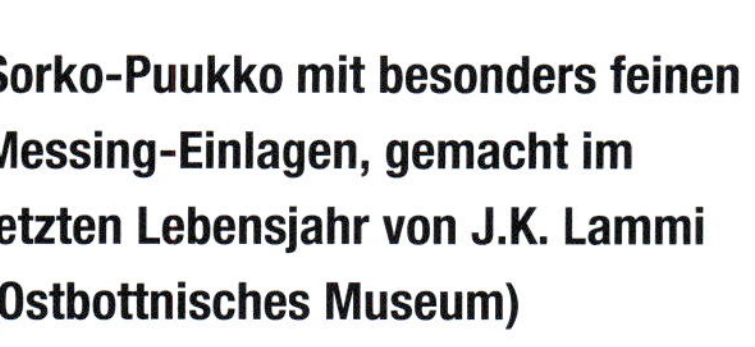

Sorko-Puukko mit besonders feinen Messing-Einlagen, gemacht im letzten Lebensjahr von J.K. Lammi (Ostbottnisches Museum)

Fiskars-Puukko mit ovalem Griffprofil und ergonomischer Form (Sammlung des Autors)

Hersteller	Fiskars Oy
Entstehungsjahr	1880-1910
Typ	Fiskars Modell 626
Klingenlänge	80 mm
Klingenbreite max.	14 mm
Klingenstärke max.	3,3 mm
Klingenquerschnitt	flache Seiten
Grifflänge	89 mm
Griffstärke max.	16,9 mm
Griffmaterial	Ebenholz
Monturen	Neusilber
Scheide	Leder 1,5 mm

Hersteller	Iisakki Järvenpää Oy
Entstehungsjahr	1956-1960
Typ	Härmä-Puukko
Klingenlänge	103 mm
Klingenbreite max.	17,6 mm
Klingenstärke max.	3,8 mm
Klingenquerschnitt	diamantförmig
Grifflänge	113 mm
Griffstärke max.	17,1 mm
Griffmaterial	Holz, schwarz lackiert
Monturen	Messing
Scheide	Leder 1,8 mm

Härmä-Puukko mit dem typischen, vernieteten Steg am Griffende (Sammlung des Autors)

Ausländische Puukkos

In Fabriken hergestellte Puukkos und Messer wurden auch schon früh nach Finnland importiert. Zum Beispiel vermarktete die Firma Björkbodan Manufakturitehdas, Helsinki, schwedische Puukkos und Messer aus Eskilstuna in ihren Katalogen von 1891 und 1900. Puukkos aus Eskilstuna können auch in finnischen Sammlungen und Museen gesehen werden und sind am leichtesten anhand der Markierungen auf Klinge und Scheide erkennbar. Manchmal fehlen diese Markierungen aber, und schwedische Fabrikmesser mit Metallscheiden wurden mit Toijala-Puukkos verwechselt.

Die Puukkos von Eskilstuna gleichen teilweise den Puukkos von Fiskars und Hackman mit ihren Ebenholzgriffen, die oft graviert sind. Was sie von diesen unterscheidet, ist dass sie oft Vollmetallscheiden mit durchstochenen Dekorationen und einem dünnen Lederfutter besitzen. Die Fasenwinkel von Eskilstuna-Puukkos sind im allgemeinen größer als ihre finnischen Gegenstücke.

Kleinere Puukko-Hersteller

Zu Beginn des 20. Jahrhunderts gab es immer noch zahlreiche mittelständische Puukko-Hersteller, die in Finnland arbeiteten, aber in den Archiven haben nur wenige Erwähnungen überlebt. Allerdings müssen sehr viel mehr Typen produziert worden sein, die teilweise oder ganz in der Vergangenheit verloren gingen. Ein Beispiel für diese beinahe vergessenen Modelle ist das Viitasaari-Puukko (Viitasaari ist eine Kleinstadt im nördlichen Zentralfinnlands). Ein Bildkatalog von O.Y. Keski-Suomen Kotiteos-Aitta („In Heimarbeit hergestellte Gegenstände aus Zentralfinnland“) von 1911 be-

Eskilstuna-Puukkos, spätes 19. Jahrhundert / frühes 20. Jahrhundert

warb Puukkos aus Viitasaari mit Griffen aus Birkenrinde und Messingmonturen.

Die beste Beschreibung des Modells I, die ich finden konnte, stammt aus dem Magazin „Kotitaide“ von 1902. Das Magazin zeigt das Bild eines Viitasaari-Puukkos. Der begleitende Text erwähnt, dass das Puukko in Viitasaari in Heimarbeit entstanden war und dass es einen Griff aus Birkenrinde mit Messingmonturen hatte. Diese Viitasaari-Puukkos scheinen Nachkommen der Puukkos aus dem Kalajoki-Tal zu sein. Zumindest wird das von der kleinen Leiste an der Endkappe, dem Griff aus Birkenrinde und den Messingmonturen nahegelegt. Ein anderer möglicher Einfluss auf das Viitasaari-Puukko könnte von der nahegelegenen Gemeinde Rautalampi gekommen sein, wo die bekannten Rautalampi-Puukkos hergestellt wurden.

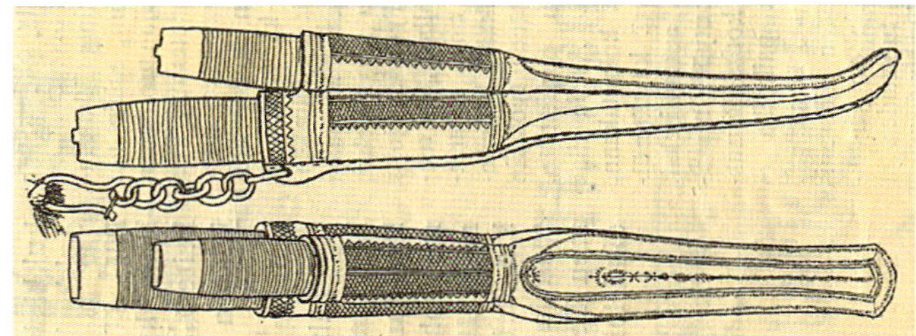

Viitasaari-Puukko, Zeichnung aus dem Kotitaide-Magazin (4/1902)

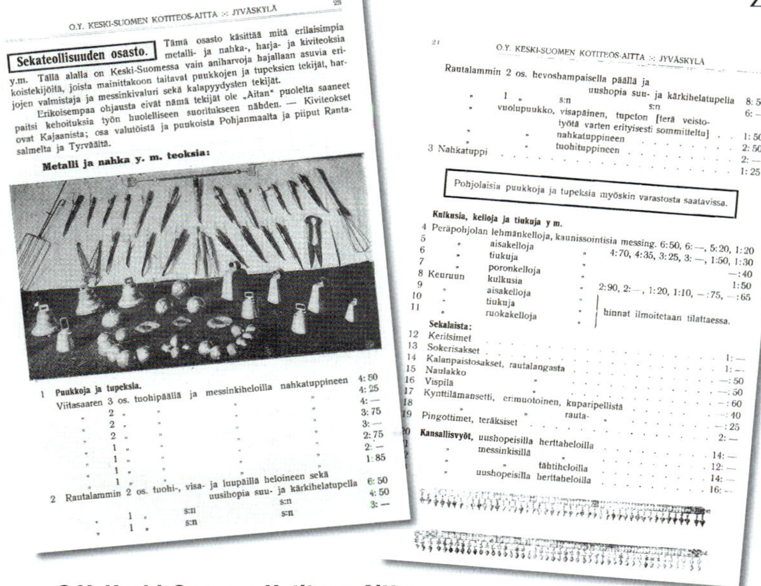

O.Y. KESKI-SUOMEN KOTITEOS-AITTA :: JYVÄSKYLÄ 23

Sekateollisuuden osasto. Tämä osasto käsittää mitä erilaisimpia metalli- ja nahka-, harja- ja kiviteoksia y.m. Tällä alalla on Keski-Suomessa vain aniharvoja hajallaan asuvia erikoistekijöitä, joista mainittakoon taitavat puukkojen ja tupeksien tekijät, harjojen valmistaja ja messinkivaluri sekä kalapyydysten tekijät.

Erikoisempaa ohjausta eivät nämä tekijät ole „Aitan“ puolelta saaneet paitsi kehoituksia työn huolelliseen suoritukseen nähden. — Kiviteokset ovat Kajaanista; osa valutöistä ja puukoista Pohjanmaalta ja piiput Rantasalmelta ja Tyrväältä.

Metalli ja nahka y. m. teoksia:

1 **Puukkoja ja tupeksia.**
Viitasaaren 3 os. tuohipäällä ja messinkiheloilla nahkatuppineen 4: 50
" 2 " " " " 4: 25
" 2 " " " " 4: —
" 2 " " " " 3: 75
" 1 " " " " 3: —
" 1 " " " " 2: 75
" 1 " " " " 2: —
" 1 " " " " 1: 85
2 Rautalammin 2 os. tuohi-, visa- ja luupäillä heloineen sekä uusihopia suu- ja kärkihelatupella 6: 50
" 1 " s:n s:n 4: 50
" 1 " s:n s:n 3: —

21 O.Y. KESKI-SUOMEN KOTITEOS-AITTA :: JYVÄSKYLÄ

Rautalammin 2 os. hevoshampaisella päällä ja uushopia suu- ja kärkihelatupella 8: 50
" 1 " s:n s:n 6: —
" vuolupuukko, visapäinen, tupeton [terä veistotyötä varten erityisesti sommiteltu] 1: 50
" " nahkatuppineen 2: 50
" " tuohituppineen 2: —
3 Nahkatuppi 1: 25

Pohjolaisia puukkoja ja tupeksia myöskin varastosta saatavissa.

Kulkusia, kelloja ja tiukuja y m.
4 Peräpohjolan lehmänkelloja, kaunissointisia messing. 6:50, 6: —, 5:20, 1:20
5 " aisakelloja " 4:70, 4:35, 3:25, 3: —, 1:50, 1:30
6 " tiukuja " —:40
7 " poronkelloja " 1:50
8 Keuruun kulkusia " 2:90, 2: —, 1:20, 1:10, —:75, —:65
9 " aisakelloja " hinnat ilmoitetaan tilattaessa.
10 " tiukuja "
11 " ruokakelloja "
Sekalaista:
12 Keritsimet 1: —
13 Sokerisakset 1: —
14 Kalanpaistosakset, rautalangasta —: 50
15 Naulakko —: 50
16 Vispilä —: 60
17 Kynttilämansetti, erimuotoinen, kuparipellistä —: 40
18 " " rauta- —: 25
19 Pingottimet, teräksiset 2: —
20 **Kansallisvyöt,** uushopeisilla herttaheloilla 14: —
" messinkisillä " 12: —
" " tähtiheloilla 14: —
" uushopeisilla herttaheloilla 16: —

O.Y. Keski-Suomen Kotiteos-Aitta, Jyväskylä, aus dem Verkaufskatalog von 1911

O. W. Hacklin & Co O. Y.

Otto Werner Hacklin (1880-1958) war Eigner einer Reederei und Spedition in Reposaari in der Nähe von Pori. Eine weniger bekannte Tatsache ist, dass er auch Puukkos vertrieb. Es ist nicht bekannt, ob die Firma die Puukkos selbst herstellte, oder ob sie ganz oder teilweise von anderen Unternehmen gefertigt wurden. Die im Kauhava-Stil mit einer Hohlkehle versehene Ricasso-Klinge und gravierte Zwinge weisen darauf hin, dass zumindest die Klingen in Kauhava in Auftrag gegeben wurden. Auf der anderen Seite suggerieren das originelle Design und die Konstruktion der Scheide, dass die Puukkos auch aus lokaler Produktion stammen könnten.

Die Scheide ist von den Sami inspiriert und ihre Konstruktion einzigartig im Vergleich zu anderen industriell hergestellten Puukkos. Der Griffbereich der Scheide besteht aus hartem, halbgegerbten Leder und der Klingenbereich aus zwei Birkenholzhälften wie bei Sami-Scheiden.

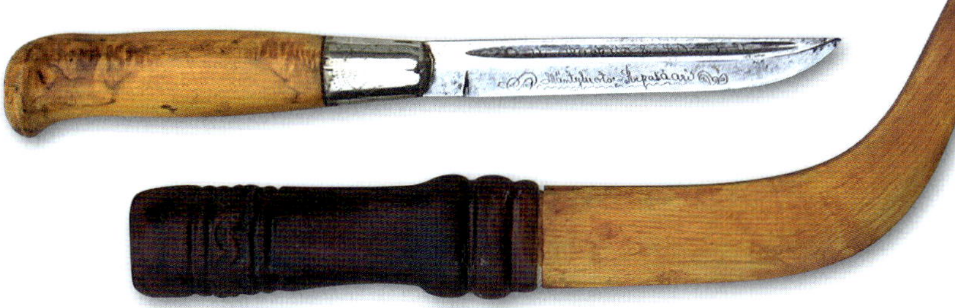

Hacklin-Puukko, geschätzt auf 1930 bis 1940

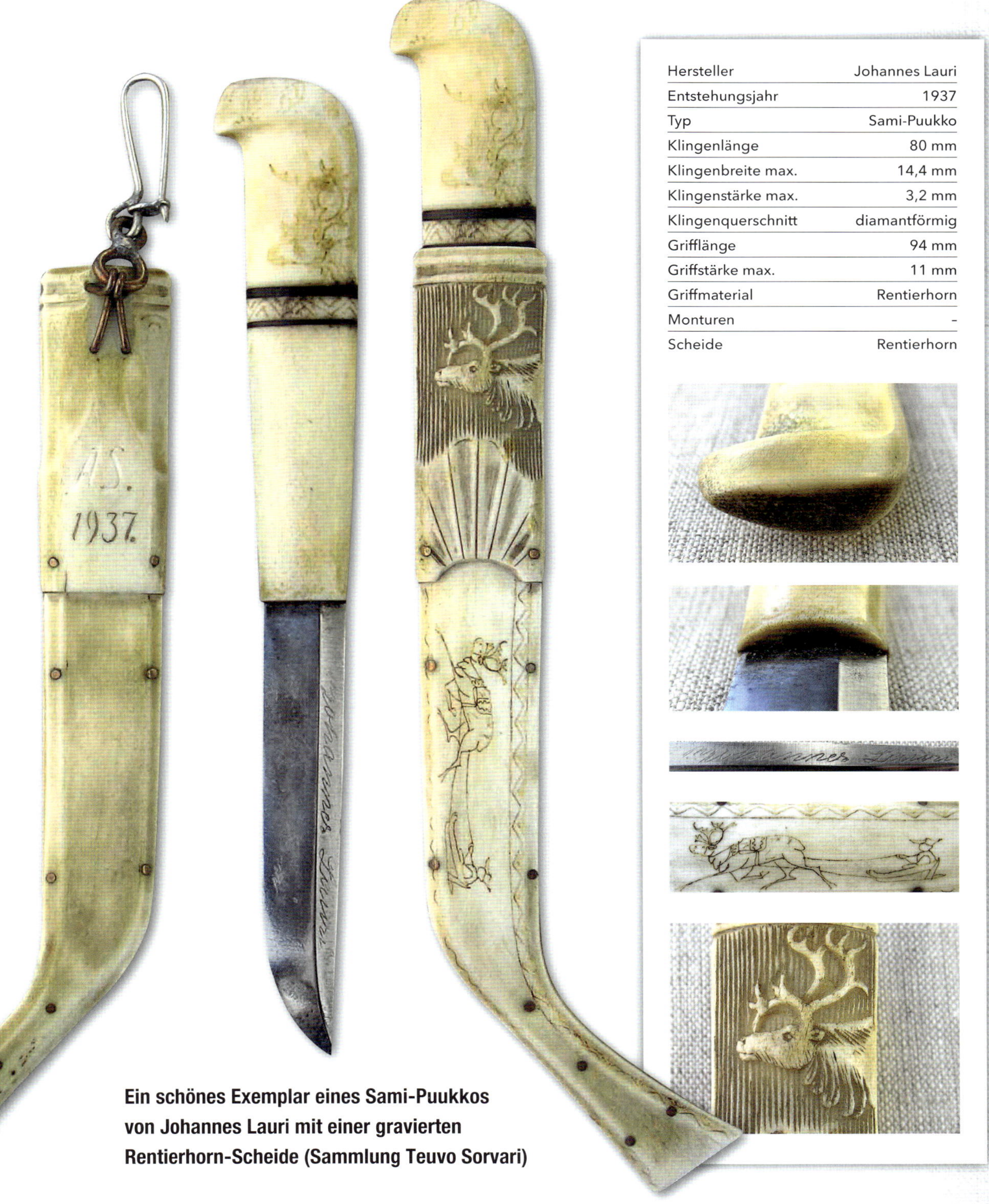

Hersteller	Johannes Lauri
Entstehungsjahr	1937
Typ	Sami-Puukko
Klingenlänge	80 mm
Klingenbreite max.	14,4 mm
Klingenstärke max.	3,2 mm
Klingenquerschnitt	diamantförmig
Grifflänge	94 mm
Griffstärke max.	11 mm
Griffmaterial	Rentierhorn
Monturen	-
Scheide	Rentierhorn

Ein schönes Exemplar eines Sami-Puukkos von Johannes Lauri mit einer gravierten Rentierhorn-Scheide (Sammlung Teuvo Sorvari)

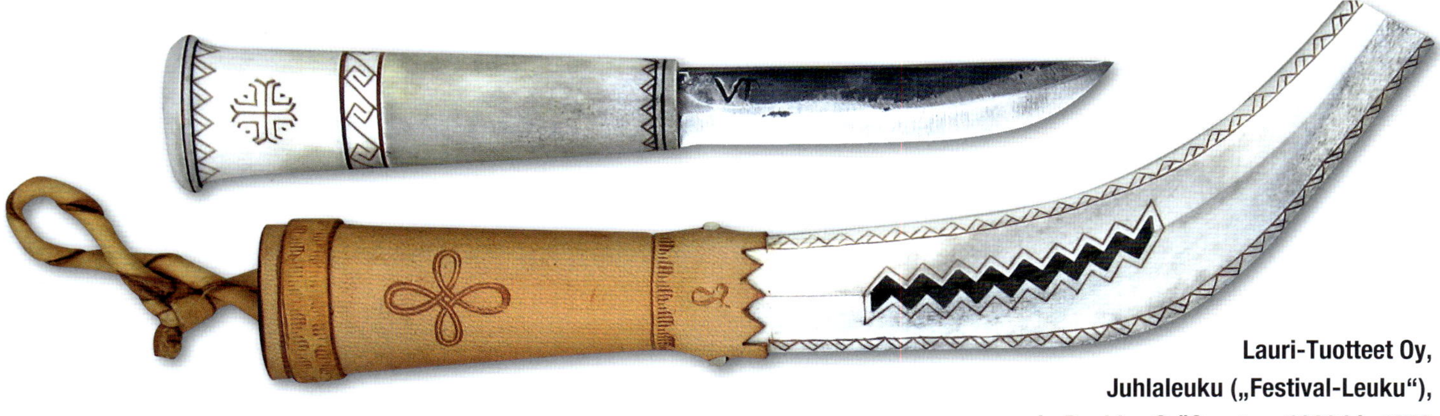

Lauri-Tuotteet Oy, Juhlaleuku („Festival-Leuku"), in Puukko-Größe, etwa 1980 bis 1990

Lapin Puukkotehdas / Lauri-Tuotteet Oy / Johannes Lauri

Die Firma Lapin Puukkotehdas wurde 1924 von Johannes Lauri in Rovaniemi gegründet. Vom Jahr 1979 an setzte Lauri-Tuotteet Oy die Arbeit fort. Zwischen diesen Jahren fungierte die Firma auch unter den Namen Lapinpuukkotehdas, Lauri Oy, Laurin Verstas Oy und Johannes Lauri. Lauri-Tuotteet Oy produzierte im Geiste von Johannes Lauri hochwertige Puukkos im Sami-Stil und Leukus, die oft gegossene Zinnbeschläge, Rentierhorngravuren und andere Details aufweisen. Was Lauri Tuotteet als kleinen Fabrikant so wichtig macht, ist dass die Firma über die Jahre hinweg in der Lage war, eine große Auswahl von hochwertigen handgemachten Puukkos herzustellen und damit viele wertvolle kunsthandwerkliche Traditionen Lapplands zu erhalten. Die Firma ist immer noch in Betrieb.

Entwicklung nach dem Zweiten Weltkrieg

Nach dem Zweiten Weltkrieg waren trotz der großen Materialknappheit immer noch viele Puukko-Fabriken aktiv, aber bald begannen die billigen Mora-Puukkos, die schon seit 1936 nach Finnland importiert wurden, den Markt zu überschwemmen. Die Fabriken in Kauhava versuchten der schwedischen Konkurrenz zu antworten, indem sie preiswerte Puukko-Modelle mit Scheiden und Griffen aus Kunststoff machten, aber das half wenig gegen die Konkurrenz der Mora-Importe.

Die Bedeutung des Puukko als Statussymbol ging im Finnland der Nachkriegszeit zurück, während das Land sich abrackerte, um die Wiedergutmachung an die Sowjetunion zu zahlen (was Finnland schließlich in voller Höhe tat). Ein niedriger Preis wurde der wichtigste Faktor bei einem Puukko. Aus diesem Grund mussten viele Fabriken in Kauhava ihre Produktion während der 1950er und 1960er einstellen. Die Olympischen Spiele von 1952 in Helsinki stimulierten den Markt eine Zeit lang, aber am Ende waren die Firmen, die die harte Konkurrenz überlebten, diejenigen, die stark in den Export investiert hatten, wie Iisakki Järvenpää und Marttiini, die während dieser schwierigen Jahre viele Aufträge erhielten, zum Beispiel aus den Vereinigten Staaten.

Iisakki Järvenpää überlebte die Nachkriegszeit besser als andere Puukko-Fabriken in Kauhava und ist die

Festliches Puukko zum 125-jährigen Jubiläum, Järvenpää Oy, 2004

einzige vor dem Krieg gegründete Puukko-Fabrik, die heute immer noch produziert.

Allerdings erlebte auch Järvenpää Höhen und Tiefen. Die Produktionskosten sind in Finnland im Laufe der Zeit kontinuierlich angestiegen, und es ist nicht einfach, vernünftige Preise zu halten und gleichzeitig die Puukko-Produktion in Kauhava zu belassen. In den letzten Jahrzehnten stellte Järvenpää auch einige limitierte und nummerierte Modelle her, wie das festliche Modell zum 125-jährigen Jubiläum mit Silberbeschlägen.

Auch Hackman strebte zu Beginn der 1960er danach, die neugeborene Popularität des „finnischen Designs" auszunutzen und beauftragte den berühmten Designer Tapio Wirkkala damit, ein modernes Puukko zu entwerfen, das tatsächlich recht erfolgreich wurde. Die Produktion von Hackman wurde danach allerdings heruntergewirtschaftet, und die Herstellung von Puukkos in der bekannten Sorsakosi-Fabrik endete.

Der langjährige finnische Präsident, Urho Kekkonen, tat was er konnte, um Tommi-Puukkos zu fördern, die immer noch auf althergebrachte Weise hergestellt

„Jacks Schnitzer" von Iisakki Järvenpää Oy, 2006, mit tiefer Scheide im Leuku-Stil mit traditionellen Sami-Grafiken

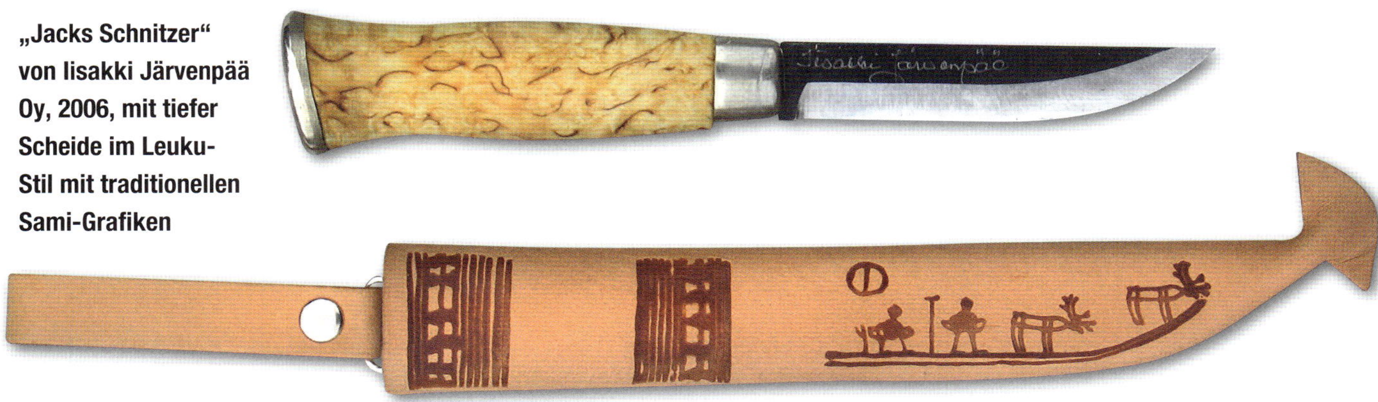

PUUKKOPOSTI

SUOMEN PUUKKOSEURAN JÄSENLEHTI

1/2006

Pohjoismaisten puukkomallien historiaa

Seppä Yrjö Puronvarsi

Tommipuukon standardisoiminen

Das Magazin der finnischen Puukko-Gesellschaft: Puukkoposti 1/2006 (Titelbild von Anssi Ruusuvuori)

wurden, zum Beispiel von Alpo Kemppainen und Setti Keränen. Er präsentierte sie gern seinen Staatsgästen. Doch in den 1980er Jahren kämpfte die Puukko-Kultur ums Überleben. Es war fast unmöglich, handgefertigte Puukkos guter Qualität zu finden.

Die Wiederbelebung der finnischen Puukko-Kultur in den 1990er Jahren kann am besten durch zwei voneinander unabhängige Ereignisse beschrieben werden: 1988 wurde Timo Hyytinens Buch *Suuri Puukkokirja* („Das große Buch der Puukkos") veröffentlicht, und 1995 wurde die *Suomen Puukkoeura* (Finnische Puukko-Gesellschaft) gegründet.

Suuri Puukkokirja war das erste Buch, das gründlich recherchiert und wissenschaftlich fundiert war. Es präsentierte eine Fülle an neuen Informationen und stellte viele regionale Puukko-Modelle einem größeren Publikum vor. Die Gründung der *Suomen Puukkoeura* half dabei, die niedergehende Kunst der Puukko-Herstellung zu neuer Blüte zu bringen, indem sie Puukko-Enthusiasten versammelte, die ihr Wissen austauschten und sich gegenseitig Hilfestellung bei der handwerklichen Herstellung von Puukkos gaben.

Eine wichtige Rolle spielt auch der seit 1996 jährlich veranstaltete „Fiskars Puukko-Wettbewerb". Seit dem Jahr 2000 hat der Wettbewerb den offiziellen Status einer nationalen Meisterschaft, und die Qualität der zum Wettbewerb eingereichten Puukkos steigert sich von Jahr zu Jahr. Der Fiskars-Wettbewerb hat damit stark dazu beigetragen, dass wir jetzt in Finnland wieder mehrere erstklassige Puukko-Macher haben. Dabei waren die finnischen Puukko-Schmiede in der Lage, die minimalistische Ästhetik, die traditionell typisch für finnische Puukkos ist und den Puukkos anderer nordischer Länder schon lange verlorengegangen ist, weitgehend zu erhalten.

Ein entscheidender Teil des Fortschritts waren die zahlreichen Kurse im Puukko-Machen, die besonders vom früheren Vorsitzenden der finnischen Puukko-Gesellschaft, Taisto Kuortti, organisiert wurden. Er hat unzählige Stunden daran gearbeitet, die finnische Puukko-Kultur zu verbessern und das Puukko-Machen in mehr als 50 Volkshochschulen gelehrt.

Eine der wichtigsten Leistungen der finnischen Puukko-Gesellschaft war die Wiederbelebung einiger regionaler Puukko-Typen und Arbeitsmethoden. Besonders der Fiskars-Wettbewerb inspirierte schon früh

Lastu-Puukko von Jukka Hankala, 2004

viele Messermacher dazu, Repliken von alten, beinahe vergessenen regionalen Modellen anzufertigen, wie zum Beispiel von den anspruchsvollen Toijala- und Rautalampi-Puukkos.

Ein anderer entscheidender Punkt war die Wiederbelebung der Sorko-Intarsienarbeiten. Diese Kunst war gleichermaßen fast vergessen, hat aber nun einige neue Meister. Während der letzten Jahre haben auch viele andere kleine, regionale Modelle wie die Vöyri-, Pekanpää-, Kokemäki- und Ilmajoki-Puukkos neue Macher gefunden. Die Qualität dieser Repliken hat mittlerweile einen hohen Standard erreicht, und Sammler in Finnland und anderswo in der Welt finden sie äußerst attraktiv.

Damast-Puukko von Arto Liukko, 2006

Hersteller	Veikko Hakkarainen
Entstehungsjahr	2003
Typ	Kullervo-Puukko
Klingenlänge	85 mm
Klingenbreite max.	18,5 mm
Klingenstärke max.	3,2 mm
Klingenquerschnitt	flache Seiten
Grifflänge	108 mm
Griffstärke max.	21,4 mm
Griffmaterial	Birkenrinde
Monturen	Messing
Scheide	Leder 2,7 mm, Kunststoffeinlage

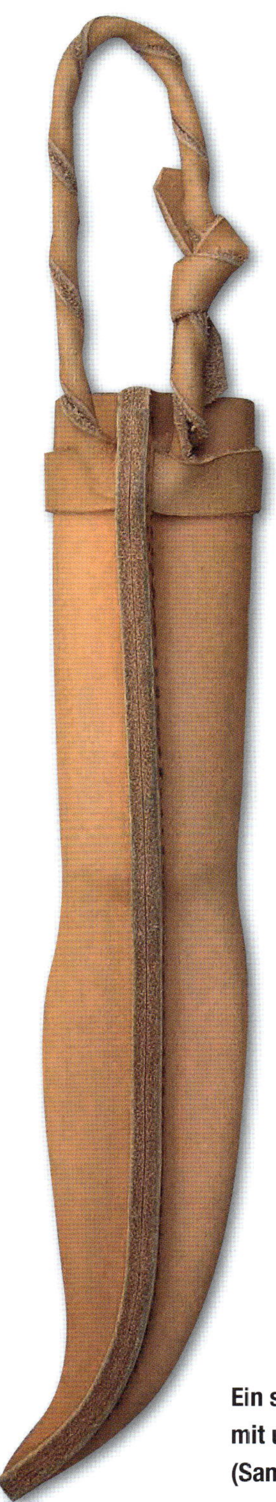

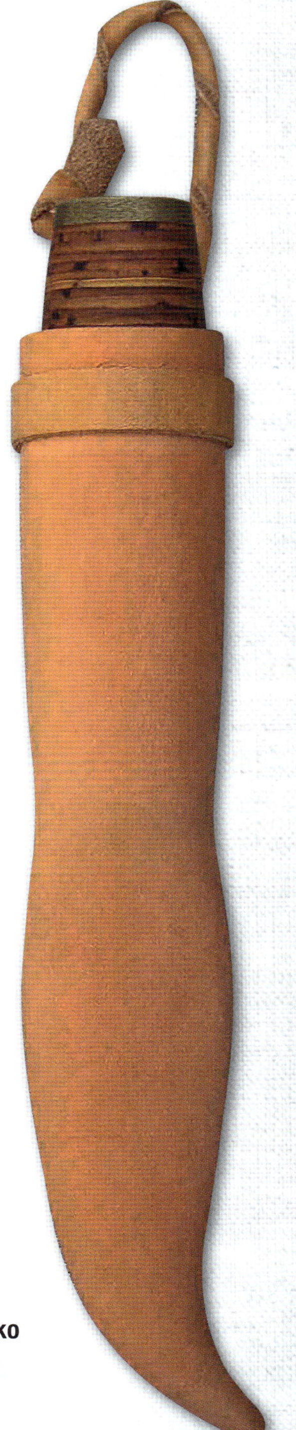

Ein schönes handgefertigtes Puukko mit unpolierten Messing-Monturen (Sammlung des Autors)

Ein Puukko im Toijala-Stil von Jukka Hankala, einem vielfach ausgezeichneten Messermacher (Sammlung JP Peltonen)

Hersteller	Jukka Hankala
Entstehungsjahr	2002
Typ	Toijala-Puukko
Klingenlänge	87 mm
Klingenbreite max.	16 mm
Klingenstärke max.	3,9 mm
Klingenquerschnitt	diamantförmig
Grifflänge	106 mm
Griffstärke max.	18,6 mm
Griffmaterial	Ebenholz
Monturen	Silber
Scheide	Leder 1,8 mm

Jüngere Kleinserien-Hersteller

Roselli Oy
Roselli Oy produziert Puukkos, die vom autodidaktischen Schmied Heimo Roselli seit den 1980ern entworfen wurden. In den letzten Jahren entwickelte Roselli einen neuen Typ von UHC-Stahl (ultra high carbon, Carbonstahl mit besonders hohem Kohlenstoffgehalt), der auf dem Gefüge des indischen Wootzstahls basiert.

Roselli Oy, UHC-Puukko, 2000

Tauno Paaso
Die Werkstatt von Tauna Paaso in Tornio stellt seit 1952 Puukkos mit Rentierhorn-Griffen mit geschnitzten Bärenkopf-Knäufen her. Nach den Studien von Pentti Turunen, dem verstorbenen Messermacher und Historiker, basiert das Modell auf einem „Wolfskopf-Puukko", das von Pekka Keskitalo entworfen wurde, einem Sami-Puukko-Schmied, geboren 1876. Paaso-Puukkos sind meistens typische Lappland-Souvenir-Puukkos, aber sie sind hochwertig gemacht und besitzen überdurchschnittlich gute Klingen, die zum Teil von Antti Kankaanpää in Kauhava gemacht wurden.

Tauno Paaso, Bärenkopf-Puukko, geschätzt auf etwa 1955 bis 1965

Lapin Puukko Oy
Lapin Puukko Ky (später Oy) stellte 1977 und 1978 neben anderen Produkten auch drei verschiedene Puukko-Modelle her, die von Tapio Wirkkala entworfen worden waren. Heute macht Lapin Puukko Oy nüchterne Gebrauchs-Puukkos für die Jagd und andere Aufgaben. Die Puukkos besitzen gewöhnlich einen gewachsten Birkengriff. Einige Modelle, wie das abgebildete Jagd-Puukko, besitzen eine gut gemachte Klickscheide, was bei industriell hergestellten Puukkos immer noch selten ist.

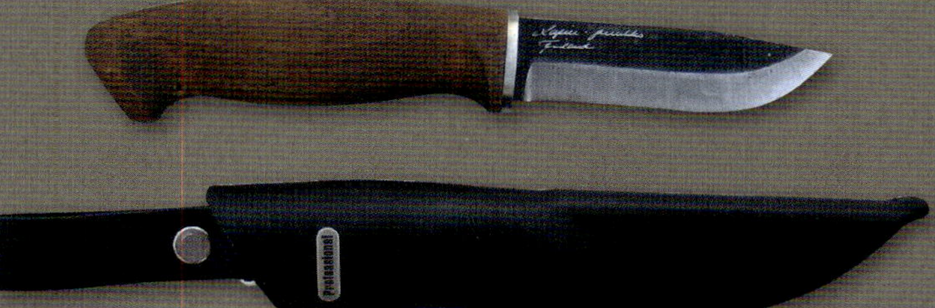

Lapin Puukko Oy, Jahtipuukko („Jagd-Puukko"), 2007

Lapin Paja Oy
Lapin Paja Oy ist für moderne Puukko-Modelle bekannt, die vom Industriedesigner Heikki Koivurova während der 1980er entworfen wurden. Das abgebildete Puukko ist ein „Kalapuukko" (Fisch-Puukko) mit einem Griff aus Maserbirke. Es wurde auch mit Kunststoffgriff produziert. Die Spezialität dieses Modells war seine Scheide, die in der Mitte eine Öffnung hatte. Mit Hilfe dieser Öffnung konnte das Puukko leicht nach oben gedrückt und mit einer Hand aus der Scheide gezogen werden.
Das Fisch-Puukko hatte außerdem einen löffelartigen Knauf, der zusammen mit der am Rücken geschärften Klinge zum Ausnehmen von Fisch geeignet war. Die Schneide des abgebildeten Puukko liegt auf der Oberseite. Die Unterseite besitzt einen Fischentschupper. Das

Modell gewann zwei Patente und wurde für die nationale Designausstellung ausgewählt.

Lapin Paja Oy, „Fischpuukko", etwa 1984 bis 1989

Sompio-Puukko

Sompio-Puukko in Sodankylä produziert Puukkos, die von Mauri Pöyliö in Nordfinnland entworfen werden. Die Puukkos besitzen Griffe aus hochwertigem Material, wie Salweidenwurzel, Rentierhorn und Birkenrinde. Die Carbonstahl-Klingen werden hauptsächlich von Pauli Postila geschmiedet. Der Rest wird von Pöyliö zusammen mit anderen örtlichen Kunsthandwerkern gefertigt. Das abgebildete Puukko besitzt eine Klickscheide.

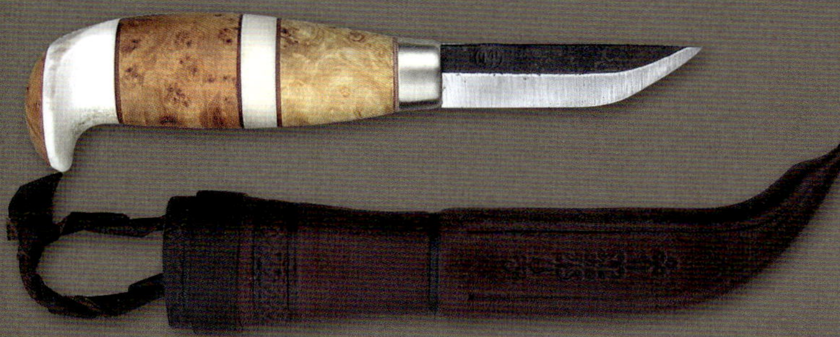

Sompio-Puukko, Pikkuwalle, 2006

Navakka Ky

Navakka Ky ist ein kleines Unternehmen, das von Veikko Lepistö 1989 in Taivassalo gegründet wurde, um verschiedene Arten von Gegenständen aus Leder und Maserbirke herzustellen. Darüber hinaus macht Lepistö auch einige Puukko-Modelle. Die Klingen werden meist von Laurin Metalli bezogen, aber einige Modelle besitzen handgeschmiedete Klingen, die zum Beispiel von den bekannten Meistern Markku Vilppola und Teuvo Sorvari hergestellt werden.

Die Produkte sind gut gemacht und besitzen oft interessante Details wie zum Beispiel Besätze aus Lachshaut am Scheidenmund oder Scheiden aus Robbenfell. Die Puukko-Produktion des Unternehmens liegt bei etwa 400 Exemplaren pro Jahr.

Puuko mit handgeschmiedeter Klinge aus Carbonstahl von Markku Vilppola, Navakka Ky, 2006

PUUKKO-MODELLE IN DER ÜBERSICHT

Teil B

Material und Konstruktion

Gewöhnliche Gebrauchs-Puukkos bestehen hauptsächlich aus preiswerten Materialien und sind einfach konstruiert, sie haben selten einfache Monturen und Dekorationen. Eine Ausnahme von dieser Regel ist das Puukko mit einem Griff aus Birkenrinde, da hier der Griff in jedem Fall Monturen an beiden Enden haben muss, um die Scheiben aus Birkenrinde an ihrem Platz zu halten.

Es ist eine Tatsache, dass die Zweckmäßigkeit schon immer die wichtigste Eigenschaft finnischer Puukkos war. Auch die schöneren Puukkos wurden hauptsächlich für die harte Arbeit gemacht, und ihre Monturen wurden vor allem angebracht, um die Puukkos stabiler zu machen, nicht nur schöner. Selbst die Sorko-Einlegearbeiten, bei denen man Messingdrähte in den Griff aus Birkenrinde hämmerte, verstärkten gleichzeitig den Griff.

Gebrauchs-Puukkos

Puukkos mit Holzgriff

Die meisten der gewöhnlichen Gebrauchs-Puukkos hatten einfache Griffe aus Holz. Die am häufigsten für Puukko-Griffe benutzten Holzarten waren Birke, Maserbirke und die Wurzeln von Salweiden. Neben diesen Hölzern wurden auch Erle, Schwarzerle, Wacholder, geflammte Birke und verschiedene Arten von Maserknollen benutzt und zweifellos auch jede andere Art von Holz, die robust genug für diese Aufgabe war. Kiefern- und Fichtenholz, die in Finnland häufigsten Hölzer, wurden aufgrund ihrer mangelnden Härte nicht für Puukko-Griffe verwendet.

Die Birke war der erste Baum, der nach der Eiszeit in Finnland auftauchte, und ihr Holz war dicht und stabil genug, um als Griff für verschiedene Werkzeugarten zu dienen, inklusive Puukkos. Noch stärkere Griffe konnten erzielt werden, indem man das Holz vom untersten Teil eines alten Birkenstamms verwendete, dort wo die Holzmaserung gleichmäßig gewellt war (geflammte Birke, Flammenbirke) oder indem man das Holz der Wurzelknoten (Birkenmaserknollen) verwendete.

Maserbirke (nicht zu verwechseln mit geflammter Birke) wird schon im *Kalevala*, dem epischen Gedicht Finnlands, als Material für einen Puukko-Griff erwähnt. Das erste bekannte Puukko mit einem Griff aus Maserbirke stammt aus der späten Eisenzeit. Maserbirke (*visakoivu*) ist ein Holztyp, der aus einem Wuchsfehler der gewöhnlichen Birke entsteht. Sie wird heutzutage auch aus geklonten Samen gezüchtet. Außerhalb Finnlands kann wilde Maserbirke auch in Teilen Russlands und Skandinaviens gefunden werden. Ihre Faserstruktur ist irregulär gewellt, was das Holz besonders belastbar und widerstandsfähig macht. Die Qualität von Maserbirkenholz kann allerdings sehr unterschiedlich sein, und eine einfache Maserbirke ist manchmal schwer von gewöhnlicher Birke zu unterscheiden.

Bei dem wertvollsten Typ von Maserbirke ist eine große Anzahl kleiner schwarzer Maserungen im ganzen Holz verteilt. Allerdings kann auch „Eis-Maserbirke“ (*jäävisa*), die keine schwarzen Maserungen hat, genauso schön sein, besonders wenn sie eingeölt wurde.

Salweidenwurzelholz wird aus den großen Wurzelknollen von Salweiden gewonnen, die vor allem in den östlichen und nordöstlichen Landesteilen Finnlands

Hersteller	unbekannt
Entstehungsjahr	vor 1885
Typ	Gebrauchs-Puukko
Klingenlänge	68 mm
Klingenbreite max.	15,5 mm
Klingenstärke max.	4,6 mm
Klingenquerschnitt	diamantförmig
Grifflänge	74 mm
Griffstärke max.	18,3 mm
Griffmaterial	Birke
Monturen	-
Scheide	Leder 1,6 mm

Puukko mit Griff aus Birkenholz und einem Gürtel mit aufwändiger Schließe (NMF)

Gebrauchs-Puukko mit Griff aus Maserbirke und einer stark verschlissenen Klinge (NMF)

Hersteller	unbekannt
Entstehungsjahr	vor 1900
Typ	Gebrauchs-Puukko
Klingenlänge	69 mm
Klingenbreite max.	17 mm
Klingenstärke max.	4,9 mm
Klingenquerschnitt	diamantförmig
Grifflänge	77 mm
Griffstärke max.	17,3 mm
Griffmaterial	Maserbirke
Monturen	-
Scheide	Leder 2,2-2,5 mm

Hersteller	unbekannt
Entstehungsjahr	1815
Typ	Hutscheiden-Puukko
Klingenlänge	85 mm
Klingenbreite max.	17,1 mm
Klingenstärke max.	4,9 mm
Klingenquerschnitt	diamantförmig
Grifflänge	97 mm
Griffstärke max.	21,3 mm
Griffmaterial	Salweidenwurzel
Monturen	-
Scheide	Leder 2,4-3,1 mm

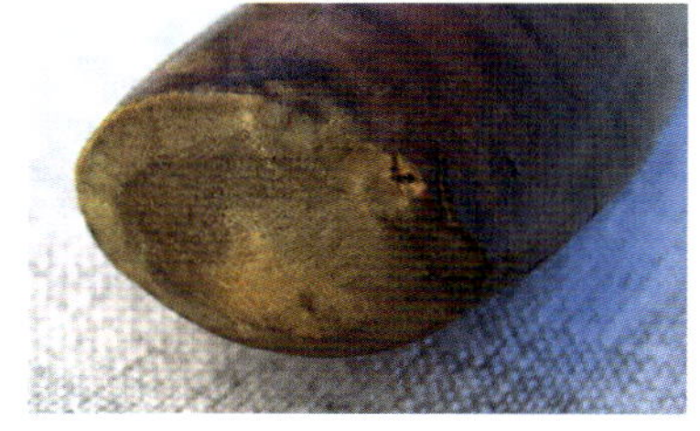

Der Griff dieses Puukkos zeigt ein ausgeprägtes Tropfenprofil (NMF)

gefunden werden. Salweidenwurzel ist ein sehr schönes und ziemlich dauerhaftes Material, aber es ist auch relativ leicht und porös. Daher wird es oft in Kombination mit Metall oder Horn verwendet. Typischerweise findet man Salweidenwurzel bei Tommi-Puukkos, Kainu- und Sami-Puukkos.

Das Material kann sehr leicht mit Birkenwurzel oder sogar mit Ahornmaserknolle verwechselt werden, die beide ziemlich gleich aussehen, aber etwas schwerer sind.

Puukkos mit Birkenrinden-Griff

Das älteste verlässlich datierbare Puukko mit einem Griff aus Birkenrinde ist das rechts abgebildete Puukko, das auf das Jahr 1831 datiert wurde. Vermutlich wurden Puukkos mit Griff aus Birkenrinde aber schon lange vor dieser Zeit hergestellt, möglicherweise schon während der Eisenzeit. Birkenrinde wurde in Finnland schon in der Steinzeit für verschiedene Arten von Utensilien und Behältnissen benutzt.

Nach Meinung einiger Experten ist Birkenrinde das beste Material für einen Puukko-Griff. Wenn sie durch Metall- oder Hornmonturen dicht zusammengepresst werden, bilden die einzelnen Scheiben aus Birkenrinde eine einheitliche Oberfläche, die selbst im nassen Zustand nicht schlüpfrig wird. Sie ist außerdem bakterienabweisend und übersteht feuchte Bedingungen besser als die meisten Hölzer, Leder oder Stahl. Es ist auch ein „lebendiges“ und sehr schönes Material. Das am besten bekannte regionale Puukko-Modell mit einem einfachen Griff aus Birkenrinde ist das Pekanpää-Puukko. Auch in Kajani wurden Puukkos mit Griff aus Birkenrinde nicht später als zu Beginn des 19. Jahrhunderts hergestellt.

Puukkos mit Birkenrinden-Scheide

Die Einteilung anhand des Scheidentyps mag etwas ungewöhnlich erscheinen, da die Scheide nicht in jedem Fall den Puukko-Typ bestimmt, den sie umschließt. Aber zumindest für die meisten Scheidentypen sind die Puukkos für gewöhnlich sehr ähnlich.

Puukko mit Griff aus Birkenrinde, 19. Jahrhundert, aus Sipoo (NMF)

Scheiden aus Birkenrinde waren vermutlich in Finnland schon seit uralten Zeiten geläufig. Auch die Ureinwohner Nordamerikas benutzten schon während der Steinzeit Birkenrinde für verschiedene Zwecke. Alte Scheiden aus Birkenrinde überlebten allerdings viel seltener als Scheiden aus Leder. Das ist nur natürlich, da Scheiden aus Birkenrinde nicht so stabil waren wie Lederscheiden.

Scheiden aus Birkenrinde wurden für gewöhnlich mit einem diagonalen Flechtmuster hergestellt. Während des 19. Jahrhunderts waren sie überwiegend sym-

Hersteller	unbekannt
Entstehungsjahr	vor 1926
Typ	Gebrauchs-Puukko
Klingenlänge	80 mm
Klingenbreite max.	15,3 mm
Klingenstärke max.	3,4 mm
Klingenquerschnitt	diamantförmig
Grifflänge	75 mm
Griffstärke max.	16,1 mm
Griffmaterial	Birkenrinde
Monturen	Kupfer/Bernstein
Scheide	Leder 1,5 mm

Bei diesem Puukko sind die Birkenrinden-Scheiben beidseitig mit Bernstein eingefasst (NMF)

Hersteller	Kalle Seppälä
Entstehungsjahr	1950-1970
Typ	Gebrauchs-Puukko
Klingenlänge	89 mm
Klingenbreite max.	18 mm
Klingenstärke max.	4 mm
Klingenquerschnitt	diamantförmig
Grifflänge	104 mm
Griffstärke max.	18,9 mm
Griffmaterial	Birkenrinde
Monturen	Messing
Scheide	Leder 1,6 mm

Dieses Puukko wurde vom Künstler Teuvo-Pentti Pakkala nach einer historischen Vorlage gestaltet (Sammlung JP Peltonen)

Hersteller	unbekannt
Entstehungsjahr	vor 1889
Typ	Gebrauchs-Puukko
Klingenlänge	96 mm
Klingenbreite max.	17,1 mm
Klingenstärke max.	5,1 mm
Klingenquerschnitt	flache Seiten
Grifflänge	90 mm
Griffstärke max.	25,3 mm
Griffmaterial	Salweidenwurzel
Monturen	-
Scheide	Birkenrinde

Puukko mit Birkenrinden-scheide, die Klinge wurde aus einer Feile gefertigt (NMF)

Ein schlichtes Gebrauchsmesser mit durchgehendem Flachschliff (NMF)

Hersteller	unbekannt
Entstehungsjahr	vor 1898
Typ	Gebrauchs-Puukko
Klingenlänge	80 mm
Klingenbreite max.	18,1 mm
Klingenstärke max.	5,8 mm
Klingenquerschnitt	keilförmig
Grifflänge	82 mm
Griffstärke max.	17,3 mm
Griffmaterial	Birke
Monturen	-
Scheide	Leder 1,5-1,8 mm

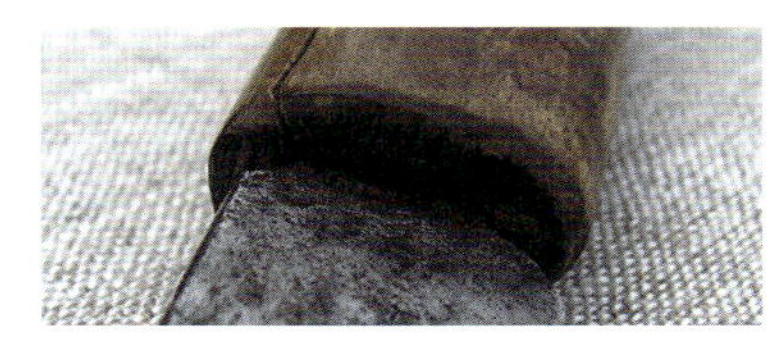

Hersteller	Iivar Haring
Entstehungsjahr	1915-1925
Typ	Gebrauchs-Puukko
Klingenlänge	97 mm
Klingenbreite max.	18,5 mm
Klingenstärke max.	5,7 mm
Klingenquerschnitt	diamantförmig
Grifflänge	100 mm
Griffstärke max.	22,3 mm
Griffmaterial	Maserbirke
Monturen	Messing
Scheide	Leder 1,7 mm

Schönes Detail: Die Klinge ist sehr exakt in die Messingzwinge eingepasst (NMF)

metrisch, aber es sind auch asymmetrische und solche mit stark gebogenen Spitzen bekannt. Symmetrische Scheiden hatten oft innen eine Holzeinlage. Einige Birkenrindenscheiden konnten zwei Puukkos gleichzeitig aufnehmen. Neben den normalen Gürtelscheiden wurden auch kleine Klingenbedeckungen aus Birkenrinde gemacht. Auf diese Weise konnte das Puukko auch in einer Tasche relativ sicher aufbewahrt werden. Der größte Nachteil einer Birkenrindenscheide (ohne Holzeinlage) war, dass die Klingenspitze durch die Birkenrinde schneiden konnte und dadurch die Scheide potenziell gefährlich war.

Zimmermanns-Puukko

Die Puukkos von Zimmerern und Schreiner können am einfachsten anhand ihrer Scheiden erkannt werden, die zwei kleinere Seitentaschen für einen Zirkel und einen Zimmermannsbleistift oder ein kleineres Beimesser (*Junki*) besaßen. Die Scheiden für Zimmermanns-Puukkos wurden aus dickem und haltbarem Leder gemacht. Sie wurden auch separat verkauft. In diesem Fall nutzte der Eigentümer sein altes Puukko und seine anderen Hilfsmittel weiter. Daher ist anzunehmen, dass das in einer Scheide gefundene Puukko nicht immer das ursprünglich zur Scheide gehörende ist. Das auf der übernächsten Seite abgebildete Zimmermanns-Puukko ist die Ausnahme von der Regel und ein besonders schönes Exemplar. Die Scheide enthält die beiden originalen, fein gearbeiteten Puukkos und einen mit Feilarbeiten verzierten Zirkel.

Puukkos mit Hutscheide

Hutscheiden wurden in Finnland schon während des Mittelalters hergestellt und scheinen besonders in Ostbottnien während des 19. Jahrhunderts häufig gewesen zu sein. Mit dem 20. Jahrhundert allerdings nahm der Gebrauch von Hutscheiden dramatisch ab: Die jüngste der zahlreichen Hutscheiden in den Museumssammlungen stammt aus dem Jahr 1902. Einer der Gründe dafür ist, dass Hutscheiden für ihre „Langsamkeit“ kritisiert wurden, was heißt, dass es zu lange dauerte, ein Puukko aus einer solchen Scheide zu ziehen. Trotzdem waren sie auf ihre eigene Art praktisch, da sie nicht für ein individuelles Puukko gemacht werden mussten und trotzdem das Puukko sicher an seinem Platz halten konnten.

Den Museumssammlungen nach zu urteilen, wurden die größten Stückzahlen von Hutscheiden in Ilmajoki gefertigt. Andere wahrscheinliche Orte ihrer Herstellung waren Vöyri und Kuortane, möglicherweise auch Laihia und Isokyrö. Von all den unterschiedlichen Modellen am leichtesten zu erkennenden sind die Scheiden aus Ilmajoki und Vöyri, daher werden sie später noch ausführlicher vorgestellt. Diese Scheiden, so wie viele andere Hutscheiden des 19. Jahrhunderts, sind oft mit dem Jahr ihrer Herstellung markiert, was ihre Zuordnung einfach macht.

Bei den finnischen Hutscheiden sind die Enden der Aufhängungsriemen normalerweise mit einem Knoten zusammengebunden, während die schwedischen Scheiden meistens einzelne Knoten an jedem Ende des Aufhängungsriemens besitzen. Die Puukkos, die zu solchen Hutscheiden gehören, sind meistens einfache Gebrauchs-Puukkos ohne Monturen. Sie sind typischerweise auch etwas größer als durchschnittliche Puukkos.

Hutscheide aus dem Jahr 1848 (Puukko nicht original, Sammlung aus dem Alten Schloss von Lieto)

Hersteller	unbekannt
Entstehungsjahr	vor 1889
Typ	Zimmermanns-Puukko
Klingenlänge	97 mm
Klingenbreite max.	18,6 mm
Klingenstärke max.	5,3 mm
Klingenquerschnitt	diamantförmig
Grifflänge	102 mm
Griffstärke max.	23,4 mm
Griffmaterial	Maserbirke
Monturen	Kupfer
Scheide	Leder 1,8 mm

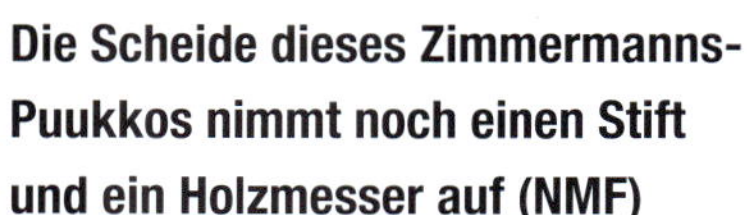

Die Scheide dieses Zimmermanns-Puukkos nimmt noch einen Stift und ein Holzmesser auf (NMF)

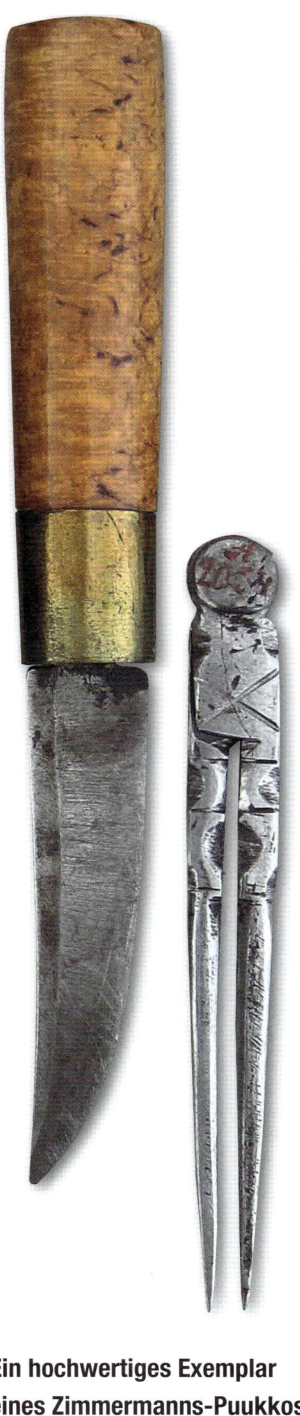

Ein hochwertiges Exemplar eines Zimmermanns-Puukkos mit Junki und Zirkel (NMF)

Hersteller	unbekannt
Entstehungsjahr	vor 1885
Typ	Zimmermanns-Puukko
Klingenlänge	77 mm
Klingenbreite max.	17,5 mm
Klingenstärke max.	4,2 mm
Klingenquerschnitt	diamantförmig
Grifflänge	94 mm
Griffstärke max.	18,2 mm
Griffmaterial	Maserbirke
Monturen	Messing
Scheide	Leder 1,6-2,0 mm

Hersteller	unbekannt
Entstehungsjahr	1838
Typ	Gebrauchs-Puukko
Klingenlänge	117 mm
Klingenbreite max.	26,3 mm
Klingenstärke max.	6,1 mm
Klingenquerschnitt	meißelförmig
Grifflänge	115 mm
Griffstärke max.	27,4 mm
Griffmaterial	Maserbirke
Monturen	-
Scheide	Leder 2,0-2,8 mm

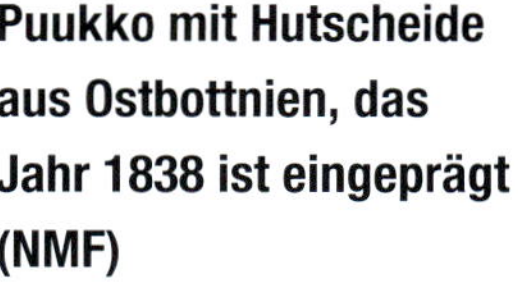

Puukko mit Hutscheide aus Ostbottnien, das Jahr 1838 ist eingeprägt (NMF)

Hornscheide, vor dem Jahr 1895 hergestellt (NMF)

Puukko mit graviertem Holzgriff, vor dem Jahr 1889 gefertigt (NMF)

Puukkos mit Holzscheide

Es gibt nur ein einziges Puukko mit Holzscheide in der großen Puukko-Sammlung des finnischen Nationalmuseums. Es scheint klar zu sein, dass dieser Scheidentyp während der Jahre 1600 bis 1900 sehr selten war. Später, während des 20. Jahrhunderts, spezialisierten sich einige mittelständische Fabriken auf die Herstellung von Holzscheiden aus Maserbirke. Bekannte Hersteller waren unter anderem Ville Pikkusaari in Lapua, Lauri Tuotteet in Rovaniemi und Lauri und Mauri Huurre in Ilomantsi. Sogenannte Bunker-Puukkos des Zweiten Weltkriegs mit Holzscheiden waren auch relativ verbreitet.

Puukkos mit Hornscheide

Hornscheiden und Scheiden, die zur Hälfte aus Horn bestehen, wurden aus Rentierhorn gemacht und waren über Hunderte von Jahren hinweg bei den Puukkos der Samen weit verbreitet, sind aber im restlichen Finnland selten. Da Rentiere nur im nördlichsten Teil Finnlands leben, wurden Hornscheiden in den übrigen Landesteilen aus Kuh- oder Ochsenhorn gemacht. Elchgeweihe wurden anscheinend nicht für Scheiden (und auch nicht oft für Griffe) benutzt, da sie sehr hart und schwer zu bearbeiten sind. In der Sammlung des finnischen Nationalmuseums gibt es zwei Hornscheiden (die zugehörigen Puukkos fehlen leider).

Puukkos mit graviertem Holzgriff

Puukkos mit graviertem Holzgriff sind in Norwegen ziemlich häufig, aber in Finnland wurden sie hauptsächlich während des 19. und frühen 20. Jahrhunderts in den Fabriken von Fiskars und Hackman hergestellt. Das links im Bild gezeigte Puukko ist etwas untypisch für ein finnisches Puukko, aber seine bescheidene Erscheinung lässt ahnen, dass es in der Tat finnisch ist. Die Form seines Griffs dagegen steht eher für ein Gebrauchsmesser Kontinentaleuropas im 18. Jahrhundert.

Repräsentative Puukkos mit Metallmonturen

Puukkos mit Metallmonturen besitzen oft längliche Zwingen und Endkappen und manchmal auch eine Metallhülse, die den gesamten Griff überzieht. In diese Gruppe habe ich auch Puukkos mit Beschlägen aus Zinn und Neusilber aufgenommen (die oft graviert sind). Alle diese Puukkos mit Metallmonturen sind normalerweise mehr verziert als gewöhnliche Gebrauchs-Puukkos. Die Endkappe oder obere Zwinge dieser Puukkos ist oft besonders wichtig, da sie sichtbar ist, wenn sich das Puukko in der Scheide befindet. Aus diesem Grund sind zum Beispiel die berühmten Pferdekopf-Puukkos aus Kauhava leicht erkennbar. Auch die Scheiden dieser Puukkos sind normalerweise mit Metallbeschlägen verstärkt.

Hersteller	unbekannt
Entstehungsjahr	vor 1889
Typ	Gebrauchs-Puukko
Klingenlänge	65 mm
Klingenbreite max.	17,7 mm
Klingenstärke max.	5,2 mm
Klingenquerschnitt	diamantförmig
Grifflänge	91 mm
Griffstärke max.	21,2 mm
Griffmaterial	Birke
Monturen	Eisen
Scheide	Holz (vermutl. Erle)

Puukko mit Holzscheide, die Klinge wurde aus einer Feile gefertigt (NMF)

Hersteller	unbekannt
Entstehungsjahr	1850-1900
Typ	Zwingen-Puukko
Klingenlänge gr. / kl.	81 / 56 mm
Klingenbreite max. gr. / kl.	17,3 / 12 mm
Klingenstärke max. gr. / kl.	5,3 / 3,8 mm
Klingenquerschnitt	diamantförmig
Grifflänge gr. / kl.	98 / 81 mm
Griffstärke max. gr. / kl.	19,3 / 11,4 mm
Griffmaterial	Birke
Monturen	Messing
Scheide	Leder 1,8 mm

Zwingen-Puukko mit Junki in einer Doppelscheide (Ostbottnisches Museum)

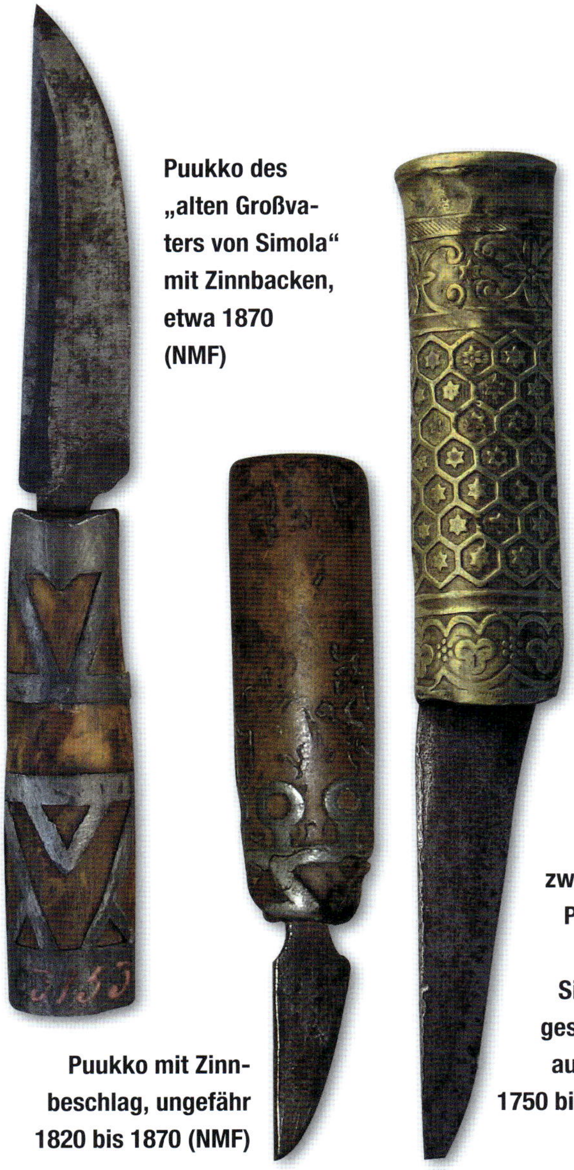

Puukkos mit Zwingen

Den Begriff „Zwingen-Puukko“ (im Finnischen *helapuukko* oder *helapää*) verwende ich für die Puukkos im ostbottnischen Stil, die oft lange Metallzwingen besitzen, die an den Stoßkanten verlötet sind. Die Endkappe kann auch ein gegossener Knauf sein (wie zum Beispiel der ostbottnische Pferdekopf-Knauf). Die am häufigsten für die verschiedenen Zwingenarten benutzten Materialien sind Messing und Neusilber.

Neusilber ist eine Art Messing, das bei amerikanischen und englischen Bowie-Messern bereits um die frühen 1830er Jahre für Monturen eingesetzt wurde. Puukkos mit Neusilbermonturen können daher nicht älter sein, es sei denn, jemand hat einige Teile nachträglich ausgetauscht oder hinzugefügt. Auch Kupfer, Bronze und andere Buntmetalle wurden benutzt. Die extravagantesten Puukkos konnten auch Zwingen aus Silber besitzen, und bei neueren Exemplaren für den Sammlermarkt können die Monturen sogar aus Gold gefertigt sein.

Mehrere Puukkos mit Zwingen wurden nach ihrem Herkunftsort benannt, wie zum Beispiel Vöyri-Puukko, Kalajokilaasko-Puukko, Rautalampi-Puukko, Kauhava-Puukko und Härmä-Puukko. Diese stelle ich später bei den regionalen Puukko-Modellen vor.

Puukko des „alten Großvaters von Simola“ mit Zinnbacken, etwa 1870 (NMF)

Puukko mit Zinnbeschlag, ungefähr 1820 bis 1870 (NMF)

Vollzwingen-Puukko aus Sippola, geschätzt auf etwa 1750 bis 1850 (NMF)

Puukkos mit Zinnbeschlägen

Messer mit gegossenen Zinnbeschlägen wurden in Europa (zum Beispiel den Niederlanden) zumindest seit dem 15. Jahrhundert gemacht. In Finnland scheinen Puukkos mit Zinnbeschlägen während des 19. Jahrhunderts ziemlich häufig gewesen zu sein, aber über ihre Herkunft ist nur wenig bekannt. Eine Schrift von J. W. Kotikoski von 1910 in den Archiven des finnischen Nationalmuseums liest sich folgendermaßen: „Puukkos mit Zinnbeschlägen wurden früher häufig benutzt, aber jetzt habe ich nur dieses eine gefunden, das von einem gemeinen Mann gemacht wurde.“ Dieses Puukko, vom „alten Großvater aus Simola“ gemacht, ist in der Abbildung oben zu sehen.

Hin und wieder hatte das Puukko nur einen Zinnbeschlag in der Nähe der Klinge, aber oft formte das gegossene Zinn eine netzartige Dekoration, die den Griff auf seiner gesamten Länge bedeckte. Es gibt ein besonders interessantes Puukko-Modell mit dieser netzartigen Dekoration (zwei Exemplare davon können in der Sammlung des finnischen Nationalmuseums gefunden werden), das von einem Puukko-Schmied namens Iakopi Ratala in Säkylä um 1870 hergestellt wurde. Dieses Säkylä-Puukko wird später noch ausführlicher vorgestellt.

Während des 20. Jahrhunderts wurden Puukkos mit Zinnbeschlägen zumindest in Pirkkala und in Rovaniemi hergestellt. Das Pirkkala-Puukko wird später vorgestellt. In Rovaniemi produziert Lauri Tuotteet Oy schon seit den 1960er Jahren schöne Puukkos mit Zinnbeschlägen im Sami-Stil. Im Bild auf der linken Seite (Mitte) ist ein Puukko mit Zinnbeschlägen aus der Sammlung des finnischen Nationalmuseums zu sehen, das nur einen Beschlag in der Nähe der Klinge besitzt. Die Datierung dieses Puukkos ist unklar, aber es stammt wahrscheinlich aus der Zeit von 1820 bis 1870.

Puukkos mit Vollzwinge

Ich verwende den Namen „Vollzwingen-Puukko“, um ein Puukko zu beschreiben, bei dem eine dünne Metallhülse den gesamten Griff überzieht. Diese Art der Konstruktion kann bei einigen Modellen von Vöyri-Puukkos gefunden werden. Das am häufigsten benutzte Material für die Vollzwinge eines Puukko scheint Messing mit einer Stärke von etwa 0,6 bis 0,8 Millimeter gewesen zu sein. Das Beispiel aus Sippola (in Südfinnland) auf der linken Seite hat eine besonders dünne, etwa 0,4 Millimeter starke Messinghülse, die mit punzierten Mustern verziert ist.

Sorko-Puukkos

Sorko-Puukkos (Sorko-Intarsien-Puukkos) sind verzierte Puukkos mit Griffen aus Birkenrinde. Die Sorko-Intarsien bestehen aus kleinen Nägeln und dünnen Drähten aus Messing, Zinn, Neusilber, Silber oder Gold. Die häufigsten Materialien für Sorko-Intarsien sind Messing und Neusilber. Bei den ältesten Modellen wurde häufig auch Zinn verwendet. Ein gut gemaches Sorko-Puukko ist nicht nur schön, sondern auch praktisch, da die Sorko-Intarsien den Griff stabiler machen, indem sie die verschiedenen Birkenrinde-Scheiben verbinden.

Die ersten Sorko-Puukkos wurden um die Mitte der 1880er Jahre in Kauhava gemacht. Die ältesten Sorko-Puukkos, die mir begegnet sind und mit dem Jahr ihrer Herstellung markiert waren, stammten aus dem Jahr 1887. Die Herstellung von Sorko-Intarsien verbreitete sich in Kauhava während der letzten Jahre der 1880er. Die Technik wurde später auch für die Rautalampi- und Kalajoki-Puukkos übernommen.

Der Griff eines Sorko-Puukkos ist oft rot gefärbt, aber er kann auch ungefärbt bleiben. Während des spä-

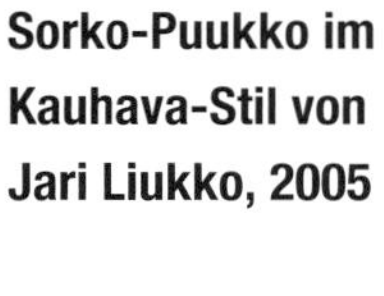

Sorko-Puukko im Kauhava-Stil von Jari Liukko, 2005

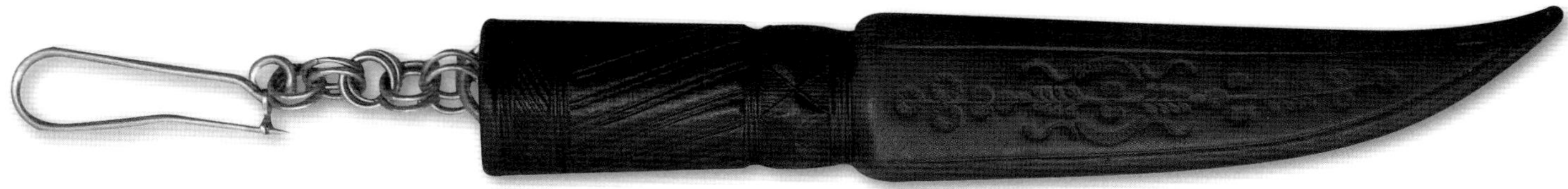

Hersteller	unbekannt
Entstehungsjahr	1730-1770
Typ	Vollzwingen-Puukko
Klingenlänge	65 mm
Klingenbreite max.	14,7 mm
Klingenstärke max.	4,1 mm
Klingenquerschnitt	diamantförmig
Grifflänge	84 mm
Griffstärke max.	17,9 mm
Griffmaterial	Birke
Monturen	Messing
Scheide	Messingblech 0,6 mm

Bei diesem Puukko aus dem 18. Jahrhundert bestehen Griffüberzug und Scheide aus Messing (Ostbottnisches Museum)

Metallüberzogenes Puukko, vermutlich zwischen 1600 und 1750 hergestellt (NMF)

ten 20. Jahrhunderts produzierte Iisakki Järvenpää Oy gefärbte Sorko-Intarsien, die wie Miniatur-Gemälde aussahen. Bei den späteren Sorko-Intarsien kommt es nicht selten vor, dass der Griff in zwei verschiedenen Farben getönt ist, meistens Schwarz und Rot. Der alte Meister Juho Kustaa Lammi machte einige rot-schwarz gefärbte Sorko-Intarsien um die Wende vom 19. zum 20. Jahrhundert, also sind sie gewissermaßen auch traditionell.

Die wichtigste Sorko-Intarsie wird normalerweise auf der rechten Seite gemacht. Auf der linken Seite befindet sich oft eine kleinere Intarsie oder eine Jahreszahl. Manchmal wurden kleinere Einlegearbeiten auch am Rücken und am Bauch des Griffs ausgeführt. Auch Sets von zwei verschieden großen Sorko-Puukkos wurden oft gefertigt.

Metallüberzogene Puukkos

Ein metallüberzogenes Puukko hat einen Holzgriff, der mit einer Metallplatte bedeckt ist, die mindestens 1,5 Millimeter dick ist. Obwohl der Griff einen Holzkern besitzt, ist der Metallüberzug selbst so steif, dass er ein essentieller Teil der Konstruktion ist – im Gegensatz zum Puukko mit Vollzwinge, bei dem der Holzteil die Hauptstruktur bildet. Dieser Puukko-Typ wurde schon während der späten Eisenzeit hergestellt.

Abgesehen von einem bronzeüberzogenen Puukko aus der Kreuzfahrerzeit gibt es auch einige spätere metallüberzogene Puukkos und deren Fragmente in der Sammlung des finnischen Nationalmuseums. Diese haben einen Metallbeschlag aus Bronze oder Messing von 1,5 bis zwei Millimetern Stärke. Die Bauart und Größe dieser Puukkos erinnert mehr an mittelalterliche Puukkos als an die späteren des 19. Jahrhunderts. Abgebildet ist ein typisches metallüberzogenes Puukko dieses Typs, das in Valtimo, Nord-Karelien, gefunden wurde. Als Dekoration trägt es ein Andreaskreuz, ein Motiv, das oft auf den Vöyri-Puukkos des 18. und 19. Jahrhunderts gefunden wird.

Puukkos mit Vollmetallgriff

Vollmetallgriffe bestehen, wie ihr Name schon sagt, aus reinem Metall und werden gewöhnlich direkt auf den Erl gegossen. Vollmetallgriffe wurden schon während der Bronze- und Eisenzeit für verschiedene Hieb- und Stichwaffen angefertigt, sind aber als Puukko-Griffe

Puukko mit Vollmetallgriff aus Utajärvi, wahrscheinlich im späten 18. Jahrhundert gemacht (NMF)

Puukko mit Vollmetallgriff, gefunden in Paltamo, vermutlich zwischen 1650 und 1790 hergestellt (NMF)

Hersteller	unbekannt
Entstehungsjahr	1750-1850
Typ	Metallscheiden-Puukko
Klingenlänge	57 mm
Klingenbreite max.	13,5 mm
Klingenstärke max.	2,7 mm
Klingenquerschnitt	diamantförmig
Grifflänge	73 mm
Griffstärke max.	15 mm
Griffmaterial	Birke
Monturen	Messing
Scheide	Messingblech 0,45 mm

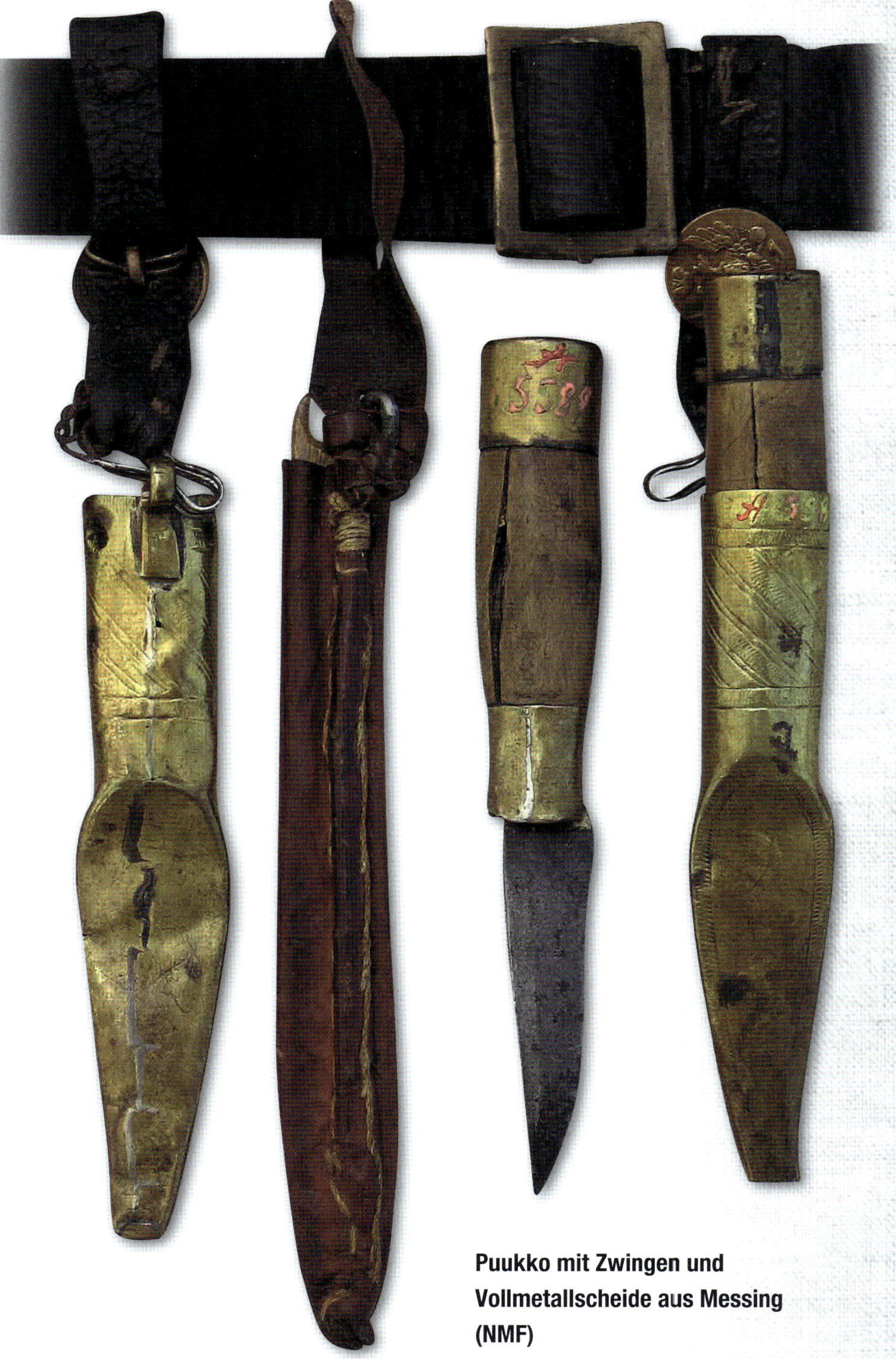

Puukko mit Zwingen und Vollmetallscheide aus Messing (NMF)

Puukko mit Metallintarsien aus Orimattila, definitiv vor dem Jahr 1924 hergestellt, wahrscheinlich schon 1830 bis 1870 (NMF)

sehr selten. In der Sammlung des Nationalmuseums von Finnland gibt es einige wenige Puukkos mit Vollmetallgriff, die – ähnlich den metallüberzogenen Puukkos – hauptsächlich mittelalterlichen Messern gleichen.

Eine interessante Eigenschaft dieser Puukkos ist ihre Dekoration mit schrägen Linien. Diese Dekoration ist typisch für die Barockzeit, daher könnten diese Puukkos sehr gut aus dem 17. oder 18. Jahrhundert stammen.

Puukkos mit Vollmetallscheiden

Vollmetallscheiden bestehen nur aus Metall ohne eine separate Holzeinlage oder einen Lederbezug. Solche Scheiden wurden in Kauhava speziell während der Depressionszeit um 1930 gemacht, als Leder schwer zu bekommen war. Toijala-Puukkos hatten ebenfalls oft eine Metallscheide, aber sie besaßen ein Innenfutter aus Leder. Die Bilder auf der linken Seite zeigen eine Vollmetallscheide mit ihrem originalen Puukko aus Heinola (in der Nähe von Lahti).

Puukkos mit Metallintarsien

Puukkos mit Metallintarsien haben einen Holzgriff, in den Streifen von Metall oder andere Metallteile eingelegt sind (nicht zu verwechseln mit den Sorko-Puukkos, deren Griffe aus Birkenrinde bestehen). Metallintarsien bei Holzgriffen sind selten, aber das finnische Nationalmuseum besitzt immerhin zwei Puukkos dieses Typs.

Puukkos mit graviertem Griff und Zwinge

Wie schon erwähnt, wurden Puukkos mit graviertem Griff hauptsächlich in den Fabriken von Fiskars und Hackman hergestellt, wo der Stil der Puukkos maßgeblich von den schwedischen und englischen Werkmeistern beeinflusst wurde. Das Bild links zeigt ein seltenes graviertes Puukko mit Zwinge, das von keiner dieser Fabriken produziert wurde. Die Endkappe mit Knopf ist im schwedisch-norwegischen Stil gehalten, aber die gut gemachte Scheide aus Birkenrinde und das Motiv der Griffdekoration legen nahe, dass es in Finnland gefertigt wurde. Das Blumenmotiv auf dem Griff ist eine direkte Anleihe bei einem Hackman-Puukko mit Ebenholzgriff.

Puukko mit graviertem Griff (NMF)

Regionale Puukko-Modelle

Es gibt eine Reihe von eigenständigen Puukko-Modellen. Es handelt sind hauptsächlich um regionale Typen, die traditionell in bestimmten Gegenden gefertigt wurden. Manchmal wurde ein solches Modell nur von einem einzigen Puukko-Macher hergestellt (zum Beispiel das Pyhäjärvi-Puukko und wahrscheinlich auch das Säkylä-Puukko). Teilweise sind die ursprünglichen Hersteller auch nicht mehr bekannt. Regionale Puukko-Modelle sind gewöhnlich nach dem Ursprungsort ihrer Herstellung benannt (eine der wenigen Ausnahmen von der Regel ist das Tommi-Puukko).

Vöyri-Puukkos

Puukkos im Vöyri-Stil findet man in keinem anderen nordischen Land. Vöyri-Puukkos wurden während der Jahre 1740 bis 1880 hergestellt, möglicherweise auch schon etwas früher. Südostbottnien war während des späten 18. Jahrhunderts eine wohlhabende Region, und sogar gewöhnliche Bauern hatten die Mittel, sich verschiedene „Luxusgegenstände" anzuschaffen. Wegen der schlechten Reisebedingungen in dieser Zeit wurden die meisten Güter lokal hergestellt. Das könnte einer der Gründe sein, warum die aufwändigen und teuren Vöyri-Puukkos zuerst in Ostbottnien entwickelt wurden. Eine andere Erklärung dafür ist, dass am Anfang des 18. Jahrhunderts eine große Anzahl von Schmieden und Kesselflickern in der Region angekommen waren und viele von ihnen sich auf spezielle Themen spezialisieren mussten, um über die Runden zu kommen.

Die Metallmonturen von Vöyri-Puukkos (sowohl Puukko als auch Scheide) sind normalerweise mit gravierten und gefeilten Motiven verziert. Das typischste Motiv ist das Andreaskreuz (von Sammlern in Finnland „Vöyri-Kreuz" genannt). Andere typische Motive sind gerade gefeilte, gepunktete Linien und Bogenreihen. Das Griffende hatte oft eine rautenförmige Kappe. Das obere Ende des Spitzenbeschlags der Scheide war oft mit Reihen stark zugespitzter, gepunkteter Bögen verziert.

Die Zwingen und Endkappen von Vöyri-Puukkos sind oft lang und bedecken fast den gesamten Griff. Die Zwinge ist meist nach vorn offen, so dass man zwischen ihr und der Klinge die Stirnseite des Holzgriffs sehen kann. Die Scheide des rechts abgebildeten Puukko-Sets besitzt ganz unkonventionell nur Spitzen- und Kantenbeschläge und eine Dekorationsplatte im Klingenbereich. Das nächste Modell, ebenfalls ein Set aus zwei Puukos, besitzt eine Vollzwingen-Konstruktion. Die Verzierung und die asymmetrische Scheidenform sind eher untypisch für Vöyri-Puukkos.

Oft, aber nicht immer, besitzen die Scheiden von Vöyri-Puukkos mehrere Beschläge, zum Beispiel an Scheidenmund, Mitte, Kanten und Spitze. Auch der Klingenbereich besitzt oft Verzierungen aus durchbrochenem Metall. Manchmal hat die Scheide aber auch gar keine Metallbeschläge. Die meisten Vöyri-Scheiden sind symmetrisch, aber es sind auch einige asymmetrische Exemplare bekannt. Modelle mit einem Beimesser (Doppel-Set) sind ebenfalls häufig. Auf der Seite 125 rechts oben abgebildet ist die älteste bekannte und verlässlich datierte Scheide. Der Beschlag am Scheidenmund ist mit dem Jahr 1749 markiert. Das Puukko mit Griff aus Birkenrinde passt nicht zum Stil der Scheide und ist wahrscheinlich nicht original.

Vöyri-Puukko-Paar mit Zwingen und typischen Kreuz-Verzierungen (NMF)

Hersteller	unbekannt
Entstehungsjahr	1820-1870
Typ	Vöyri-Puukko (Set)
Klingenlänge gr. / kl.	78 / 38 mm
Klingenbreite max. gr. / kl.	18,4 / 9,7 mm
Klingenstärke max. gr. / kl.	4,9 / 2,7 mm
Klingenquerschnitt	diamantförmig
Grifflänge gr. / kl.	92 / 71 mm
Griffstärke max. gr. / kl.	19,1 / 10,4 mm
Griffmaterial	Birke schwarz lackiert
Monturen	Messing
Scheide	Leder 1,8 mm

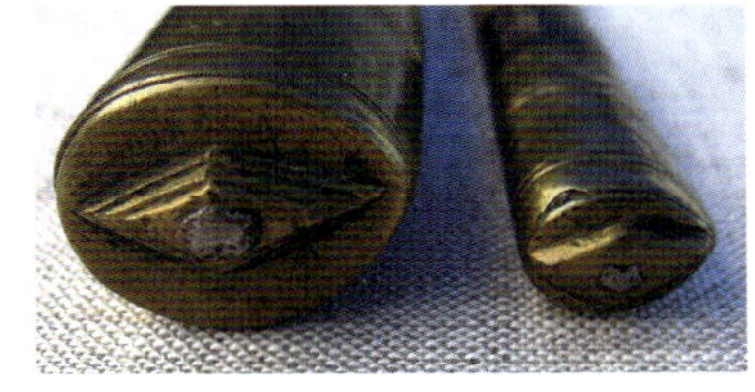

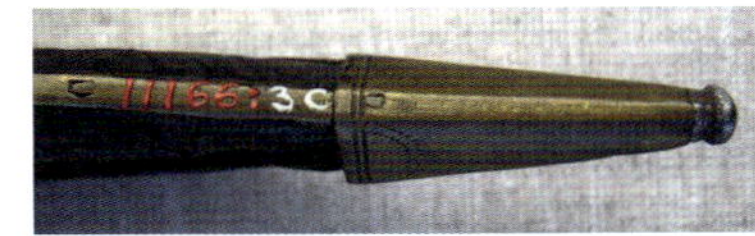

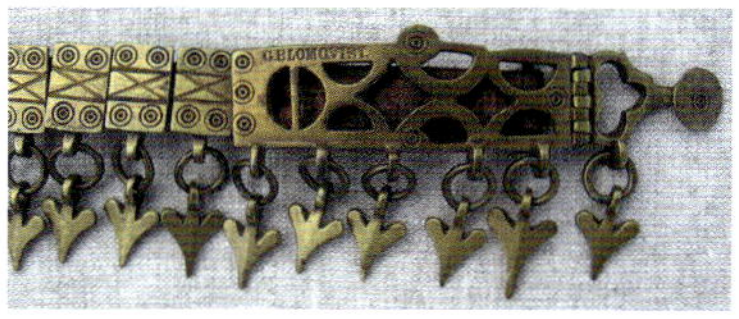

Vöyri-Puukko-Set mit Vollzwingen und aufwändigem Gürtel (NMF)

Hersteller	unbek. (Gürtel G.J. Blomqvist)
Entstehungsjahr	1840-1880
Typ	Vöyri-Vollzwingen-Puukko (Set)
Klingenlänge gr./kl.	54 / 38 mm
Klingenbreite max. gr./kl.	11,6 / 10,8 mm
Klingenstärke max. gr./kl.	3,8 / 3,4 mm
Klingenquerschnitt	diamantförmig
Grifflänge gr./kl.	95 / 84 mm
Griffstärke max. gr./kl.	12,1 / 11,1 mm
Griffmaterial	Holz
Monturen	Messing
Scheide	Leder 2,0 mm

Der Klingenbereich einer Vöyri-Puukko-Scheide besitzt normalerweise eine Verzierung aus durchbrochenem Messingblech mit kleinen Elementen, die an Holzspäne oder Tierhörner erinnert. Diese „Widderhörner" können einzeln oder mehrfach vorhanden sein. Bei den ältesten Modellen ist die Dekoration des Klingenbereichs anders und besteht aus Herz- oder Rautenmotiven.

Im Bild rechts können wir ein altes Vöyri-Puukko mit einer Scheide sehen, die der vorigen aus dem Jahr 1749 sehr ähnelt. Der Klingenbereich dieser Scheide hat eine ähnliche Verzierung aus durchbrochenem Messingblech mit Herz- und Diamant- beziehungsweise Rautenmotiv. Der einzige Unterschied sind kleine, gebogene „Widderhörner" zwischen den Hauptmotiven. Das Puukko, das zu dieser Scheide gehört, besitzt Messingmonturen und passt sehr gut zum Stil der Scheide.

Im Bild auf der folgenden Seite können wir ein Dekorationsmotiv sehen, dass wie eine Zwischenform zwischen der alten „Herz-Diamanten-Form" und den „Widderhörnern" wirkt. Die Herzfigur ist bei diesem Modell größer geworden und das Rauten- beziehungsweise Diamantenmotiv ist verschwunden. Der obere Teil des Herzens hat sich zu einem bogenförmigen Muster verändert, und die kleinen Widderhornmotive haben sich verdoppelt. Außerdem gibt es auch ein neues Motiv zwischen Scheidenmund und mittlerem Beschlag.

Vöyri-Puukko-Scheide von 1749 (Sammlung Eino Kauppi)

Vöyri-Puukko, geschätzt auf etwa 1750 bis 1800 (computerunterstützte Zeichnung)

Im Beispiel unten finden wir bereits die typischen Widderhörner der späteren Vöyri-Puukkos. Das Puukko ist etwas einfach in seiner Konstruktion und hat immer noch eine kleine Raute am Grund des Widderhornmotivs. Das scheint darauf hinzuweisen, dass das fragliche Puukko ein frühes Beispiel des „Widderhorn-Modells" ist. Wenn man die Dekoration mit den beiden früheren Modellen vergleicht, erkennt man eine mögliche Erklärung für die Geburt der Widderhorn-Verzie-

Vöyri-Puukko, gefertigt zwischen 1780 und 1850 (NMF)

Hersteller	unbekannt
Entstehungsjahr	1770-1840
Typ	Vöyri-Puukko
Klingenlänge	66 mm
Klingenbreite max.	13,7 mm
Klingenstärke max.	3,2 mm
Klingenquerschnitt	diamantförmig
Grifflänge	79 mm
Griffstärke max.	15,9 mm
Griffmaterial	Birke
Monturen	Messing
Scheide	Leder 1,5 mm

Vöyri-Puukko, die Aufhängung ist nicht original (NMF)

Hersteller	unbekannt
Entstehungsjahr	1740-1780
Typ	Vöyri-Puukko
Klingenlänge	75 mm
Klingenbreite max.	17,2 mm
Klingenstärke max.	4 mm
Klingenquerschnitt	diamantförmig
Grifflänge	95 mm
Griffstärke max.	22,2 mm
Griffmaterial	Birke
Monturen	Messing
Scheide	Leder 2,0-2,3 mm

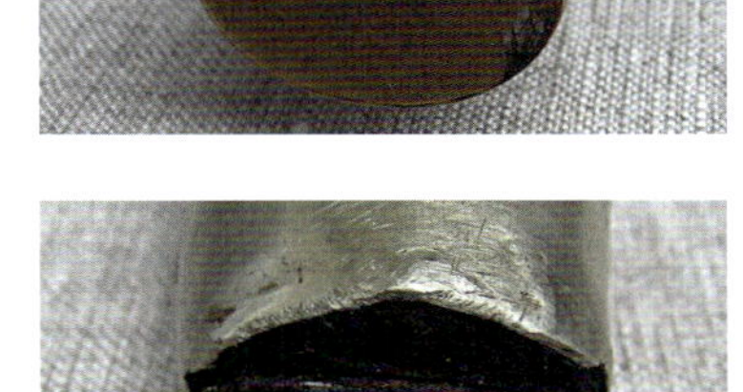

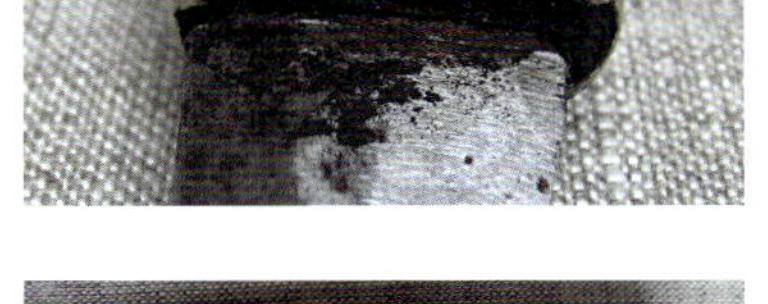

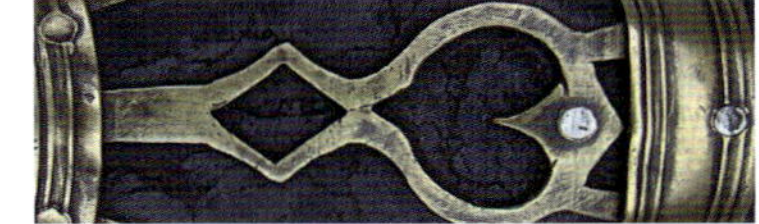

Undekoriertes Vöyri-Puukko mit Zwingen. Scheide aus dem 18. Jahrhundert, das Puukko ist jünger (Sammlung Eero Heiskanen)

Scheide eines „Hyvinkää-Puukkos", geschätzt auf etwa 1820 bis 1880

„Härmä-Bauchscheide", vermutlich zwischen 1820 und 1880 gefertigt (Sammlung Lieto Vanhalinna)

Vöyri-Puukko, etwa 1780 bis 1840 hergestellt (NMF)

rung: Das Bogenmotiv des vorherigen Beispiels wurde länger und die Kanten des Herzmotivs wurden abgeschnitten und geringelt, um hornähnliche Figuren zu schaffen.

Manchmal sind die Widderhörner groß und vielfach vorhanden (drittes Bild von oben). Nach unserer Theorie sollte das ein späteres Modell als die vorherigen Beispiele sein, aber auf der anderen Seite ist die Gesamtform der Scheide den frühesten „Herz-Diamant-Modellen" sehr ähnlich. Das könnte darauf hinweisen, dass die Verzierungen des Klingenbereichs sich tatsächlich nicht schrittweise entwickelten, sondern verschiedene Varianten gleichzeitig existierten.

In der Sammlung des finnischen Nationalmuseums gibt es einige Scheiden im Vöyri-Stil, die im Bezirk Hyvinkää gesammelt wurden und einen eigenen Stil aufweisen. Die oben abgebildete Scheide besitzt keine Holzeinlage, und die Verzierungen auf dem Klingenbereich bestehen aus verschiedenen miteinander verbundenen Ringen. Die kleinen Details und die Konstruktionsweise der Scheide unterscheiden sich von denen eines typischen Vöyri-Puukkos.

Eines der Vöyri-Puukko-Modelle, die gelegentlich in Sammlungen gesehen werden können, wurde von Timo Hyytinen in seinem Buch *Suuri Puukkokirja* als *mahatuppinen Härmäläiinen* („Bauchscheiden-Puukko aus Härmä") aufgeführt. Der Ursprung des links abgebildeten Exemplars ist etwas unklar, aber es hat definitiv eine bauchige Scheide und stammt sehr wahrscheinlich aus Härmä (in der Nähe von Vöyri).

Die Unterschiede zum Vöyri-Puukko sind offensichtlich: Die Form der Scheide ist asymmetrisch, sie hat keine Holzeinlage und ist weniger verziert als die meisten Vöyri-Modelle. Der Scheide fehlen die typischen Verzierungen, die bei Vöyri-Puukkos gefunden werden, und die Enden der Kantenbeschläge wurden unter die Beschläge des Scheidenmunds gezogen, umgeschlagen und sichtbar belassen, was bei keinem Vöyri-Puukko der Fall ist.

Der Ursprung des „Vöyri-Hutscheiden-Puukkos" ist etwas fraglich, da es im Nationalmuseum von Finnland nur ein einziges Puukko dieses Typs gibt, dass in Vöyri erworben wurde. In der Sammlung des Ostbottnischen

Museums gibt es einige ähnliche Scheiden, die möglicherweise aus Vöyri stammen, aber leider fehlt genaueres Wissen über ihre Herkunft.

Die Vöyri-Hutscheide besitzt typischerweise in ihrem Klingenbereich S-förmige Dekorationsmotive, ein Herzmotiv neben der Klingenspitze und manchmal kleine, rautenförmige Formen zwischen S-Motiven. Auf dem Hut und im Griffbereich gibt es gegenüberliegende (versetzte) Halbkreise, die sich in manchen Fällen zu Wellenlinien verbinden. Auf der Rückseite der

Vier Vöyri-Hutscheiden (Vorder- und Rückseite) von 1849 bis 1867 (Ostbottnisches Museum)

Hersteller	unbekannt
Entstehungsjahr	1867
Typ	Vöyri-Hutscheiden-Puukko
Klingenlänge	50 mm
Klingenbreite max.	17,6 mm
Klingenstärke max.	4,8 mm
Klingenquerschnitt	diamantförmig
Grifflänge	108 mm
Griffstärke max.	22,7 mm
Griffmaterial	Maserbirke
Monturen	Messing
Scheide	Leder 2,0-2,4 mm

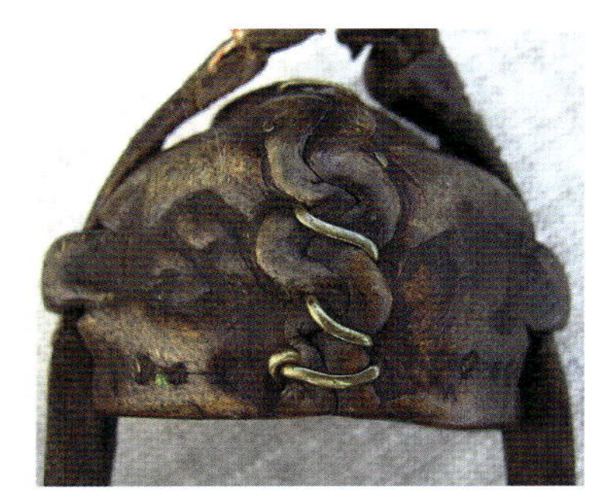

Vöyri-Hutscheiden-Puukko von 1867 (NMF)

Scheide gibt es Hälften ähnlicher Motive. Davon abgesehen, ist das Vöyri-Hutscheiden-Puukko dem Ilmajoki-Puukko sehr ähnlich, das als nächstes vorgestellt wird, aber es gibt auch einige klare Unterschiede. Beim Ilmajoki-Puukko werden zum Beispiel die gegenüberliegenden Halbkreise als Spiegelbilder präsentiert, während sie beim Vöyri-Puukko gegeneinander versetzt sind.

Ilmajoki-Puukko

Das Ilmajoki-Puukko ist seiner Art nach ein typisches Hutscheiden-Puukko des 19. Jahrhunderts. Ähnliche Scheiden wurden auch in Vöyri, Härmä, Kuortane und Säkylä gemacht, aber es scheint, dass die Tradition der Scheidenherstellung in Ilmajoki am lebhaftesten und langlebigsten war. Im Nationalmuseum von Finnland gibt es 14 Hutscheiden, die in Ilmajoki erstanden und von denen die meisten einen identifizierbaren Stil und ebensolche Dekorationen aufweisen. Es gibt auch fünf Ilmajoki-Hutscheiden im örtlichen Museum von Ilmajoki, und so scheint der Ursprung des Modells klar zu sein. Normalerweise ist auch das Jahr ihrer Herstellung auf dem Rücken der Scheide vermerkt, was für den Forscher und Sammler wirklich ein Glücksfall ist.

Der Gebrauch von ungewöhnlich dickem Leder ist typisch für alle Hutscheiden des 19. Jahrhunderts. Die Nähte der Hutscheiden liegen üblicherweise in der Mitte der Rückseite, und der Nahttyp ist meist eine Stoßnaht, in Finnland auch manchmal „schwedische Naht" genannt. Das ist nicht überraschend, da eine Naht mit umgedrehten Lederkanten wie beim Schusterstich (in Finnland auch einfach „finnischer Stich" genannt) durch das dicke Leder klobig aussehen würde. Ein anderer Grund für die Stoßnaht könnte der schwedische Einfluss gewesen sein, da die Westküste Finnlands viel bessere Verbindungen zu Schweden besaß als andere Landesteile. Die Hutscheiden könnten ursprünglich tatsächlich aus Schweden gekommen sein.

Hutscheiden sind ohne Ausnahme symmetrisch und besitzen keine schützende Holzeinlage. Der Riemen für die Aufhängung ist normalerweise von der Seite durch die Scheide und den Hut gefädelt. Die Enden sind entweder von oben oder von unten zusammengeknotet. Auf diese Weise konnte der Hutteil leicht nach oben und unten bewegt werden. Einige dieser Scheiden hatten einen Beschlag an der Spitze, aber die meisten hatten keine Beschläge. Die Nähte von Hut und übriger Scheide waren oft an ihrem Ende mit Messingdraht verstärkt, was die Naht sehr langlebig machte.

Hutscheiden aus Ilmajoki waren oft schwarz gefärbt. Ihre häufigste Dekoration war eine Gruppe von Halbkreisen, die oft als horizontale Spiegelbilder auf dem Klingenbereich der Scheide dargestellt wurden. Auch der Hutbereich trug oft ähnliche Verzierungen. Der Klingenbereich konnte entweder mit Halbkreisen oder etwas komplexeren Motiven, wie zum Beispiel geflochtenen Bändern, S-Formen oder anderen Arten von verdrehten Linien verziert sein. Manchmal bestand die gesamte Dekoration aus S-Formen und gepunkteten Linien.

Bei den älteren Modellen ist der Aufhängungsriemen direkt an den Seiten der Scheide platziert. Bei den späteren Modellen des späten 19. beziehungsweise frühen 20. Jahrhunderts saß er näher an der Rückennaht. Nachdem ich mehrere Replikas dieser Scheiden gemacht hatte, fand ich heraus, dass die Verlagerung der Aufhängungsriemen von den Seiten näher zur Rückennaht hin das Herausziehen und Zurückstecken des Puukkos in die Scheide viel einfacher macht.

Puukkos, die zu Hutscheiden gehören, sind oft größer als der Durchschnitt und etwas grob geformt, füllen aber die Hand gut aus und fühlen sich wie gute Gebrauchsmesser an. Das am häufigsten verwendete Griffmaterial war Maserbirke. Man muss aber beden-

Hersteller	unbekannt
Entstehungsjahr	1841
Typ	Ilmajoki-Hutscheiden-Puukko
Klingenlänge	96 mm
Klingenbreite max.	20,5 mm
Klingenstärke max.	5 mm
Klingenquerschnitt	flache Seiten
Grifflänge	106 mm
Griffstärke max.	23,1 mm
Griffmaterial	Maserbirke
Monturen	-
Scheide	Leder 4 mm

Ilmajoki-Puukko mit Schmiedehaut an der Klinge, was im 19. Jahrhundert selten war (NMF)

Hersteller	unbekannt
Entstehungsjahr	1870
Typ	Ilmajoki-Hutscheiden-Puukko
Klingenlänge	87 mm
Klingenbreite max.	22 mm
Klingenstärke max.	6,8 mm
Klingenquerschnitt	diamantförmig
Grifflänge	97 mm
Griffstärke max.	22 mm
Griffmaterial	Birke
Monturen	-
Scheide	Leder 2,5-3,6 mm

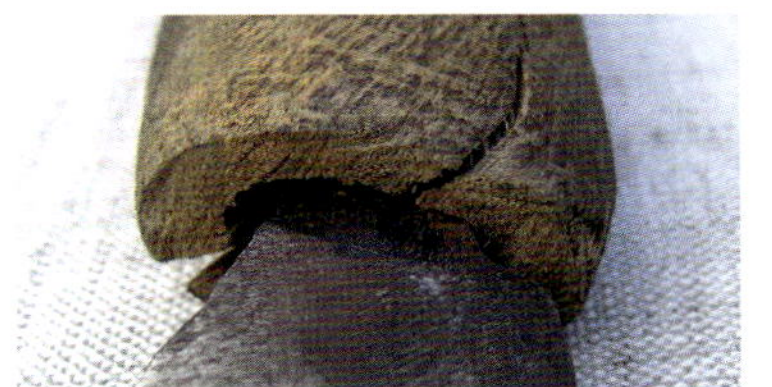

Sehr rustikal gefertigtes Ilmajoki-Puukko von 1870 (NMF)

Hersteller	unbekannt
Entstehungsjahr	1891
Typ	Ilmajoki-Hutscheiden-Puukko
Klingenlänge	96 mm
Klingenbreite max.	16,4 mm
Klingenstärke max.	4,5 mm
Klingenquerschnitt	diamantförmig
Grifflänge	95 mm
Griffstärke max.	21,7 mm
Griffmaterial	Maserbirke
Monturen	-
Scheide	Leder 2,6-3,0 mm

Ilmajoki-Puukko, Scheide von 1891, das Puukko könnte noch älter sein (NMF)

Hutscheiden, die in Ilmajoki für das finnische Nationalmuseum gesammelt wurden

ken, dass die gefundenen Puukkos nicht unbedingt die originalen sind, da Hutscheiden sehr haltbar waren und Puukkos von verschiedener Form und Größe sicher halten konnten. Aus diesem Grund ist es wahrscheinlich, dass Hutscheiden auch ohne Puukko verkauft wurden.

Hutscheiden waren während des 19. Jahrhunderts populär, aber ihre Herstellung endete zu Beginn des 20. Jahrhunderts, vermutlich wegen der schnell expandierenden Puukko-Produktion in Kauhava. Das älteste Ilmajoki-Puukko mit Jahreszahlmarkierung im finnischen Nationalmuseum stammt von 1841, das jüngste von 1902.

Jalasjärvi-Puukko

Über diesen Puukko-Typ ist nur wenig bekannt. Im 1955 veröffentlichten Buch *Puukko* von Sakari Pälsi gibt

Scheide des Jalasjärvi-Puukkos (computerunterstützte Zeichnung nach einer Originalzskizze von Sakari Pälsi)

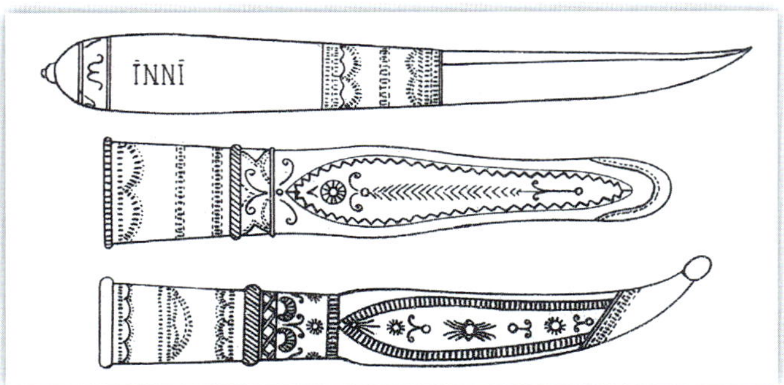

Kalajoki-Puukko nach einem Artikel in „Suomen Teollisuuslehti" („Industriemagazin von Finnland") von 1901

es ein gezeichnetes Bild einer Scheide mit stark gebogener Spitze. Pälsi schreibt, dass die Scheide ein „typisches Modell aus Jalasjärvi" sei, gibt aber keine weitere Erklärung oder Information in Bezug auf die Scheide oder ein zugehöriges Puukko.

Es ist bekannt, dass ein Schmied mit Namen Sameli (Samuli) Frigord (1808 bis 1895), der auch als Puukko-Schmied bekannt war, in Jalasjärvi arbeitete und bis Turku und Helsinki reiste, um seine Puukkos und andere Produkte zu verkaufen. Es ist aber nicht klar, ob Frigords Puukko-Scheiden dem Bild, das Pälsi zeigte, ähnelten oder wie verbreitet diese Art von Scheiden generell in Jalasjärvi waren.

In jüngerer Vergangenheit machte sich Olavi Yli-Peltola, ein Einwohner von Jalasjärvi, die Mühe, die Geschichte der Jalasjärvi-Puukkos zu studieren. Er schrieb im Magazin *Jalasjärven Joulu* (Jalasjärvi-Weihnachtsmagazin) von 1998: „Jalasjärvi-Puukkos wurden zumindest von Frikkoli-Schmieden gemacht und später auch von anderen Schmieden."

„Frikkoli-Schmiede" ist eine lokale Bezeichnung für die Mitarbeiter der Frigord-Schmiede. Yli-Peltola berichtet, er sei nicht in der Lage gewesen, tatsächlich ein Puukko vom Jalasjärvi-Typ zu finden, aber im Museum Kihniö, in der Nähe von Jalasjärvi, gebe es mehrere Scheiden mit gebogener Spitze, deren Form und Dekorationen Pälsis Zeichnung gleichen.

Kalajoki-Puukko

Das Kalajokilaakso-Puukko (oder Kalajoki-Puukko) ist ein alter Puukko-Typ aus Ostbottnien. Fast das gesamte Wissen über diesen Typ ging nach und nach im 20. Jahrhundert verloren. Nach Zeitungsartikeln des 19. Jahrhunderts wurden Puukkos hoher Qualität mit Griffen aus Birkenrinde und mit Messingmonturen bereits in der Mitte des 19. Jahrhunderts in Kalajoki hergestellt. In den 1860er Jahren machten Olof Helander, Jaakko Merenoja und ein dritter unbekannter Messermacher ein sehr schön verziertes Puukko als Geschenk für den Zaren von Russland, Alexander II. Es war das erste sogenannte „Zaren-Puukko" in einer Reihe von mehreren anderen.

Die Puukko-Herstellung von Kalajoki ging während der letzten Jahre des 19. Jahrhunderts zumindest teilweise wegen des wachsenden Einflusses der Puukko-Hersteller von Kauhava zurück. Zu dieser Zeit hatte

Hersteller	unbekannt
Entstehungsjahr	1860-1890
Typ	Kalajoki-Puukko (Set)
Klingenlänge gr. / kl.	94 / 54 mm
Klingenbreite max. gr. / kl.	16 / 9,2 mm
Klingenstärke max. gr. /kl.	4,6 / 2,5 mm
Klingenquerschnitt	diamantförmig
Grifflänge gr. / kl.	100 / 67 mm
Griffstärke max. gr /kl.	17,1 / 10,8 mm
Griffmaterial	Birkenrinde, gefärbt
Monturen	Messing
Scheide	Leder 1,4 mm

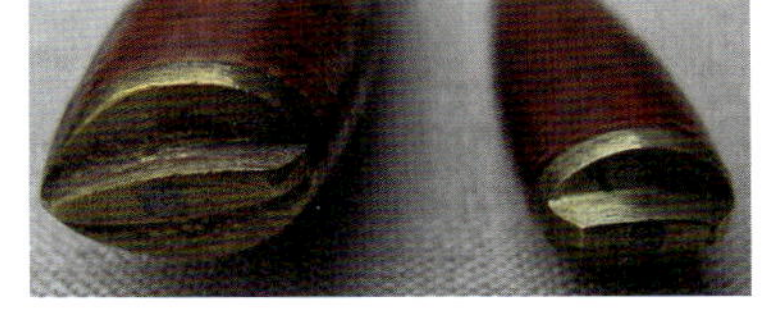

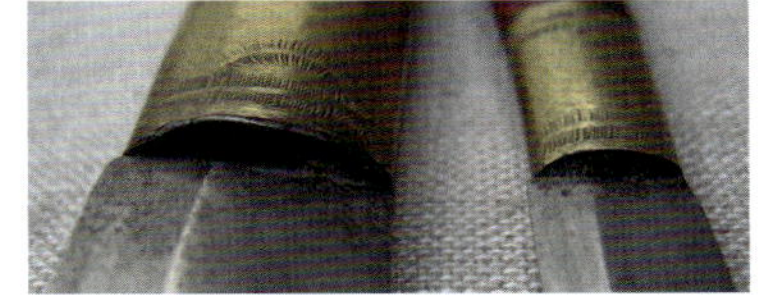

Ein elegantes Kalajoki-Puukko-Paar, etwa 1860 bis 1890 gefertigt (Sammlung JP Peltonen)

sich die Kunst des Puukko-Machens allerdings schon entlang des Flusstals von Kalajoki verbreitet. Aus diesem Grund werden die Puukkos dieser Region auch als gemeinsame Gruppe der Kalajokilaaksa-Puukkos bezeichnet.

Während des späten 19. Jahrhunderts wurden Puukkos von guter Qualität aus Alavieska den ganzen Weg bis nach Helsinki transportiert. 1877 arbeiteten vier Puukko-Schmiede in der Region um Alavieska. Der bekannteste von ihnen war Fredrik Haapasaari (1840-1909). Er war professioneller Schmied und arbeitete im späten 19. Jahrhundert auch als Lehrer für Puukko-Herstellung an der Metallindustrieschule der Gebrüder Friisilä. Haapasaari hatte seine Fähigkeiten von Olli Helander in Kalajoki gelernt. Weitere bekannte Puukko-Schmiede der Region waren Kalle Isokääntä (geb. 1843), Tuomas Nisula (geb. 1853) und Juho Rautio (geb. 1871).

Auf der vorigen Seite abgebildet ist ein Zwillings-Puukko aus einer privaten Sammlung, das meiner Meinung nach ein original Kalajoki-Puukko ist. Die Form, Konstruktion und Verzierungen stimmen mit den alten Beschreibungen überein. Speziell die abgeschrägte Oberseite des Beschlags an der Scheidenspitze scheint ein Alleinstellungsmerkmal der Kalajoki-Puukkos zu sein. Auch die bogenförmigen Verzierungen der Zwinge und die Form der Klinge sind denen der Zeichnung sehr ähnlich.

Härmä-Puukko

Das Härmä-Puukko ist ein ostbottnischer Puukko-Typ mit Zwinge, der von der Familie Rannanjärvi entwickelt wurde. Der erste Hersteller eines Härmä-Puukkos war Erkki Rannanjärvi (1838-1925). Nach ihm kamen Johannes Rannanjärvi (1873-1931), Onni Rannanjärvi (1909-1971), Jorma Rannanjärvi (1939-2003) und der heutige Meister Antti Rannanjärvi (geb. 1951). Darüber hinaus produzierten einige Puukko-Fabriken in Kauhava wie zum Beispiel Iisakki Järvenpää Oy, Kustaa Lammi und Lahdensuo & Co. ihre eigenen Versionen von Härmä-Puukkos. Auch Onni und Jorma Rannanjärvi bemühten sich, ihre eigenen „fabrikproduzierten" Härmä-Puukkos herzustellen. Zum Beispiel wurden während der 1960er Jahre einige Teile von Subunternehmern gefertigt, und die Einlagen wurden aus Kunststoff gemacht. Die Qualität der Produkte erreichte aber nicht den Standard von Rannanjärvi, und alle Experimente wurden bald beendet.

Härmä-Puukkos unterscheiden sich von den meisten klassischen Puukko-Modellen dadurch, dass die Rannanjärvi-Meister niemals ihre eigenen Klingen machten. Die Klingen wurden immer von anderen Schmieden geliefert und höchstens von Rannanjärvi geätzt und fertiggestellt. Das mindert allerdings nicht den Wert der Puukkos.

Das Härmä-Puukko ist in der Regel etwas länger und breiter und hat einen schlankeren Griff als zum Beispiel traditionelle Kauhava-Puukkos. Die Klinge hat keine Hohlkehle. Es gibt eine große Leiste an der Abschlusskappe, und das Puukko sowie die Metallbeschläge an der Scheide sind normalerweise mit Gravuren verziert.

Der Birkenholzgriff des Rannanjärvi-Härmä-Puukkos ist meistens rot gefärbt mit schwarzen Streifen. Die Scheide besitzt für gewöhnlich eine natürliche Lederfarbe, aber der Klingenbereich und der mittlere Teil des Griffbereichs sind ebenfalls rot gefärbt. Bei einigen Modellen sind sowohl Scheide als auch Griff ganz schwarz. Manchmal besteht der Griff auch aus Maserbirke ohne Färbung.

Einige der ältesten Härmä-Puukko-Scheiden von Erkki Rannanjärvi hatten nur Beschläge an der Spitze, in der Mitte und an der Kante auf der Seite der Schneide. Die späteren Scheiden besaßen Kantenbeschläge

Härmä-Puukko von Onni Rannanjärvi, etwa 1935 bis 1945 gefertigt

Härmä-Puukko von Antti Rannanjärvi, 2005 (NMF)

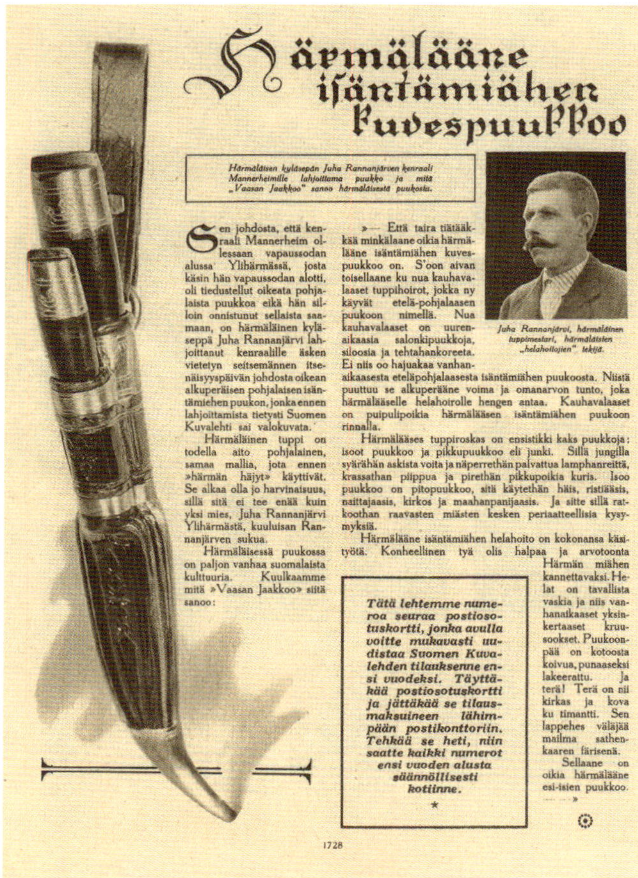

Härmälääne isäntämiähen kuvespuukkoo

Härmäläisen kyläsepän Juha Rannanjärven kenraali Mannerheimille lahjoittama puukko ja mitä „Vaasan Jaakkoo" sanoo härmäläisestä puukosta.

Sen johdosta, että kenraali Mannerheim ollessaan vapaussodan alussa Ylihärmässä, josta käsin hän vapaussodan alotti, oli tiedustellut oikeata pohjalaista puukkoa eikä hän silloin onnistunut sellaista saamaan, on härmäläinen kyläseppä Juha Rannanjärvi lahjoittanut kenraalille äsken vietetyn seitsemännen itsenäisyyspäivän johdosta oikean alkuperäisen pohjalaisen isäntämiehen puukon, jonka ennen lahjoittamista tietysti Suomen Kuvalehti sai valokuvata.

Härmäläinen tuppi on todella aito pohjalainen, samaa mallia, jota ennen »härmän häjyt» käyttivät. Se alkaa olla jo harvinaisuus, sillä sitä ei tee enää kuin yksi mies, Juha Rannanjärvi Ylihärmästä, kuuluisan Rannanjärven sukua.

Härmäläisessä puukossa on paljon vanhaa suomalaista kulttuuria. Kuulkaamme mitä »Vaasan Jaakkoo» siitä sanoo:

»— Että taira tiätääkkää minkälaane oikia härmälääne isäntämiähen kuvespuukkoo on. S'oon aivan toisellaane ku nua kauhavalaaset tuppihoirot, jokka ny käyvät etelä-pohjalaasen puukoon nimellä. Nua kauhavalaaset on uurenaikaasia salonkipuukkoja, siloosia ja tehtahankoreeta. Ei niis oo hajuakaa vanhanaikaasesta eteläpohjalaasesta isäntämiähen puukoosta. Niistä puuttuu se alkuperääne voima ja omanarvon tunto, joka härmälääselle helahoirolle hengen antaa. Kauhavalaaset on puipulipoikia härmälääsen isäntämiähen puukoon rinnalla.

Härmälääses tuppiroskas on ensistikki kaks puukkoja: isoot puukkoo ja pikkupuukkoo eli junki. Sillä jungilla syärähän askista voita ja näperrethän paivattua lamphanreittä, krassathan piippua ja pirethän pikkupoikia kuris. Isoo puukkoo on pitopuukkoo, sitä käytethän häis, ristiääsis, naittajaasis, kirkos ja maahanpanijaasis. Ja sitte sillä ratkoothan raavasten miästen kesken periaatteellisia kysymyksiä.

Härmälääne isäntämiähen helahoito on kokonansa käsityötä. Konheellinen tyä olis halpaa ja arvotoonta Härmän miähen kannettavaksi. Helat on tavallista vaskia ja niis vanhanaikaaset yksinkertaaset kruusookset. Puukoonpää on kotoosta koivua, punaaseksi lakeerattu. Ja terä! Terä on nii kirkas ja kova ku timantti. Sen lappehes väläjää mailma sathenkaaren färisenä.

Sellaane on oikia härmälääne esi-isien puukkoo. — — »

Juha Rannanjärvi, härmäläinen tuppimestari, härmäläisten „helahoitojien" tekijä.

Tätä lehtemme numeroa seuraa postiosotuskortti, jonka avulla voitte mukavasti uudistaa Suomen Kuvalehden tilauksenne ensi vuodeksi. Täyttäkää postiosotuskortti ja jättäkää se tilausmaksuineen lähimpään postikonttoriin. Tehkää se heti, niin saatte kaikki numerot ensi vuoden alusta säännöllisesti kotiinne.

*

1728

Artikel in „Suomen Kuvalehti", Dezember 1924

auf beiden Seiten und einen zusätzlichen Beschlag am Scheidenmund. Dieser Wechsel erfolgte spätestens zu Beginn der 1920er Jahre, da diese spätere Konstruktion bei dem Zwillings-Puukko gesehen werden kann, das Johannes Rannanjärvi im Dezember 1924 General Mannerheim als Geschenk übergab (Carl Gustaf Mannerheim wurde nach dem Zweiten Weltkrieg zum sechsten Präsidenten Finnlands gewählt).

Die Scheidenbeschläge der Härmä-Puukkos ähneln denen eines Vöyri-Puukkos, aber die Gesamterscheinung ist etwas zarter, und die Scheiden sind fast ohne Ausnahme asymmetrisch. Die einzige Ausnahme ist das ungewöhnliche Härmä-Zimmermanns-Puukko, dessen Scheide eine symmetrische Form haben kann. Härmä-Puukkos wurden schon sehr früh auch als Zwillings-Puukkos gemacht und etwas später auch als Dreifach-Modelle.

Die gravierte Verzierung der ältesten Rannanjärvi-Modelle war denen der alten Vöyri- und Kauhava-Puukkos ähnlich, veränderte sich aber schrittweise zu einem leicht erkennbaren Stil. Die Härmä-Puukkos, die von der Familie Rannanjärvi gemacht wurden, können von fabrikproduzierten Modellen am leichtesten durch den Beschlag an der Scheidenspitze und den Stil ihrer gravierten Verzierungen unterschieden werden. Besonders bei den späteren Puukkos ist häufig der Name ihres Herstellers – manchmal kombiniert mit dem Wort „Ylihärmä", ihrem Wohnort – in die Klinge geätzt. Der Buchstabe „R" für „Rannanjärvi" ist auch oft in die Abschlusskappe des Griffs graviert. Viele der Puukkos von Onni Rannanjärvi trugen auch den geätzten Hinweis „Made in Finland" auf der Klinge.

Kauhava-Puukko

Kauhava-Puukko mit flachem Ende

Ein Puukko mit flachem Ende hat eine flache (oder beinahe flache) geschweißte Abschlusskappe, eine dünne Endplatte oder einen flach endenden Griff ohne irgendwelche Monturen. Dieses Modell repräsentiert die frühe Phase der Puukko-Herstellung in Kauhava.

Kauhava-Puukko mit Knopfende

Puukkos mit Knopfende haben eine abgerundete Abschlusskappe, die typischerweise entweder gegossen oder gepresst ist, nicht geschweißt. Die ältesten Puukkos mit Knopfende besaßen zum Teil auch einen abgerundeten Wulst oder eine kleine, zylinderförmige „Beule“ auf der Erhöhung. Diese Variante war besonders häufig bei Sorko-Puukkos, wurde zeitweise aber auch bei anderen Typen verwendet. Der am häufigsten zu findende Knopftyp bei den späteren Modellen ist der gepresste Knopf.

Sorko-Puukko aus Kauhava

Die kurze Geburtsgeschichte der Sorko-Puukkos aus Kauhava liest sich folgendermaßen: Im Jahr 1884 erwarben Matti und Juho Kustaa Lammi ein Puukko aus Ylitornio mit einem Griff aus Birkenrinde. Sie begannen – wie auch Iisakki Järvenpää – bald damit, ähnliche Griffe für ihre eigenen Puukkos zu machen. Die Idee zu den Sorko-Intarsien kam von einem Schneider namens Antti aus Härmä, der Juho Kustaa Lammi vorschlug, er solle als Dekoration kleine Zinnnägel in die Birkenrinde hämmern, so wie es auch bei Tabaksdosen gemacht wurde. Anfangs rechnete Lammi damit, dass die Nägel nicht genügend Halt haben würden. Aber nachdem er die Idee ausprobiert hatte, entwickelte er zusammen mit Iisakki Järvenpää die Technik und verschiedene dekorative Motive.

Das erste Sorko-Puukko wurde irgendwann im Zeitraum von 1884 bis 1886 hergestellt. Juho Kustaa Lammi hatte Kauhava 1884 verlassen, um seiner Wehrpflicht im Vasaa-Bataillon nachzukommen, wo er Puukkos mit Birkenrindengriff für seine Kameraden machte und auch zum ersten Mal einen Pferdekopfknauf für ein Puukko goss. Allerdings ist nicht bekannt, ob Lammi während dieser Zeit auch Sorko-Puukkos herstellte. 1886 kehrte er nach Kauhava zurück und begann die Form des Pferdekopfknaufs zu verfeinern und entwarf neue Muster für die Sorko-Einlegearbeiten.

Die Sorko-Einlegearbeit ist technisch anspruchsvoll und erfordert eine Menge Geduld. Aus diesem Grund wurde die Arbeit hauptsächlich von erfahrenen Meistern ausgeführt. Neben Iisakki Järvenpää und Juho

Kauhava-Puukko von 1900 mit Sorko-Griffeinlagen

Hersteller	Emil Hänninen
Entstehungsjahr	1900-1920
Typ	Rautalampi-Sorko-Puukko
Klingenlänge	81 mm
Klingenbreite max.	14,5 mm
Klingenstärke max.	4,6 mm
Klingenquerschnitt	diamantförmig
Grifflänge	94 mm
Griffstärke max.	17,8 mm
Griffmaterial	Birkenrinde
Monturen	Neusilber
Scheide	Leder 1,3 mm

Sorko-Puukko aus Rautalampi, Emil Hänninen, geschätzt auf etwa 1900 bis 1920 (Peura-Museum)

Sorko-Puukko aus Rautalampi, von Arto Liukko nach einem alten Modell gefertigt, 2005

Hersteller	Arto Liukko
Entstehungsjahr	2005
Typ	Rautalampi-Sorko-Puukko
Klingenlänge	88 mm
Klingenbreite max.	16,5 mm
Klingenstärke max.	3,6 mm
Klingenquerschnitt	diamantförmig
Grifflänge	104 mm
Griffstärke max.	19,4 mm
Griffmaterial	Birkenrinde
Monturen	Neusilber
Scheide	Leder 1,6 mm

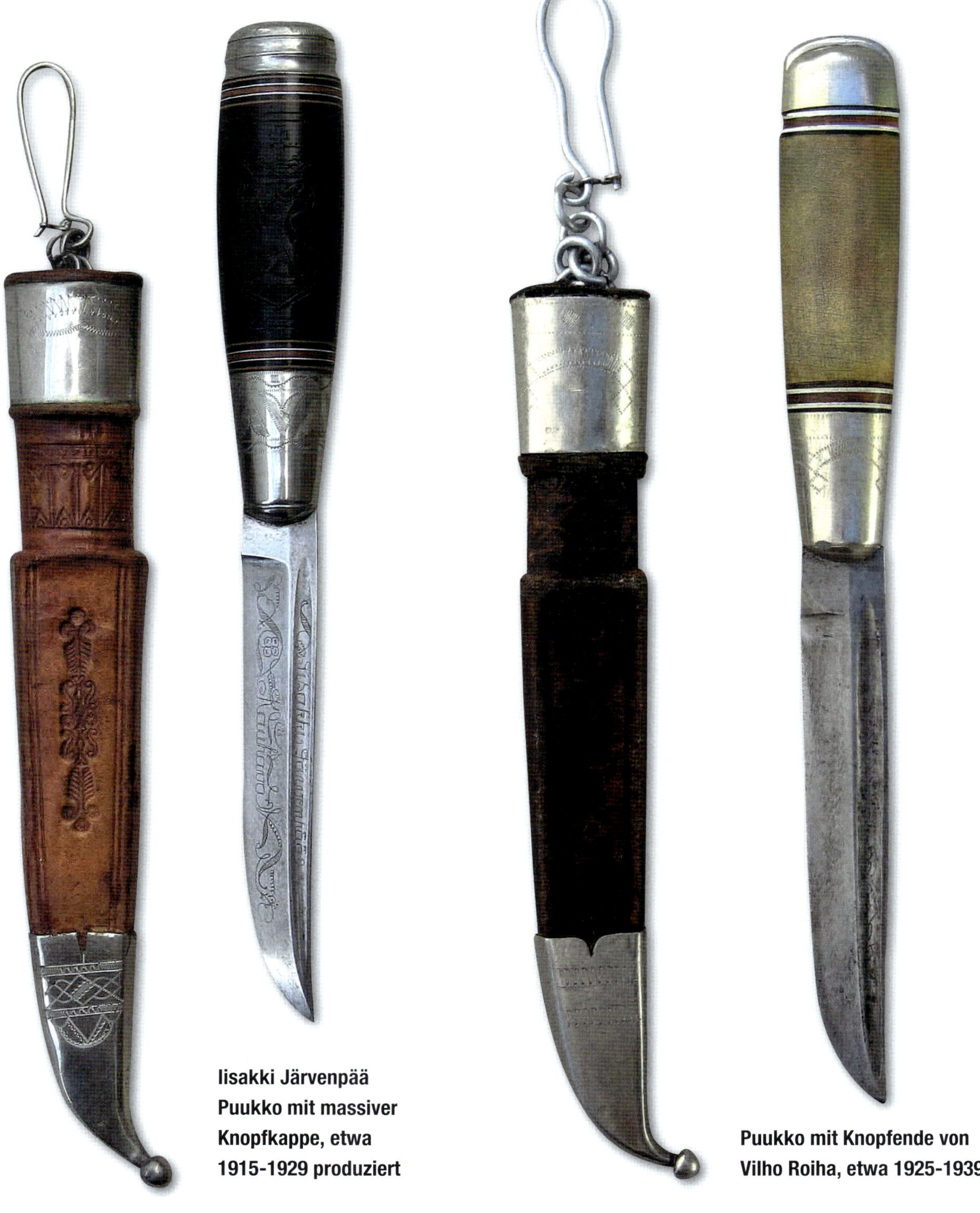

Iisakki Järvenpää Puukko mit massiver Knopfkappe, etwa 1915-1929 produziert

Puukko mit Knopfende von Vilho Roiha, etwa 1925-1939

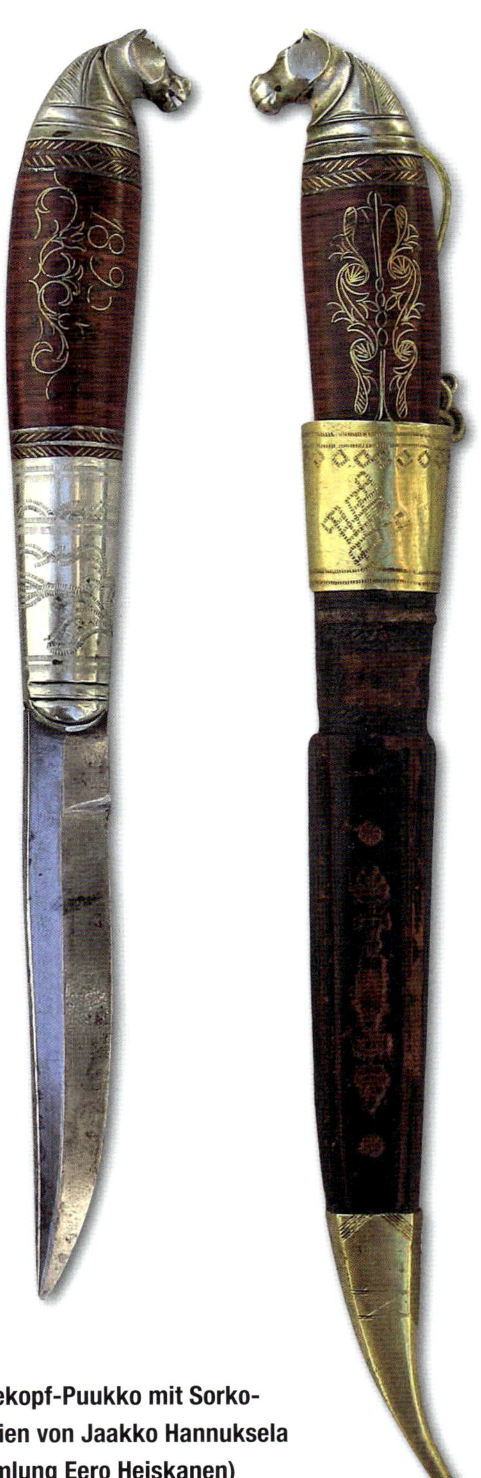

Pferdekopf-Puukko mit Sorko-Intarsien von Jaakko Hannuksela (Sammlung Eero Heiskanen)

Hersteller	Jaakko Hannuksela
Entstehungsjahr	1895
Typ	Kauhava-Pferdekopf-Puukko
Klingenlänge	71 mm
Klingenbreite max.	10,9 mm
Klingenstärke max.	4 mm
Klingenquerschnitt	diamantförmig
Grifflänge	90 mm
Griffstärke max.	12,6 mm
Griffmaterial	Birkenrinde gefärbt
Monturen	Neusilber
Scheide	Leder 1,4 mm

Hersteller	Iisakki Järvenpää
Entstehungsjahr	1910-1930
Typ	Kauhava-Pferdekopf-Puukko
Klingenlänge	67 mm
Klingenbreite max.	10 mm
Klingenstärke max.	3,5 mm
Klingenquerschnitt	diamantförmig
Grifflänge	85 mm
Griffstärke max.	13 mm
Griffmaterial	Ebonit
Monturen	Neusilber
Scheide	Leder 1,2 mm

Puukko mit graviertem Griff von Iisakki Järvenpää aus dem frühen 20. Jahrhundert

Kustaa Lammi machten auch Heikki Ahl, Antti Mäenpää und Jaakko Hannuksela, um nur ein paar zu nennen, schon im 19. Jahrhundert eindrucksvolle Sorko-Dekorationen.

Kauhava-Pferdekopf-Puukko

Das Vorbild für den Pferdekopfknauf stammt entweder von einem Säbel, einer Pferdepeitsche oder einem Spazierstock. Juho Kustaa Lammi stellte das erste Pferdekopf-Puukko vermutlich im ersten Jahr seines Militärdienstes, 1884, her.

Kauhava-Puukko mit graviertem Griff

Einige Kauhava-Puukkos besitzen gravierte Griffe. Der Griff besteht dann in der Regel aus einem künstlichen Material, wie zum Beispiel Galalith, Zelluloid oder „Droliitti". Die häufigsten Materialien waren Ebonit und Galalith, die in allen Puukko-Fabriken von Kauhava besonders während der 1920er und 1930er Jahre benutzt wurden. Ebonit (Hartgummi), das zu einem Drittel aus Schwefel besteht, war gewöhnlich schwarz gefärbt, um Ebenholz zu ähneln (daher der Name). Ab der Jahrhundertwende wurde Ebonit häufig eingesetzt.

Galalith ist ein synthetischer Kunststoff, der auch als „künstliches Horn" bekannt ist. Die industrielle Herstellung begann 1904. Galalith wurde in mehreren unterschiedlichen Farben produziert, unter anderem auch in einer marmorähnlichen, mehrfarbigen Version. In Finnland wurde es seit 1921 von Sarvis Oy hergestellt. „Droliitti" kam etwas später auf den Markt. Es handelt sich um ein rötlich-braunes Material mit einer harten und glänzenden Oberfläche, ähnlich Bakelit.

Künstliche Materialien wurden für Gravuren wegen ihrer gleichmäßigen Struktur bevorzugt. Ebonit war das weichste und am besten geeignete Material, es war aber auch ziemlich teuer. Zelluloid wurde extensiv in den Jahren 1912 bis 1922 verwendet, während die Produktion von Galalith unterbrochen war. Zelluloid war allerdings doppelt so teuer wie Galalith und leicht entzündlich. Außerdem veränderten sich im Lauf der Zeit seine Farbe und sein Volumen. Transparentes Zelluloid wurde für Puukkos verwendet, die im Sonderauftrag gefertigt und mit dem Namen des Bestellers auf dem polierten Erl versehen wurden. Der Name des Eigentümers war deutlich durch das klare Zelluloid zu sehen.

Kauhava-Puuko mit Knauf

Puukkos mit Knauf wurden anscheinend in den frühen 1920er Jahren in die Kauhava-Produktion aufgenommen. Sowohl die Firma Luomanen & Kumppanit als auch Puukkotehdas Ahjo zeigten in ihren Katalogen von 1924 einige Puukko-Modelle mit nach unten gezogenem Knauf. In den früheren Katalogen findet man solche Modelle nicht. Fiskars und Hackman hatten schon im 19. Jahrhundert in ihren Katalogen mehrere Puukko-Modelle mit Knauf, aber das Vorbild für den typischen Kauhava-Knauf scheint aus einer anderen Quelle zu stammen.

Die offensichtlichste Vorlage für das abgebildete Kauhava-Puukko mit Knauf ist das „Puukko-Bajonett", das vom Künstler Akseli Gallen-Kallela entworfen wurde und 1919 als offizielles Modell für die neugegründete finnische Armee angenommen wurde. Es hatte einen schwertähnlichen, gebogenen Knauf mit einer Metallverstärkung, die auch den Griffrücken bedeckte. Bei den Kauhava-Puukkos ist die Form des Knaufs gewöhnlich ziemlich ähnlich. Einige Exemplare haben auch eine solche Metallverstärkung. Einigen Quellen nach wurde diese Art von Pukko von der Polizei und Militärpolizei eingesetzt.

Manche Puukko-Fabriken benutzten ähnliche, aber kürzere Verstärkungsteile für ihre Puukkos. Eines davon war das Ilmari-Puukko von Puukkotehdas Tapio, ein anderes das Olympia-Ilves von J. Marttiini (beide Firmen befinden sich in Rovaniemi). Die Popularität der Knauf-Puukkos stieg während der späten 1920er

Hersteller	Hackman Oy
Entstehungsjahr	1919-1930
Typ	Puukko-Bajonett
Klingenlänge	146 mm
Klingenbreite max.	21 mm
Klingenstärke max.	4,6 mm
Klingenquerschnitt	flache Seiten
Grifflänge	113 mm
Griffstärke max.	20,3 mm
Griffmaterial	Holz, schwarz lackiert
Monturen	Eisen
Scheide	Eisen, schwarz lackiert

Puukko-Bajonett von Hackman mit Hohlkehle in der Klinge (Sammlung des Autors)

und besonders während der 1930er schnell an. Wahrscheinlich aufgrund ihrer militärischen Form waren die Puukkos mit Knaufgriff besonders als persönliche Messer von Soldaten beliebt.

Wappen-Puukko

Das finnische Wappen ist ein beliebtes Motiv bei Kauhava-Puukkos. Die schönsten wurden als Sorko-Einlegearbeiten ausgeführt. Nach den Erinnerungen von Antti Mäenpää wurde das erste Sorko-Puukko mit Wappen 1896 von Juho Kustaa Lammi gemacht. Allerdings wurde auch berichtet, dass das erste doppelte Zaren-Puukko von 1894, das von Iisakki Järvenpää und Juho Kustaa Lammi gefertigt wurde, bereits das Wappen von Finnland als Sorko-Intarsie besaß.

Eine andere, häufig benutzte Verzierungstechnik war es, das Wappenmotiv in künstliches Griffmaterial zu schnitzen, am häufigsten in Ebonit. Diese Art von Griffen wurde seit mindestens 1906 in der Fabrik von Iisakki Järvenpää hergestellt. Das am meisten verbreitete Puukko-Modell mit dem Staatswappen war jedoch ein Arbeitspuukko mit einem Griff aus Birkenrinde, das das Wappenmotiv als einfaches Klebebild erhielt. Diese Art von Puukko wurde beispielsweise in den Fabriken von Iisakki Järvenpää, Kustaa Lammi, Reino Kankaanpää und Onni Mäkipelkola hergestellt. Sie waren besonders beliebt in den Kriegsjahren der späten 1930er und 1940er.

Vor dem Jahr 1917, als Finnland seine Unabhängigkeit gewann, hatte das finnische Wappen eine Krone über dem Motiv, als Symbol des russischen Zaren, aber die Krone wurde auch in den 1920ern noch als Teil des Motivs für Puukko-Dekorationen verwendet. Erst in den 1930ern wurde die Krone schließlich weggelassen.

„Polizei-Puukko", geschätzt auf etwa 1925 bis 1940

Kauhava-Puukko mit Knauf, etwa 1920 bis 1925 gefertigt

Pfadfinder-Puukko

Das Pfadfinder-Puukko ist kein echtes Puukko, sondern ein Messer mit einer Parierstange. Das Modell

Ein in großen Stückzahlen produziertes Puukko von Iisakki Järvenpää mit dem finnischen Wappen als Klebebild (etwa 1938 bis 1943)

Pfadfinder-Puukko, das als Armee-Lehrgangs-Puukko benutzt wurde, Iisakki Järvenpää Oy, 1937

wurde ab 1925 von Iisakki Järvenpää produziert und war speziell auf den internationalen Markt ausgerichtet. Messer mit ähnlicher Konstruktion wurden zeitweise als „Jagd-Puukkos“ oder „Wildnis-Puukkos“ vermarktet. Sakari Pälsi kritisierte das Pfadfinder-Puukko sehr heftig in seinem Buch von 1955. Schon vorher hatte *Partio-lehti* (Pfadfinder-Magazin, Ausgabe 2/1941) einen Artikel herausgegeben, in dem der Autor sich beschwerte, dass das Pfadfinder-Puukko aus Kauhava schlecht geeignet fürs Holzschnitzen wäre und eine armselige Scheide hätte. Im selben Artikel werden auch andere Puukkos mit unnötigen Monturen kritisiert. Das Argument war, dass die hervorstehenden Teile sich zum Beispiel in einem Fischernetz verheddern könnten.

Seltene Scheidenvarianten

Kauhava-Puukkos wurden auch in selteneren Varianten hergestellt. Meistens betreffen diese Varianten die Scheide. Von 1928 bis 1932 sowie während und nach den Kriegsjahren (1939 bis 1948) war Leder guter Qualität knapp, und die Scheiden wurden teilweise oder komplett aus anderen Materialien gemacht, wie Metall, Pappe und Kunststoff.

Eine typische Kauhava-Scheide mit Beschlag am Scheidenmund und einem Ortband war zeitweise auch mit Kantenbeschlägen ausgerüstet, die es der Scheide eines Härmä-Puukkos ähnlich machen. Diese Art von Puukko wurde vor allem in der Fabrik von Luomanen & Kumppanit (1922 bis 1945) als Modell Nummer 13 hergestellt. Auch das originale AKS-Puukko (Academic Karelia Society, die karelische akademische Gesellschaft) hatte zum Beispiel eine Scheide mit Kantenbeschlägen.

Wie die Kauhava-Puukkos mit Metallscheide, so wurden auch die meisten Modelle mit Kunststoffeinlagen in der Scheide in den Jahren zwischen 1928 und 1932 hergestellt. Dieser Scheidentyp ähnelt dem mit Kantenbeschlägen, aber anstelle des Lederfutters und

Kauhava-Puukko mit Metallscheide, von Kauhavan Puukkotehdas zwischen 1928 und 1932 hergestellt

Kauhava-Puukko mit Kantenbeschlägen, Luomanen & Kumppanit, etwa 1926 bis 1935

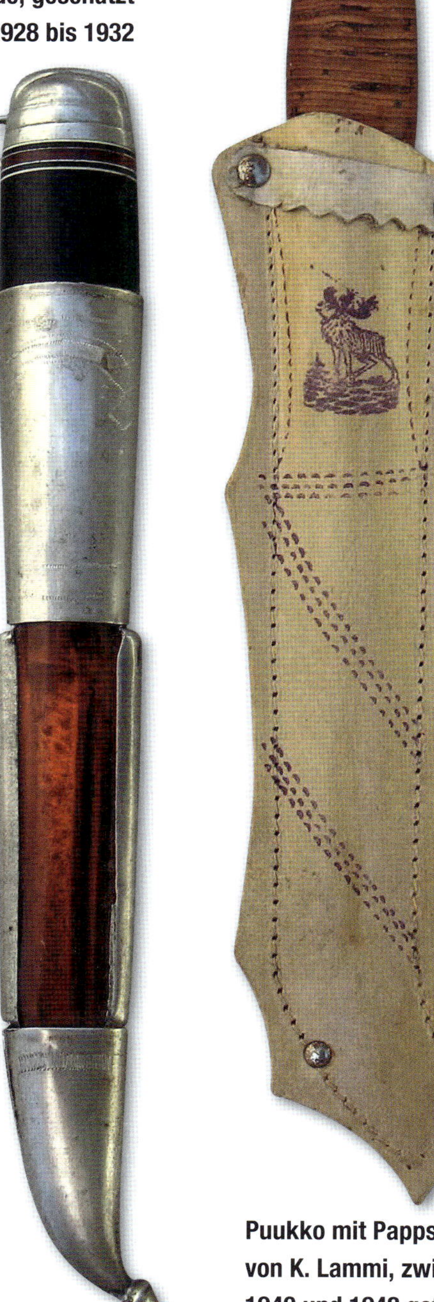

Kauhava-Puukko mit Kunststoffeinlage in der Scheide, geschätzt auf 1928 bis 1932

Puukko mit Pappscheide von K. Lammi, zwischen 1940 und 1948 gefertigt

der Holzeinlage gibt es ein durchsichtiges „Fenster" zwischen den Kantenbeschlägen, das aus gefalteten dünnen Zelluloseplatten besteht (typischerweise orange oder rot). Diese Puukkos wurden zumindest in den Fabriken von Luomanen & Kumppanit (1922-1945) und Lammi hergestellt.

Puukko-Scheiden aus Pappe wurden gewöhnlich im Stil alter, genähter Fischschwanz-Scheiden gemacht, die zugehörigen Puukkos waren hauptsächlich einfache Modelle mit Griff aus Holz oder Birkenrinde. Puukkos mit Pappscheiden wurden hauptsächlich in den Jahren zwischen 1940 und 1948 hergestellt und aufgrund des günstigen Preises auch häufig exportiert. 1948 war Leder guter Qualität wieder in Kauhava erhältlich, und der Bedarf an Pappscheiden sank schnell. Aus diesem Grund finden ungenutzte Pappscheiden aus den Lagerhallen alter Puukko-Fabriken in Kauhava heute noch manchmal ihren Weg auf die Flohmärkte und in die Antiquitätenläden.

Während der 1950er versuchte Kauhavas Puukko-Industrie der wachsenden Bedrohung durch billige schwedische Mora-Puukkos zu begegnen, indem sie „moderne" Puukkos mit Kunststoffgriffen und ebensolchen Scheiden produzierte. Diese Puukkos waren allerdings immer noch zu traditionell gestaltet, um die Möglichkeiten moderner Werkstoffe und Produktionsmethoden voll auszuschöpfen. So waren sie beispielsweise mit einer traditionellen Metallzwinge ausgestattet. Außerdem war der für die Scheiden verwendete Kunststoff von schlechter Qualität. Diese Art von Puukko wurde zumindest von Mäkipelkolan Puukkotehdas produziert (1941 bis 1960).

Pyhäjärvi-Puukko

Ein berühmter Puukko-Schmied namens Samuli Tuoriniemi (1823-1915), auch bekannt als „Tuor-seppä"

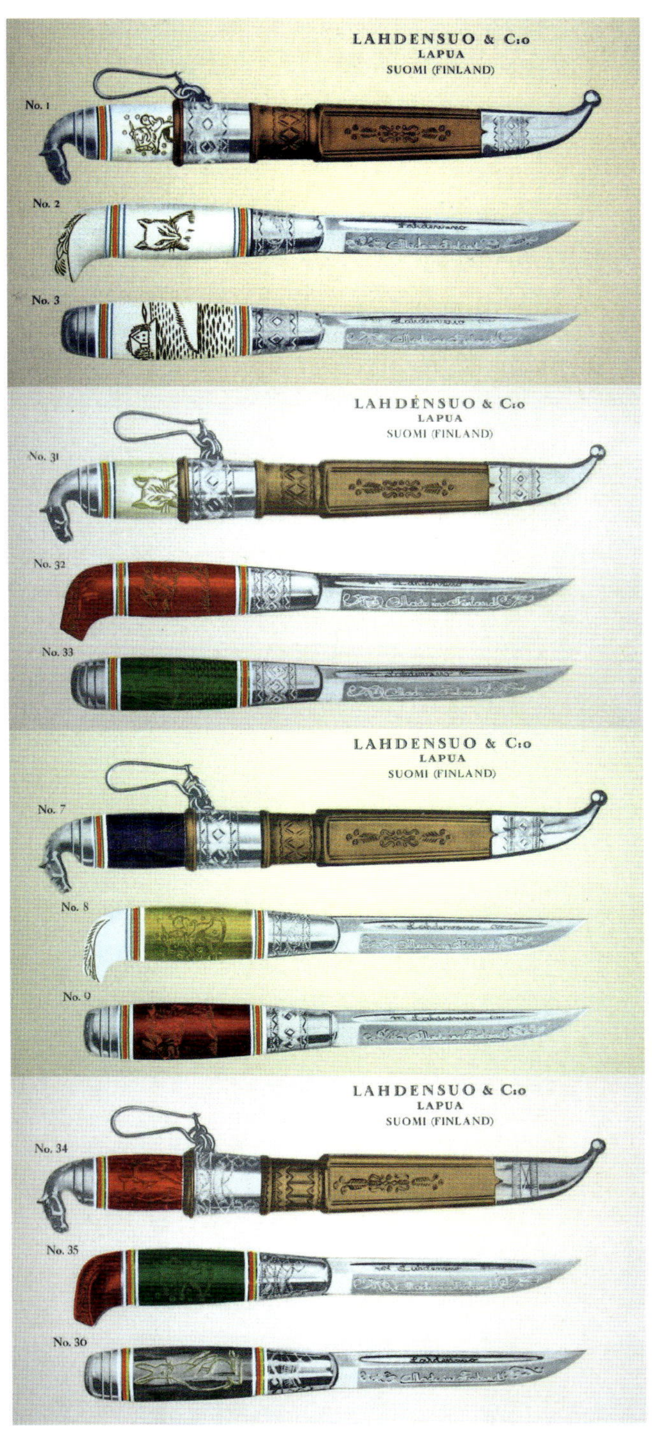

Puukko-Modelle aus dem Katalog von Lahdensuo & Co. von etwa 1930 bis 1932: Die Griffe der Nummern 1 bis 3 werden beschrieben als Elefantenelfenbein mit Monturen aus Silber, Nummer 7 bis 9 haben Griffe aus künstlichen Knochen mit Silbermonturen, Nummer 31 bis 36 besitzen Griffe aus künstlichem Knochen mit Monturen aus Neusilber

Kauhava-Puukkos mit Kunststoffscheiden in verschiedenen Farben und Größen von Mäkipelkolan Puukkotehdas, 1950er Jahre

Pyhäjärvi-Puukko aus dem Pyhäjärvi-Museum (Fotos des Museumskurators Jorma Tulku)

(„Tuor-Schmied"), arbeitete in Pyhäjärvi in der Nähe von Oulu. In der Ausgabe von 1901 des *Suomen teollisuuslehti* („Industrielles Magazin von Finnland") wurden von Tuoriniemi gefertigte Puukkos gelobt, da sie sogar bessere Klingen als die Puukkos aus Kalajoki und Kauhava hätten.

Die Pyhäjärvi-Puukkos wurden ohne Scheide verkauft. Die Griffe wurden beschrieben als Maserbirke oder gelb und rot gefärbt und lackiert, teilweise mit den Initialen ST. Der Griff des oben abgebildeten Exemplars scheint aus geflammter Birke oder Birkenwurzelholz gemacht zu sein. Die Klinge hat einen keilförmigen Querschnitt, was teilweise ihren guten Ruf erklärt. Der Fasenwinkel der Klinge wurde dadurch schmaler als bei den meisten Kalajoki- und Kauhava-Puukkos derselben Zeit. Erzählungen nach machte Tuoriniemi auch ein Geschenk-Puukko mit Scheide für den russischen Kronprinzen. Leider ist nichts mehr über dieses Puukko bekannt.

Toijala-Puukko

Das Toijala-Puukko ist ohne Zweifel einer der schönsten und stilvollsten finnischen Puukko-Typen. Toijala-Puukkos wurden in mehreren leicht unterschiedlichen Varianten hergestellt, auch anderswo, zum Beispiel in Jämsä, Padasjoki und Kuhmoinen. In den 1960ern wurde das Modell aber nach dem Wohnsitz seiner berühmtesten Hersteller benannt, der Familie Flink/Wahtera. Die Familie Flink stellte bis 1928 Puukkos in Toijala (einem Dorf in der Nähe von Tampere) her. Dann wurde die Produktion als unrentabel eingestellt, und die Familie zog nach Turku um. Die Flinks änderten irgendwann in den Jahren zwischen 1916 bis 1928 ihren Nachnamen in Wahtera beziehungsweise Vahtera. Beide Schreibweisen wurden verwendet.

Die ersten Puukko-Schmiede der Familie waren vermutlich Simon Flink, geboren in den 1790ern, und Johan (Jan) Flink. Der bekannteste Puukko-Macher der Familie wurde der Enkel von Simon Flink, Karl „Kalle" Flink (geb. 1830). Die Arbeit wurde unter anderem von seinem Sohn Kalle Flink (später Wahtera) fortgesetzt. Der letzte Puukko-Schmied der Familie war Lauri Vahtera (1897-1967).

Über die frühe Geschichte des Toijala-Puukkos ist nicht viel bekannt, aber man kann anehmen, dass ihre Herstellung nicht später als in den 1830er Jahren begann. Toijala-Puukkos wurden unter anderem während des späten 19. Jahrhunderts im finnischen Industrie-Warenhaus in Helsinki verkauft. Die Herstellung der Toijala-Puukkos war wohl niemals wirklich profitabel. Als die industriell produzierten Puukkos begannen den Markt zu überschwemmen, wurde sie komplett eingestellt.

In Philajakosi (in der Nähe der russischen Grenze) machte Heikki Laakkonen (1864-1919) Toijala-Puukkos in seinem eigenen Stil. Später, in der zweiten Hälfte des 20. Jahrhunderts, versuchten zumindest Kustaa Lammi und Ossi Silla aus Kauhava, Olli Hakanen aus Nurmijärvi, Jari Nuutinen aus Karjaa und Markku Laamanen aus Seinajöki ihr Glück in der Herstellung einiger Toijala-Puukkos. Heute ist der bekannteste und bedeutendste Hersteller von Toijala-Puukkos der Messermacher Jukka Hankala, dessen Exemplare zahllose

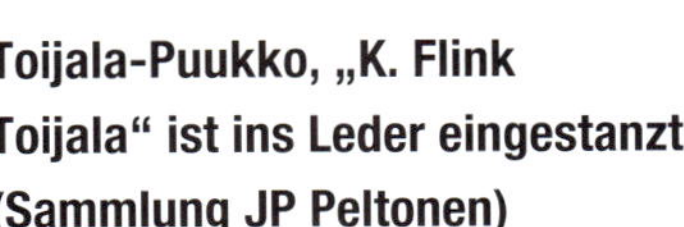

Toijala-Puukko, „K. Flink Toijala“ ist ins Leder eingestanzt (Sammlung JP Peltonen)

Hersteller	Kalle Fink
Entstehungsjahr	1880-1910
Typ	Toijala-Puukko
Klingenlänge	90 mm
Klingenbreite max.	17,6 mm
Klingenstärke max.	4,3 mm
Klingenquerschnitt	diamantförmig
Grifflänge	99 mm
Griffstärke max.	17,2 mm
Griffmaterial	Elchknochen
Monturen	Messing
Scheide	Leder 1,2 mm

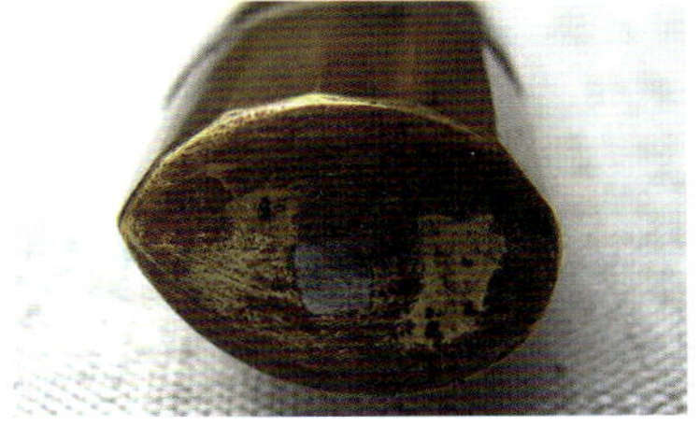

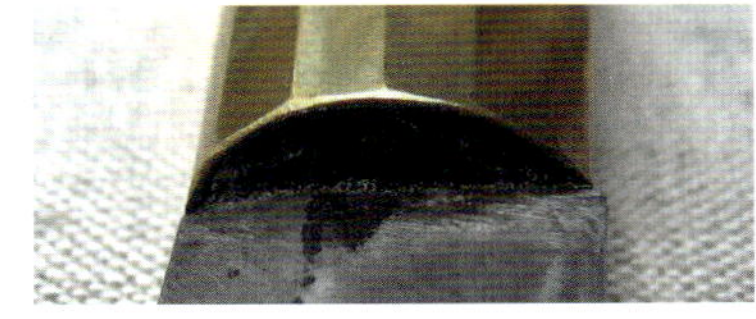

Hersteller	vermutl. Johan Flink
Entstehungsjahr	1840-1850
Typ	Toijala-Puukko
Klingenlänge	85 mm
Klingenbreite max.	17,6 mm
Klingenstärke max.	4,7 mm
Klingenquerschnitt	diamantförmig
Grifflänge	101 mm
Griffstärke max.	15,7 mm
Griffmaterial	Elchknochen
Monturen	Neusilber
Scheide	Leder / Neusilber

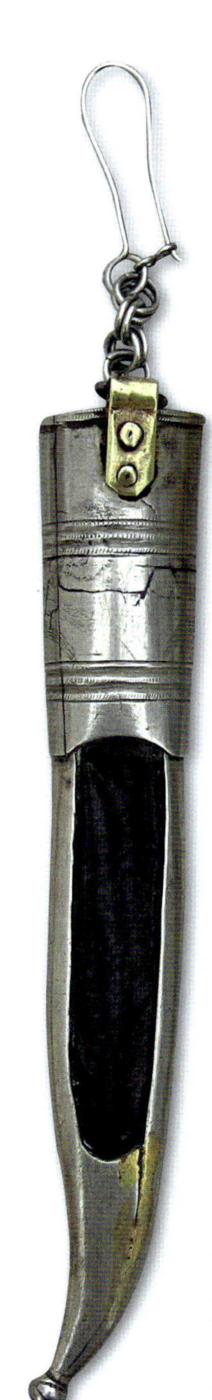

Toijala-Puukko mit Knochengriff mit Tropfenprofil und Neusilber-beschlagener Scheide (Sammlung Taisto Kuortti)

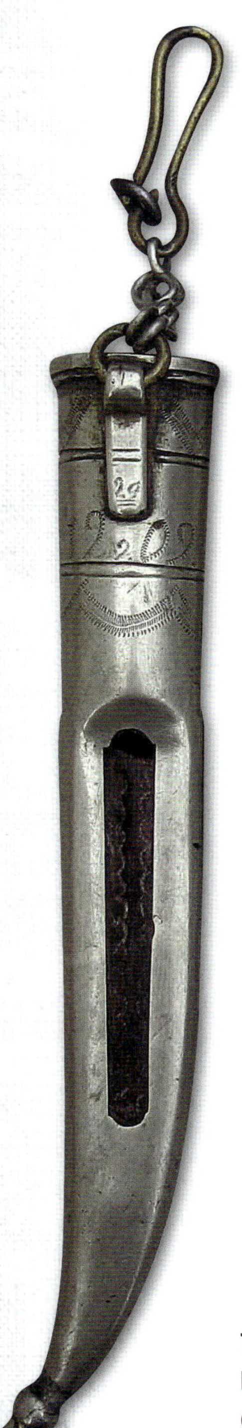

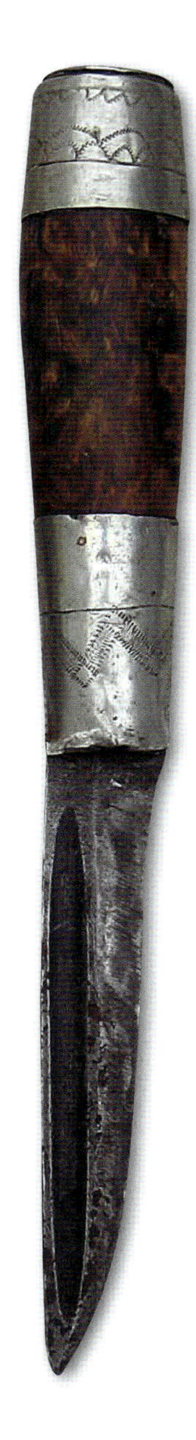

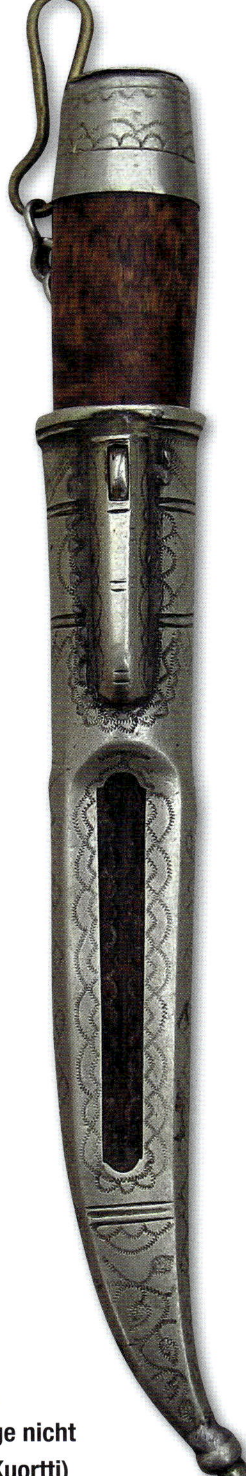

Toijala-Puukko mit rundum beschlagener Scheide, Klinge nicht original (Sammlung Taisto Kuortti)

Hersteller	unbekannt
Entstehungsjahr	1909
Typ	Toijala-Puukko
Klingenlänge	91 mm
Klingenbreite max.	17 mm
Klingenstärke max.	3,6 mm
Klingenquerschnitt	diamantförmig
Grifflänge	99 mm
Griffstärke max.	21,1 mm
Griffmaterial	Maserbirke
Monturen	Neusilber
Scheide	Leder / Neusilber 0,9 mm

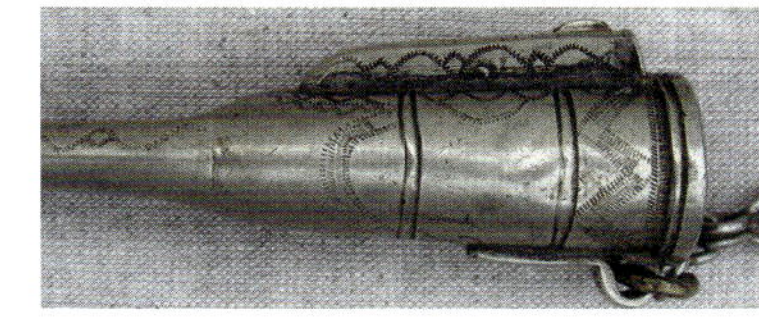

Hersteller	Wahtera
Entstehungsjahr	1918-1929
Typ	Toijala-Puukko
Klingenlänge	99 mm
Klingenbreite max.	16,9 mm
Klingenstärke max.	4,2 mm
Klingenquerschnitt	diamantförmig
Grifflänge	110 mm
Griffstärke max.	20,5 mm
Griffmaterial	Ebonit
Monturen	Neusilber
Scheide	Leder 1,5-2,0 mm / Neusilber

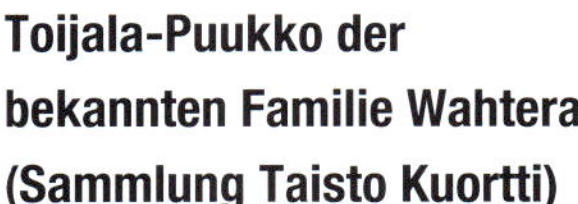

Toijala-Puukko der bekannten Familie Wahtera (Sammlung Taisto Kuortti)

Preise bei internationalen Wettbewerben gewonnen haben.

Toijala-Puukkos kann man hauptsächlich anhand ihrer stilvollen Scheide erkennen, die fast komplett mit Beschlägen aus Metallblech bedeckt ist. Das dafür verwendete Metall war meistens Neusilber oder Messing, manchmal auch Silber. Wegen der Metallverkleidung benötigte die Scheide keine Holzeinlage, und es war möglich, sie schmaler und schlanker als die früheren Modelle zu machen. Das Metall besitzt gewöhnlich eine Öffnung, die einen Teil des Innenfutters aus Leder enthüllt. Der Ausschnitt ist normalerweise ein Rechteck mit abgerundeten Ecken, kann aber auch eine andere Form haben, wie zum Beispiel eine Tilde mit scharfen Spitzen.

Bei einigen späteren Modellen bedeckt das Metallblech das Leder vollständig. Beim ältesten und typischsten Toijala-Scheidenmodell besteht die Metallabdeckung jedoch aus zwei Teilen. Daher erscheint es möglich, dass die erste Toijala-Scheide entstand, indem man die einzelnen Kantenbeschläge eines früheren Typs (wie ein Vöjri-Puukko) mit dem Ortband verband. Auf diese Weise konnte die Konstruktion verstärkt und die Scheide schlanker werden. Einige der Toijala-Scheiden besaßen einen mechanischen Federverschluss. Bei manchen war dieser Verschluss sichtbar, teilweise wurde er von einem kleinen metallischen Gehäuse verdeckt.

Die Metallteile von Scheide und Puukko besitzen oft Facetten (kleine, gewinkelte Ebenen) und gerade, eingefeilte Rillen. Gravierte Dekorationsmotive zeigen verschiedene Arten von Tilden und Rankengewächsen. Der Name des Herstellers ist manchmal in das Leder eingedruckt und durch die Öffnung in der Metallabdeckung sichtbar. Diese Methode wurde vor allem bei den späteren Arbeiten der Familie Flink/Wathera verwendet.

Die Gürtelschlaufe ist normalerweise aus Metallgliedern aufgebaut, entweder im Stil von Fiskars und Kauhava, bei denen runde Metallglieder verwendet wurden („Kettenschlaufe"), oder im ursprünglicheren Stil mit ovalen Gliedern und flachen Verbindungsstücken („Blech-Kettenschlaufe"). Der Ortband-Knopf oder -Knubbel ist normalerweise aus gerolltem Metallblech mit einer Öffnung in der Mitte gefertigt, anders als der Kauhava-Knopf, der massiv ist und gewöhnlich aus Metallblech gepresst wird.

Manchmal wird behauptet, dass Toijala-Puukkos auch in den Puukko-Fabriken von Kauhava hergestellt wurden. Dieser Irrtum beruht vermutlich darauf, dass bei manchen Toijala-Puukkos die Originalklinge im Laufe der Zeit durch eine industriell produzierte Klinge aus Kauhava ersetzt wurden. Wie schon erwähnt machte zum Beispiel Kustaa Lammi einige Toijala-Puukkos, aber nur als Einzelstücke in seinen späten Jahren, nicht als Serienproduktion in seiner Fabrik.

Rautalampi-Puukko

Das Rautalampi-Puukko, ein Typ, der vom Kauhava-Puukko beeinflusst wurde, kann normalerweise durch die Form der Scheide und die Motive der Dekoration identifiziert werden. Die Scheide ist gewöhnlich lang und schmal und hat auf beiden Seiten Fasen, die mit einem schrägen Gittermotiv verziert sind. Auch die Verzierungen in der Mitte sind meist typisch für Rautalampi-Puukkos. Sie enthalten unter anderem Blattmotive, die wie Kreise und Herzen an einer Mittellinie angebracht sind. Wenn die Scheide Beschläge hat, setzt sich das Design in der Form des Ortbands fort, das in der Mitte einen starken Wulst und am Ende einen kleinen Knopf oder Knubbel hat.

Den wenigen überlebenden Exemplaren nach zu urteilen war die Gürtelschlaufe oft vom selben Typ wie bei den Härmä-Puukkos – eine genietete Lederschlaufe. Schlaufen vom Kauhava-Typ wurden ebenfalls ver-

Hersteller	vermutl. Emil Hänninen
Entstehungsjahr	1920-1940
Typ	Rautalampi-Puukko
Klingenlänge	91 mm
Klingenbreite max.	17,1 mm
Klingenstärke max.	4,3 mm
Klingenquerschnitt	diamantförmig
Grifflänge	98 mm
Griffstärke max.	18,9 mm
Griffmaterial	Ebenholz
Monturen	Neusilber
Scheide	Leder 1,7 mm

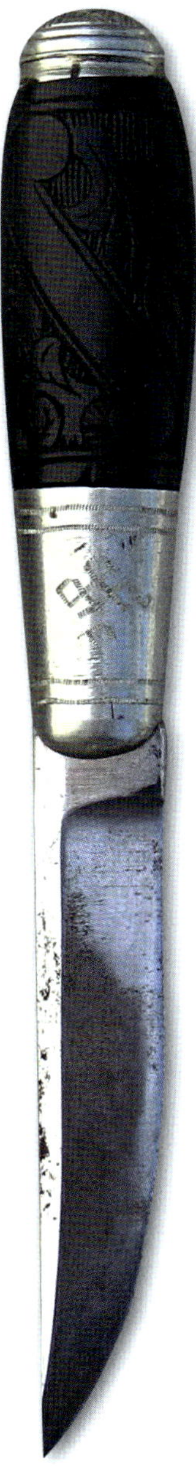

Rautalampi-Puukko mit graviertem Ebenholz-Griff, sehr wahrscheinlich von Emil Hänninen gefertigt (Peura Museum)

wendet. Die Griffe wurden unter anderem aus Maserbirke, Ebonit und Birkenrinde gemacht. In einem Katalog von O. Y. Keskisuomen Kotiteos-Aitta aus dem Jahr 1911 sind auch Griffe aus Knochen und Pferdezahn zu sehen.

Die Zwinge des Rautalampi-Puukko ist normalerweise etwas länger als die eines typischen Kauhava-Puukkos. Alle Monturen sind gewöhnlich weniger verziert als ihre Gegenstücke aus Kauhava, manchmal auch ganz ohne Dekoration. Die Klinge hat einen fast geraden Rücken, aber besonders die älteren Modelle besitzen leicht nach oben gekrümmte Klingen. Der Unterschied ist klein, aber beabsichtigt.

Der bekannteste Meister der Rautalampi-Puukkos war derselbe Mann, der sie entwickelte: Emil Hänninen (1869-1952). Er gewann unter anderem im Jahr 1900 mit einer Auswahl seiner Puukkos eine Bronzemedaille bei der Weltausstellung in Paris. Hänninen produzierte auch einfache Gebrauchs-Puukkos, die hauptsächlich exportiert wurden, vor allem nach Russland. In der Familie Hänninen machten auch Emils Sohn Heikki und Heikkis Neffe Raikas Rautalampi-Puukkos.

Außerhalb der Hänninen-Familie war der berühmteste Puukko-Macher Iivar Haring (1887-1954), der als Schmied bis 1914 in Karttula arbeitete, danach bis 1937 in Kuopio. Haring arbeitete mit einer pedantischen Präzision. Seine Puukkos sind in jeder Hinsicht genauso ausgezeichnet wie die Arbeiten von Hänninen. Andere bekannte Hersteller waren unter anderem Heikki Helin, P. A. Oinonen aus Kuopio, zusammen mit Petteri Heino und Vilho Leino, die beide schließlich nach Kauhava zogen.

Der bekannteste der heutigen Rautalampi-Messerschmiede ist Arto Liukko. Ein anderer Puukko-Macher ist Risto Kannisto, der seine Fertigkeiten von Liukko lernte und in Rautalampi arbeitet. Nicht viele der Rautalampi-Puukkos haben überlebt, und die meisten

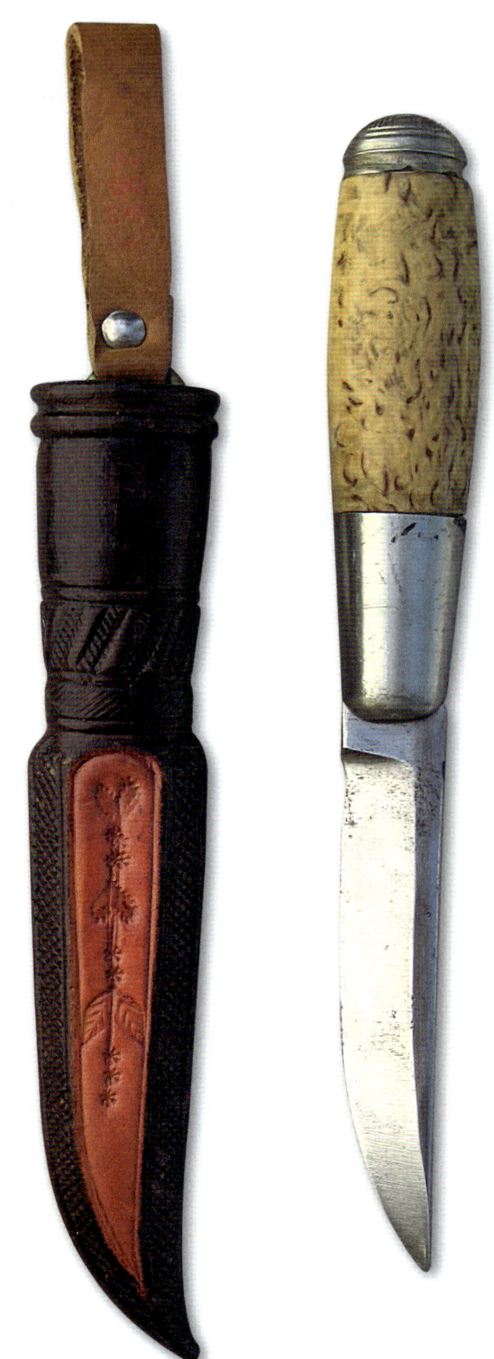

Rautalampi-Puukko, wahrscheinlich von Emil Hänninen gemacht, geschätzt auf etwa 1920 bis 1940 (Peura-Museum)

Das Puukko von Aleksis Kivi

Abgebildet ist die Scheide eines Toijala-Puukkos, das wahrscheinlich Aleksis Kivi gehörte (1834-1872), Finnlands Nationaldichter, dessen erster und einziger Roman „Sieben Brüder" in 20 verschiedene Sprachen übersetzt wurde. Der Kultursekretär von Kauhava, Henry Flinkman, beschrieb die Geschichte der Scheide wie folgt:

In den frühen 1990er Jahren ging ein alter Mann in einen Antiquitätenladen und bot eine Puukko-Scheide zum Verkauf an, von der er behauptete, sie habe einst Aleksis Kivi gehört. Der alte Mann sagte, dass Kivi zwei Sommer lang in Herijaki Holz geflößt habe, auf einer Farm, die dem Großvater des Mannes gehört habe. Die Scheide war mit getrocknetem, schwarzen Pech bedeckt. Der Handel wurde abgeschlossen, obwohl der Ladenbesitzer die Geschichte nicht glaubte. Am Ende seines Arbeitstags ging der Ladenbesitzer nach Hause und begann die Scheide mit Terpentin zu säubern. Die Überraschung war beträchtlich, als ein graviertes „A. Kivi" auf den Silberbeschlägen sichtbar wurde.

Die Scheide ist ihrem Stil nach ein sogenanntes Toijala-Modell und stammt wahrscheinlich aus der Zeit zwischen 1860 und 1872. Es gibt keine Kenntnis über das Puukko, das ursprünglich zur Scheide gehörte. Der Form der Scheide nach zu urteilen hatte es eine nach oben gekrümmte Klinge. Die geschweißte Verbindung auf der Rückseite der Scheide liegt auf der Seite des Klingenrückens, was bedeutet, dass der Hersteller sehr wahrscheinlich nicht zur Familie Flink-Wahtera gehörte. Flink machte die Scheiden mit der Verbindung auf der Schneidenseite.

Toijala-Puukko-Scheide, etwa 1860 bis 1872, mit einem gravierten „A. Kivi" (Fotos von Henry Flinkman)

der bekannten Exemplare sind im Besitz der Familie Hänninen. Es gibt auch einige schöne Beispiele im Peura-Museum in Rautalampi.

Sorko-Puukkos aus Rautalampi können, abgesehen von ihrer Scheide, an ihrem „Lilie im Tal"-Motiv erkannt werden, das aus gebogenen Linien und Punkten besteht und so der zarten Blume ähnelt. Das Motiv ist einfacher als bei Kauhava-Puukkos, aber auf seine eigene Art stilvoll komponiert. Neben dem Sorko-Puukko aus Kauhava und dem Toijala-Puukko wird das Sorko-Puukko aus Rautalampi als eines der schönsten finnischen Puukko-Modelle angesehen.

Pekanpää-Puukko

Puukkos mit einem Griff aus Birkenrinde wurden in Pekanpää (nördlich von Tornio nahe der schwedischen Grenze) zumindest seit der Mitte des 19. Jahrhunderts gemacht. Ähnliche Puukkos wurden auch andernorts in den nahen Bezirken gefertigt. Aber viele andere Puukko-Modelle, wie das Toijala-, Rautalampi- und Kauhava-Puukko, wurden ebenfalls außerhalb ihrer namensgebenden Bezirke hergestellt.

Das Pekanpää-Puukko ist ein einfaches Puukko mit Birkenrinden-Griff und schlichten Monturen. Die Monturen bestehen meistens aus Eisenblech, können bei schöneren Exemplaren aber auch aus gegossenem Messing gemacht sein. Der Griff ist typischerweise etwas dicker als bei den meisten Puukkos, aber das Design variiert bei den verschiedenen Puukko-Machern. Manchmal ist der Griff auch relativ zierlich und schlank. Auch die Scheiden sind typischerweise einfach und besitzen keine Beschläge, ab und zu sind sie mit einem Fischgrätenmuster verziert. Ein Teil der Scheide wurde manchmal rot gefärbt.

Pekanpää-Puukkos wurden oft von Bauern im Nebenerwerb hergestellt, aber unter den Puukko-Machern

Sorko-Puukko aus Rautalampi, wahrscheinlich von Emil Hänninen, 1930 bis 1950 gefertigt (Peura-Museum)

Modernes Pekanpää-Puukko von Pekka Tuominen, 2006

waren vermutlich auch professionelle Schmiede. Nicht alle Hersteller machten das gesamte Puukko, einige spezialisierten sich zum Beispiel auf Birkengriffe oder Scheiden. Die Pekanpää-Puukkos wurden in größeren Stückzahlen verkauft, vor allem auf dem Markt in Rovaniemi, aber zeitweise auch in Tornio. Diese Puukkos, damals „Hundert-Kilo-Puukkos" genannt, wurden besonders von Holzflößern gebraucht, die sie als praktische Werkzeuge sehr schätzten. Die beste Eigenschaft des Pekanpää-Puukkos war der komfortable Griff aus Birke, der auch im feuchten Zustand nicht rutschig wurde.

Bekannte Hersteller von Pekanpää-Puukkos des frühen 20. Jahrhunderts waren Iisakki Mäkitalo (geboren in den 1850ern), August Mäkitalo (Iisakkis Bruder), Frans Oskar Mäkitalo (Iisakkis Sohn, geb. 1888), Arvid Juusola, Edvard Juusola, Aarne Juusola (Edvards Sohn), Helmer Pekkala, Kalle Pekkala (Helmers Sohn), Helmer Mört, Kalle Mört, Joel Hartikka (1868-1934) und Armas Hartikka (Joels Sohn).

Das Schicksal des Pekanpää-Puukkos war letztendlich dasselbe wie das vieler anderer handgemachter Puukkos des frühen 20. Jahrhunderts: Es wurde von billigeren, industriell hergestellten Puukkos verdrängt. Die Marttiini-Fabrik wurde 1928 in Rovaniemi gegründet. In den frühen 1930er Jahren folgte ihr eine Firma namens Veljekset Tapion Puukkotehdas („Puukko-Fabrik der Gebrüder Tapio"). Das verkleinerte den Markt für Pekanpää-Puukkos stark. Dem Historiker Kustaa Vilkuna zufolge wurden sie in den 1950er Jahren nur noch von einem einzigen Schmied gefertigt. Der letzte bekannte Hersteller war der Sohn von Joel Hartikka, Armas Hartikka, der auch in den 1980ern immer noch Puukkos in Pekanpää machte. Die einfache Erscheinung des Pekanpää-Puukkos hat wahrscheinlich dazu beigetragen, dass sich überraschenderweise nur wenige Exemplare in Museen oder Privatsammlungen finden.

Kainuu-Puukko, ebenfalls 1831, hier ist der Griff oben gerundet (NMF)

Hersteller	unbekannt
Entstehungsjahr	1831
Typ	Kainuu-Puukko
Klingenlänge	74 mm
Klingenbreite max.	14,6 mm
Klingenstärke max.	3,4 mm
Klingenquerschnitt	diamantförmig
Grifflänge	74 mm
Griffstärke max.	19,8 mm
Griffmaterial	Birkenrinde
Monturen	Messing
Scheide	Leder 1,5-1,8 mm

Hersteller	unbekannt
Entstehungsjahr	1831
Typ	Kainuu-Puukko
Klingenlänge	92 mm
Klingenbreite max.	19,4 mm
Klingenstärke max.	6,7 mm
Klingenquerschnitt	keilförmig
Grifflänge	109 mm
Griffstärke max.	29,7 mm
Griffmaterial	Birkenrinde
Monturen	Messing
Scheide	Leder 1,7 mm

Kainuu-Puukko von 1831, der wuchtige Griff besitzt ein Tropfenprofil (NMF)

Tommi-Puukko (Kainuu)

Das bekannte Tommi-Puukko stammt aus Kainuu. Aber auch vor dem Tommi-Puukko wurden in Kainuu Puukkos mit Griff aus Birkenrinde in herausragender Qualität hergestellt. Zwei schöne und verlässlich datierte, alte Kainuu-Puukkos haben in der Sammlung des finnischen Nationalmuseums überlebt.

Von diesen beiden Kainuu-Puukkos in der Sammlung des finnischen Nationalmuseums (Abb. auf den vorigen beiden Seiten) ist das erste auf das Jahr 1831 datiert. Das Puukko besitzt einen Griff aus Birkenrinde mit Messingmonturen. Es teilte sich zusammen mit einem anderen Gegenstand (möglicherweise ein Holzstock oder Bleistift) eine Doppelscheide. Die Scheide besitzt vier dekorative Messingbeschläge in Form vielgezackter Sterne, die es bei keinem anderen finnischen Puukko-Modell gibt. Ein Stern fehlt. Auch die Klinge hat eine seltsame Form. Der zur Spitze hin abgesenkte Bereich des Klingenrückens ist viel länger als gewöhnlich, und der Rücken hat eine kleine, quer verlaufende Rinne zwischen diesem abgeschrägten und dem geraden Bereich. Der Messingbeschlag, der an der Gürtelschlaufe angebracht ist, gehörte zu einem dekorativen Puukko-Gürtel.

Das zweite Puukko ist ein Exemplar mit Birkenrinden-Griff, dünnen Messingmonturen, nach oben gekrümmter Klinge und einem rundlichen Griff. Der Klingenbereich der Scheide besitzt eine Verzierung mit Fischgrätenmuster, der Griffbereich zeigt vier eingeprägte Ringe. Diese Merkmale lassen es einem Pekanpää-Puukko ähneln, aber es gibt auch einige Unterschiede. Die wichtigste Abweichung ist die Endkappe des Griffs, die hier gerade ist, nicht abgerundet wie beim Pekanpää-Puukko. Das Puukko ist ebenfalls auf das Jahr 1831 datiert.

Der erste und bekannteste Hersteller von Tommi-Puukkos war Kalle Keränen aus Kainuu. Keränen reiste während der späten 1860er nach Fiskars und erlernte die Fertigkeiten des Stahlhärtens, des Messinggusses und andere Schmiedekenntnisse beim englischen Meisterschmied Thomas Woodward. Nach seiner Rückkehr, irgendwann um 1870, begann Keränen damit, neue Arten von Puukkos mit gegossenen Monturen zu machen und schuf dekorierte Scheiden, die rot und schwarz gefärbt waren. In Anlehnung an seinen Mentor Thomas Woodward wurde er bald „Tommi" Keränen genannt. Der Name wurde später auch auf seine Puukkos übertragen, die seitdem als Tommi-Puukkos bekannt sind. Unter den späteren Herstellern von Tommi-Puukkos hervorzuheben sind Kalles Sohn Setti Keränen aus Hyrynsalmi (nicht zu verwechseln mit dem späteren Setti Keränen) und die Gebrüder Kemppainen aus Kuhmo.

Die Tommi-Puukkos sind in der Hauptsache einfache und funktionale Gebrauchsmesser mit gegossenen Monturen und geradem oder sanft geschwungenem Klingenrücken. Der Griffquerschnitt ist in der Regel asymmetrisch, was bedeutet, dass die Richtung der Schneide zu fühlen ist. Die gegossene Griffkappe besitzt eine schmale Kante. Der Griff wird traditionell aus Salweidenwurzel oder Maserbirke gemacht.

Die Scheide ist gewöhnlich schwarz, zum Teil mit einem roten Klingenbereich, aber es gibt auch braun gefärbte oder naturfarben belassene Exemplare. Typischerweise ist die Scheide eine Klickscheide. Tommi-Puukkos werden heute auch als Doppel-, Dreifach- oder gar Vierfach-Sets hergestellt. Ein gewöhnliches Tommi-Puukko wird manchmal „Werktag-Tommi" genannt, um es von den anderen Versionen zu unterscheiden.

Es gibt das Tommy-Puukko in vielen verschiedenen Größen. Die Ausführung mit langer Klinge (rund 18 Zentimeter) wird Jäger-Tommi genannt – wegen der vielen finnischen Soldaten der leichten Infanterie, die sich während der Jahre 1915 bis 1917 in Deutschland

Tommi-Puukko
von Setti Keränen
(dem späteren),
vermutlich 1965
bis 1975 gefertigt

Originales Jäger-Tommi
von Setti Keränen,
etwa 1914 bis 1917

Tommi-Puukko mit ungewöhnlich bauchigem Griff (Sammlung Teuvo Sorvari)

Hersteller	Jukka Värinen
Entstehungsjahr	1999
Typ	Tommi-Puukko
Klingenlänge	94 mm
Klingenbreite max.	20 mm
Klingenstärke max.	4,7 mm
Klingenquerschnitt	diamantförmig
Grifflänge	111 mm
Griffstärke max.	20,4 mm
Griffmaterial	Salweidenwurzel
Monturen	Messing
Scheide	Leder 1,4 mm

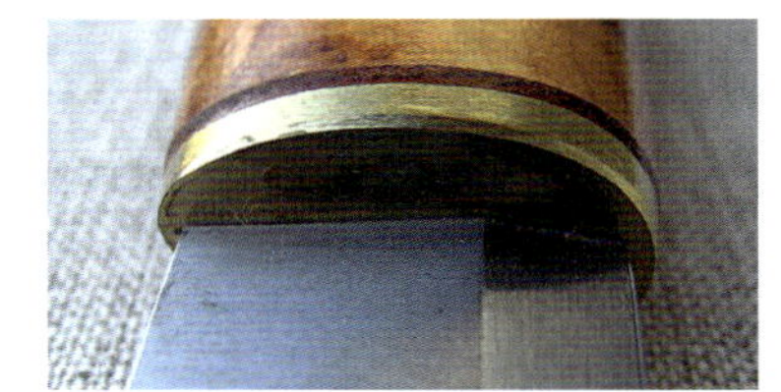

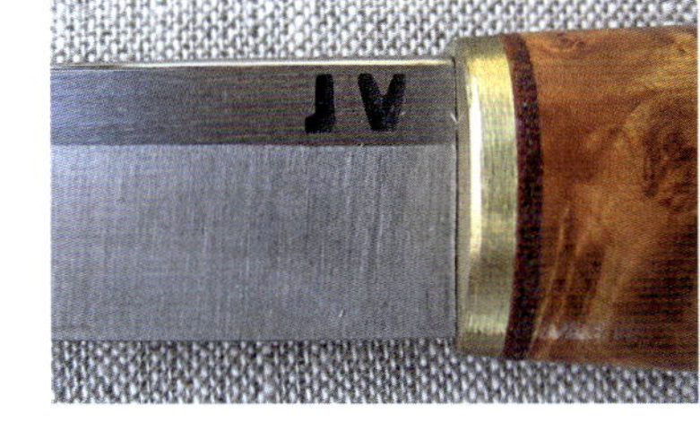

Hersteller	Pentti Kaartinen
Entstehungsjahr	2000
Typ	Tommi-Puukko
Klingenlänge	103 mm
Klingenbreite max.	18,6 mm
Klingenstärke max.	3,7 mm
Klingenquerschnitt	flache Seiten
Grifflänge	113 mm
Griffstärke max.	21,5 mm
Griffmaterial	Salweidenwurzel
Monturen	Messing
Scheide	Leder 2,4 mm

Festliches Tommi von Pentti Kaartinen, 2000 (Sammlung Teuvo Sorvari)

Ein stilvolles Tommi-Puukko von einem seiner besten Hersteller, Eeku Heikkinen (Sammlung Teuvo Sorvari)

Hersteller	Eetu Heikkinen
Entstehungsjahr	1998
Typ	Tommi-Puukko
Klingenlänge	93 mm
Klingenbreite max.	19,6 mm
Klingenstärke max.	3,5 mm
Klingenquerschnitt	flache Seiten
Grifflänge	111 mm
Griffstärke max.	20,7 mm
Griffmaterial	Maserbirke
Monturen	Messing
Scheide	Leder 1,8 mm

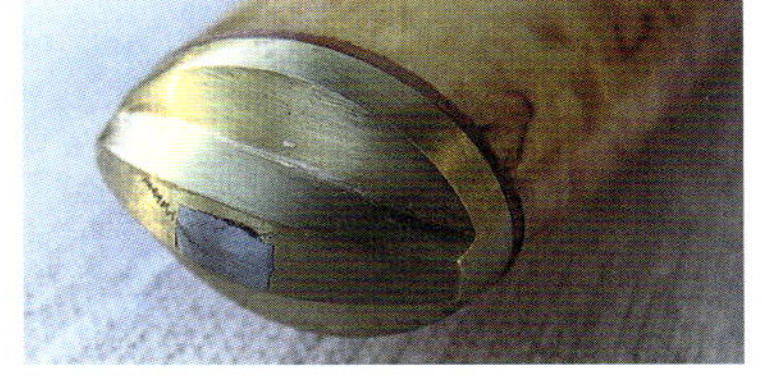

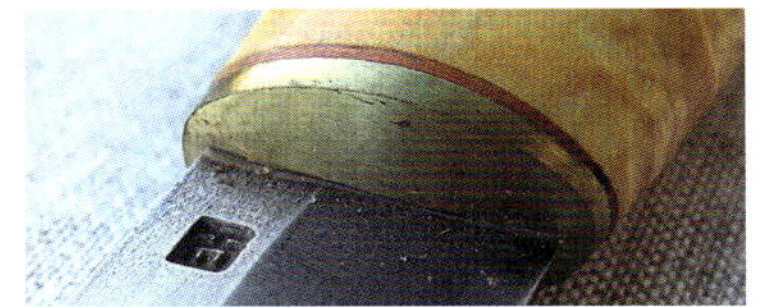

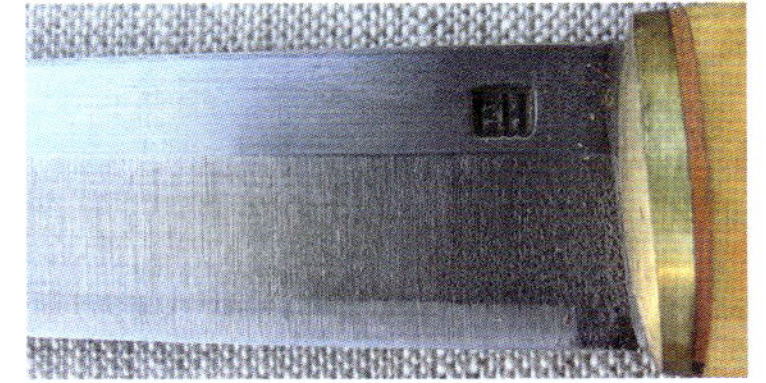

Hersteller	Reijo Paavola
Entstehungsjahr	2000
Typ	Tommi-Puukko
Klingenlänge	87 mm
Klingenbreite max.	19,3 mm
Klingenstärke max.	4,6 mm
Klingenquerschnitt	diamantförmig
Grifflänge	112 mm
Griffstärke max.	22,1 mm
Griffmaterial	Salweidenwurzel
Monturen	Messing
Scheide	Leder 1,8-2,0 mm

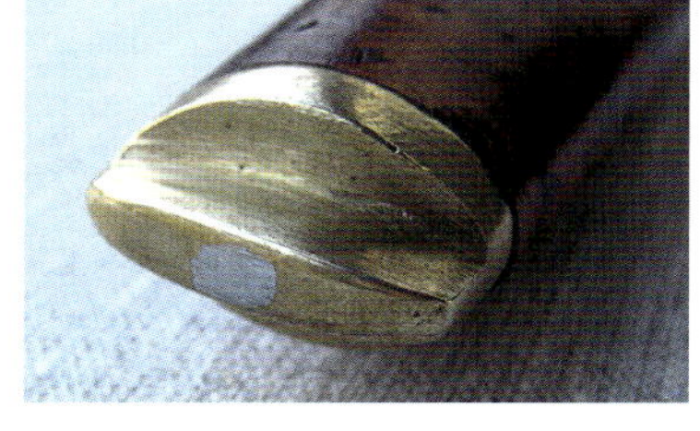

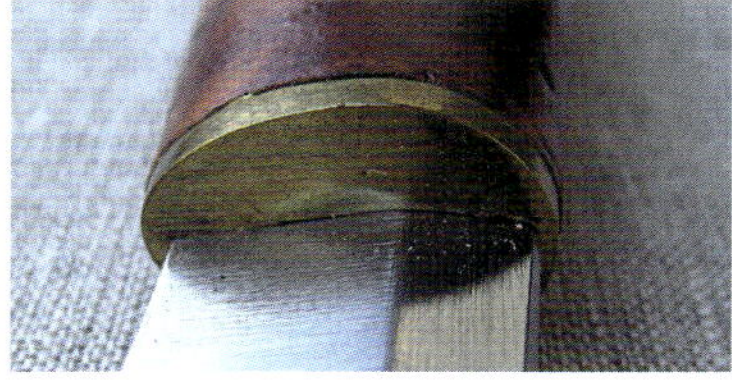

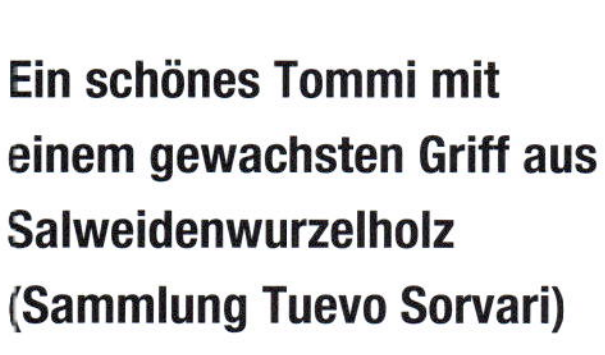

Ein schönes Tommi mit einem gewachsten Griff aus Salweidenwurzelholz (Sammlung Tuevo Sorvari)

aufhielten und gewohnt waren, dieses Puukko zu tragen. Den Studien des Sammlers Ilmo Juntunen zufolge wurde das erste originale Jäger-Tommi von Setti Keränen (Kalles Sohn) zwischen 1914 und 1916 gemacht.

Das festliche Tommi unterscheidet sich von den anderen Versionen des Tommi-Puukkos durch seine dekorative, facettierte Zwinge und naturfarbene Scheide. Anscheinend wurde keine große Anzahl dieses Typs hergestellt, da man kaum jemals alte Exemplare in Sammlungen antrifft.

Während der letzten Jahre war die Herstellung und das Studium des Tommi-Puukko besonders in Hyrynsalmi verbreitet. Die Schmiede von Hyrynsalmi bemühen sich auch, die Form und andere Eigenschaften des Tommi-Puukkos zu standardisieren, damit es auch in der Zukunft nicht zu sehr vom Original abweicht.

Von den gegenwärtigen Herstellern von Tommi-Puukkos sollten die folgenden erwähnt werden: Eeku Heikkinen (Hyrynsalmmi), Pentti Kaartinen (Hyrynsalmi), Lauri Schroderus (Hyrynsalmi), Mauri Heikkinen (Hyrynsalmi), Jukka Hankala (Ikaaalinen), Alpo und Olavi Kemppainen (Kuhmo), Reijo Paavola (Kontionmäki) und Jukka Väyrynen (Ämmänsaari).

Hattula-Puukko

Das Hattula-Puukko in die Reihe der anderen traditionellen Puukkos aufzunehmen, ist etwas wagemutig, da es nur ein einziges bekanntes Exemplar gibt. Das einzige Stück Information, das ich über das Hattula-Puukko finden konnte, stammt aus dem Buch *Iisakki Järvenpää ja Kauhavan Puukko* von Anja Järvenpää. Selbst dort ist nur erwähnt, dass in Hattula hergestellte Puukkos 1892 auf einer Ausstellung in Helsinki gezeigt wurden. Diese Information war allerdings sehr wichtig für mich, denn ich besitze ein stilvolles Puukko, auf dessen Scheide sich die Inschrift „1897“ und „HATT(U)L(A)“ befindet. Obwohl vor allem der letzte Buchstabe des Textes sehr schwer zu entziffern war, war die einzig sinnvolle Interpretation „Hattula“.

Das Puukko (Bilder auf der folgenden Seite) hat einen Griff aus Maserbirke und eine Zwinge aus Kupfer. Es gibt an der Zwinge einige Anzeichen für schlampige Arbeit, was darauf hinweist, dass sie ein Ersatz sein könnte. Allerdings wurde auch die Gürtelschlaufe aus Kupfer gemacht, also könnte die Zwinge original sein. Die abgeschrägte, nach oben gekrümmte Klinge wurde professionell gemacht und hat einen diamantförmigen Querschnitt.

Die Scheide besitzt Dekorationsmotive, die bei keinem anderen Puukko-Typ gefunden werden können. Der Klingenbereich der Scheide ist rot gefärbt und zeigt eine asymmetrische Laubverzierung, die von Hand gezeichnet wurde. Auf der übrigen Scheide befindet sich eine lineare Verzierung zusammen mit schrägen Linien und Einstichen, die mit einem scharfen Werkzeug gemacht wurden. Das Puukko passt sehr gut in die Scheide, die keine Holzeinlage besitzt.

Kokemäki-Puukko

Das Kokemäki-Puukko ist ein einfaches und zierliches Modell ohne jegliche Monturen. Eines der typischsten Merkmale ist das Griffende, das sehr oft, aber nicht immer, von beiden Seiten angefast ist. Die schwarz oder braun gefärbte Scheide ist genauso einfach ohne große Verzierungen. Die typische Scheidendekoration besteht aus einfachen, eingedrückten Linien, die den Kanten der Holzeinlage und dem Scheidenmund folgen, mit diagonal gezogenen Linien an den „Schultern“ der Holzeinlage. Die Klinge wurde oft aus einer alten Feile gemacht, der Erl blieb kürzer als der Griff.

Über die Geburtsgeschichte des Kokemäki-Puukko ist nicht viel bekannt. Es wurde zumindest seit Beginn

Hersteller	unbekannt
Entstehungsjahr	1897
Typ	Hattula-Puukko
Klingenlänge	90 mm
Klingenbreite max.	17,3 mm
Klingenstärke max.	4,7 mm
Klingenquerschnitt	diamantförmig
Grifflänge	95 mm
Griffstärke max.	18,4 mm
Griffmaterial	Maserbirke
Monturen	Kupfer
Scheide	Leder 2,0 mm

Hattula-Puukko mit Zwinge und Gürtelschlaufenring aus Kupfer (Sammlung des Autors)

Kokemäki-Puukko, etwa 1940 bis 1951, von Ilmari Kuula nach einer Vorlage von Akseli Ekman gefertigt (NMF)

Hersteller	Ilmari Kuula
Entstehungsjahr	vor 1951
Typ	Kokemäki-Puukko
Klingenlänge	94 mm
Klingenbreite max.	16,3 mm
Klingenstärke max.	3,7 mm
Klingenquerschnitt	diamantförmig
Grifflänge	93 mm
Griffstärke max.	19,4 mm
Griffmaterial	Maserbirke
Monturen	-
Scheide	Leder 1,6-1,8 mm

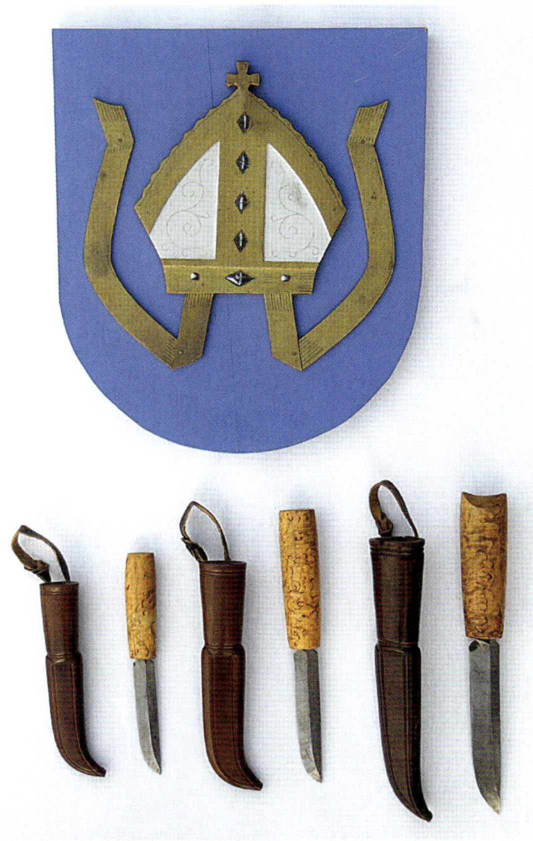

Kokemäki-Puukkos von Akseli Ekman (Foto von Vesa Toivonen)

des 20. Jahrhunderts hergestellt – möglicherweise schon während des 19. Jahrhunderts – und die Produktion setzte sich in Kokemäki bis in die 1980er Jahre fort. Nach den Recherchen von Vesa Toivonen war der wichtigste und einzige professionelle Hersteller von Kokemäki-Puukkos Aksel(i) Ekman (1883-1950), ursprünglich ein Schuhmachermeister.

In den Büchern der Fabrik Iisakki Järvenpää wird auch erwähnt, dass ein gewisser Akseli Ekman dort eine Zeit lang gearbeitet hat. Es ist nicht bekannt, ob das dieselbe Person wie der Schuhmacher Ekman ist oder nur ein Namensvetter, aber es wäre naheliegend, dass es sich um denselben Ekman handelt – was wiederum nahelegt, dass Ekman seine Kenntnisse bei Järvenpää erwarb.

Einige Teilzeitmacher dieses Modells waren Viljo Kallionpää (1896-1965), Ilmari Kuula (1903-983), Aarne Kuula (1911-1985) und Heikki Marjanen (1918-1989). Zwei Einwohner von Kokemäki, Mikko Karen (geb. 1930) und Erkki Tähtinen, machten ebenfalls bis vor wenigen Jahren Kokemäki-Puukkos als Hobby. Die bekanntesten der heutigen Hersteller von Kokemäki-Puukkos sind die Schmiede Pekka Tuominen und Mikko Inkeroinen.

Säkylä-Puukko

Es gibt zwei recht ähnliche, mit Zinnbeschlägen dekorierte Puukkos aus dem Jahr 1876, die in Säkylä erworben wurden und die sich heute in der Sammlung des finnischen Nationalmuseums befinden. Die Scheiden der beiden Puukkos besitzen einen unterschiedlichen Stil und sind mit verschiedenen Jahren markiert. Eine ist mit dem Jahr 1873 gekennzeichnet, symmetrisch geformt und besitzt keinen Hut, während die auf der rechten Seite abgebildete Scheide einen Hut hat und eine Jahresmarkierung von 1868 aufweist. Beide Original-Puukkos gingen verloren und wurden durch spätere Modelle ersetzt.

Beide Puukkos zeigen fein ausgeführte Schnitzereien, die mit gegossenem Zinn aufgefüllt wurden. Teile der Dekoration bestehen aus Buchstaben und Nummern, die so gelesen werden können: W 1876, IAKOPI RATALA. Der Hersteller des Puukko war also 1876 vermutlich ein Mann namens Iakopi Ratala. Es gilt als annähernd sicher, dass beide Puukkos in Säkylä hergestellt wurden.

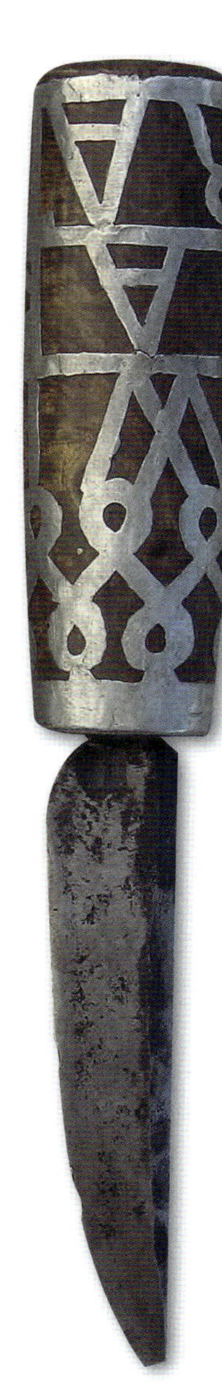

Säkylä-Puukko mit Hutscheide. Die Scheide wurde vermutlich ursprünglich für ein anderes Puukko angefertigt (NMF)

Hersteller	vermutlich Iakopi Ratala
Entstehungsjahr	1868-1876
Typ	Säkyla-Puukko
Klingenlänge	97 mm
Klingenbreite max.	19,9 mm
Klingenstärke max.	5,7 mm
Klingenquerschnitt	meißelförmig
Grifflänge	103 mm
Griffstärke max.	25,3 mm
Griffmaterial	Birkenwurzel
Monturen	Zinn
Scheide	Leder 2,0-2,5 mm

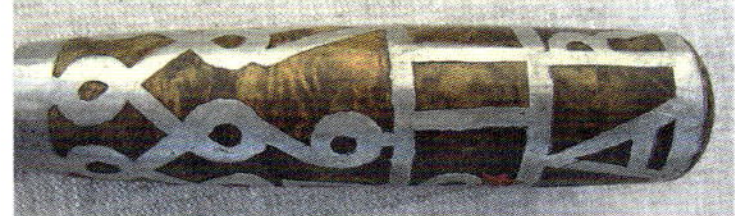

Hersteller	vermutlich E. Tuominen
Entstehungsjahr	1925-1932
Typ	Pirkkala-Puukko
Klingenlänge	88 mm
Klingenbreite max.	17 mm
Klingenstärke max.	3,3 mm
Klingenquerschnitt	diamantförmig
Grifflänge	102 mm
Griffstärke max.	19,4 mm
Griffmaterial	Birke
Monturen	Zinn
Scheide	Leder 1,8-2,4 mm

Pirkkala-Puukko mit den chrakteristischen, einseitig gezackten Monturen (NMF)

Pirkkala-Puukko

Zumindest bis in die 1930er Jahre hinein war Pirkkala in der Nähe von Tampere der Herstellungsort eines Puukkos mit Birkengriff und Zinnverzierungen. In den Unterlagen des finnischen Nationalmuseums wird als Herkunftsort des auf der linken Seite abgebildeten Puukkos und zweier ähnlicher Exemplare „Nord-Pirkkala" vermerkt. Die gegossenen Zinnbeschläge des Pirkkala-Pukko sind normalerweise an einer Seite gezackt. Die zweite Montur in der Nähe des Griffendes ist gewöhnlich so platziert, dass noch etwa acht bis 15 Millimeter vom Ende des Holzgriffs sichtbar sind. Die rund zehn Pirkkala-Puukkos, die ich in Museen und Privatsammlungen finden konnte, besitzen unterschiedliche Scheidentypen, was darauf hinweist, dass Pirkkala-Puukkos meistens ohne Scheide verkauft wurden. Das abgebildete Exemplar ist das einzige Pirkkala-Puukko, das zusammen mit seiner Scheide für die Sammlung des finnischen Nationalmuseums erworben wurde.

Sami-Puukko

Sami-Puukkos bilden eine eigenes Thema und unterscheiden sich in vielen Aspekten von den Puukkos im restlichen Finnland. Sie sind geographisch über ganz Lappland verbreitet – ein Gebiet, das die nördlichen Teile Finnlands, Schwedens, Norwegens und Russlands umfasst. Sami-Puukkos sind ein wichtiger Teil der traditionellen Handwerkskunst in Finnland. Die häufigsten Unterschiede zwischen Sami-Puukkos und anderen finnischen Puukkos sind:

- Für die Griffe und Scheiden von Sami-Puukkos wird oft Rentierhorn verwendet, besonders in Westlappland.
- Die Ledergürtelschlaufe ist oft auch um die Scheide gewickelt, vor allem bei Leuku-Scheiden.
- Die Hornteile besitzen oft gravierte Verzierungen, die mit Asche, Schnupftabak, Birken- oder Erlenlohe gefärbt sind. Die Motive sind traditionell abstrakt, einige sind beschränkt auf die Verwendung innerhalb einer Familie. Das typischste Motiv der späteren Souvenirmodelle ist das Bild eines Schlittens, das von einem Rentier gezogen wird, aber dasselbe Motiv wurde auch schon früher bei vielen traditionellen Sami-Puukkos eingesetzt.
- Sami-Puukkos besitzen normalerweise ein verdicktes Griffende oder einen Knauf, um ihre Handhabung zu erleichtern, besonders mit Handschuhen.
- Die Scheiden bedecken das Puukko üblicherweise vollständiger als bei anderen Puukko-Modellen. Das gilt besonders für Leukus.
- Die Klingen sind funktional, aber meistens recht einfach, da die reisenden Sami-Nomaden normalerweise keine fest installierten professionellen Schmiedeessen bauen konnten. Die Klingen wurden daher oft durch Handel erworben.
- Leuku-Klingen haben oft – aber nicht immer – einen abgesetzten Schliff mit Sekundärfase. Der Schneidenwinkel ist relativ groß, um die Schneide vor Schaden zu schützen.

Es ist manchmal üblich, besonders in Schweden, nur solche Puukkos als echte „Sami-Puukkos" zu akzeptieren, die auch von den Samen selbst gemacht wurden. Ich verwende den Begriff „Sami-Puukko" allerdings für alle Puukkos im Sami-Stil, unabhängig davon, wer sie gemacht hat. Dasselbe Prinzip habe ich auch bei allen anderen Puukko-Typen angewendet.

Leuku, Stuorra Niibi

Das Leuku, auch bekannt als Stuorra Niibi, ist ein Jagdmesser mit langer Klinge und gleichzeitig ein Werk-

Leuku von 1879, Griff aus Salweidenwurzelholz (Ostbottnisches Museum)

zeug zum Hacken, das sich in vieler Hinsicht von einem typischen Puukko unterscheidet. Die Klingenlänge eines Leuku beträgt gewöhnlich zwischen 15 und 23 Zentimeter. Diese lange Klinge ist neben anderen Aufgaben am besten dazu geeignet, kleine Bäume und Büsche zu stutzen, Wild zu verarbeiten und Eis von den Ski abzukratzen.

Das Leuku ist nicht zum Holzschnitzen gedacht, und daher kann der Schneidenwinkel größer und stabiler sein als bei einer typischen Puukko-Klinge. Der Erl ist normalerweise mit dem Knauf vernietet, der oft aus der Krone eines Rentiergeweihs oder aus dichtem, durch eine Endkappe verstärkten Holz gemacht wird.

Alte Leuku-Griffe aus Ostlappland hatten zeitweise auch eine geschnitzte Gitterverzierung, die mit Zinn ausgegossen war. Auch die hochwertigen Lappland-Puukkos und Leukus von Lauri-Tuote machten bis in die letzten Jahre von gegossenen Zinnbeschlägen Gebrauch. Die Leuku-Scheide besitzt normalerweise eine Gürtelschlaufe, die in der Nähe des Scheidenmunds auch um die Scheide gewickelt ist. Das war vermutlich ein Versuch, den Scheidenmund mit Hilfe des Gewichts des Puukko zu verengen und damit die Scheide sicherer zu machen. Diese Konstruktion wurde später auch bei vielen gewöhnlichen Puukkos verwendet und begann möglicherweise bei den Fabrikscheiden von Marttiini. Bei einem leichten Puukko ist diese Art der Konstruktion hauptsächlich dekorativ.

Lappland-Puukko, Unna Niibas

Das Lappland-Puukko, auch bekannt als Unna Niibas, ist im Grunde genommen dieselbe Art von Werkzeug für das Volk der Sami wie das traditionelle finnische Puukko für die Finnen. Sein grundlegender Aufbau und seine Maße gleichen meist denen anderer Puukko-Modelle. Die Hauptunterschiede liegen in den Werkstoffen, der Form und den Verzierungen. Das Lappland-Puukko hat oft einen Knauf vom Leuku-Typ, graviert oder aus glatten Hornteilen, und eine Scheide, die den Griff bis fast zum Knauf bedeckt. Das verwendete Holz ist oft Salweidenwurzel oder Birke, das Leder halb gegerbtes Rentierleder. Der bekannteste Sami-Hersteller von Lappland-Puukkos ist Petteri Laiti aus der bekannten Kunsthandwerkerfamilie Laiti.

Das hervorstechende Merkmal von Lappland-Puukkos und Leukus ist oft ihre sehr schöne Gravur, die gewöhnlich auf Rentierhorn ausgeführt wird, aber manchmal auch auf Holz. Im Vergleich zu den schwedischen und norwegischen Lappland-Puukko fallen die finnischen Exemplare normalerweise etwas einfacher und weniger verziert aus.

Im Jahr 1924 gründete Johannes Lauri, ein Goldschmied aus Kauhava, eine Puukko-Fabrik namens Lapin Puukkotehdas (Puukko-Fabrik von Lappland) in Rovaniemi (direkt am Polarkeis) und produzierte zum ersten Mal Lappland-Puukkos und Leukus aus Rentierhorn in Serie. Davor hatte Lauri drei Jahre mit seinem Cousin zweiten Grades, Iisakki Järvenpää, zusammengearbeitet. Die Klingen von Lapin Puukkotehdas wurden gewöhnlich zur Järvenpää-Fabrik geschickt, um dort geschärft und vollendet zu werden. Lauris Produkte hatten einen hohen Standard und wurden auf mehreren nationalen und internationalen Messen ausgezeichnet.

Während der 1940er Jahre begann die Fabrik mit der Herstellung von Puukkos und anderen Produkten, die den traditionellen Gegenständen der Sami mehr ähnelten. Lauri wurde daraufhin kritisiert, die traditionelle Sami-Handwerkskunst auszubeuten. Als Antwort auf diese Anschuldigungen begann Lauri die traditionelle Kunst der Horngravur, die zu dieser Zeit beinahe ganz in Vergessenheit geraten war, an der Volkshochschule von Inari zu lehren.

Unna Niibas, Arto Saijets, 2003

Frühe Industrie-Puukkos

Fiskars

Schon während des 17. Jahrhunderts gab es in Fiskars – einem kleinen Dorf im Süden Finnlands – eine Eisenhütte mit Hochofen und ein Schmiedewerk. Die Herstellung von Puukkos begann an diesem Standort spätestens im Herbst 1830. Das erste bekannte Sortiment von Puukko-Modellen, das unter anderem nach Russland exportiert wurde, hatte der schwedische Meisterschmied Erik Rinman entworfen. 1838 kam der Engländer Edward Hill, auch er ein Meisterschmied, in Fiskars an und entwarf die Kollektion neu. 1862 zog Hill nach Helsinki um, und ein anderer Engländer, Thomas Woodward (1839-1878), wurde Direktor der Fabrik. 1875 zog Woodward nach Nurmi in der Nähe von Vyborg (jetzt ein Teil Russlands), um Direktor der neu gegründeten Hackman-Eisenwarenfabrik zu werden. Er arbeitete dort für den Rest seines Lebens.

Das erste Fiskars-Puukko, das von Hill entworfen wurde, besaß die Markierung „Hill Fiskars“ auf der Klinge. Diese Puukkos wurden von 1838 bis ungefähr 1870 so gekennzeichnet. Nach dieser Zeit trugen die Klingen die schwedische Kennzeichnung „Bessemer Stål“, ab Ende des 19. Jahrhunderts den englischen Hinweis „Best Cast Steel“ (bester Gussstahl). „Bessemer Stål“ stand für „Bessemer-Stahl“ – einen neuen Stahltyp, dessen Herstellungsprozess 1855 vom englischen Ingenieur Harry Bessemer patentiert wurde. Der Gussstahl konnte in großen Mengen produziert werden. In Schweden wurde er ab 1858 vom Sandvik-Konzern produziert.

Fiskars-Puukkos und andere Produkte erwarben in Finnland und außerhalb des Landes einigen Ruhm. Sie wurden sogar von einem deutschen Konkurrenten namens Sönnefen kopiert, der seine Produkte mit „Hill Firkars“ statt „Hill Fiskars“ markierte und sie in Finnland verkaufte – zum großen Ärger der einheimischen Industrie, die juristisch nichts dagegen tun konnte.

Im Fiskars-Katalog von 1897 besitzen viele Puukkos die Bezeichnung „Best Cast Steel“ während andere einfach mit „Fiskars“ markiert wurden. Im Katalog von 1924 findet sich die Markierung „Best Cast Steel“ immer noch, aber danach wurde nur noch „Fiskars“ auf der Klinge vermerkt. Es ist allerdings möglich, dass immer noch alte Bilder verwendet wurden, nachdem sich die Markierung geändert hatte.

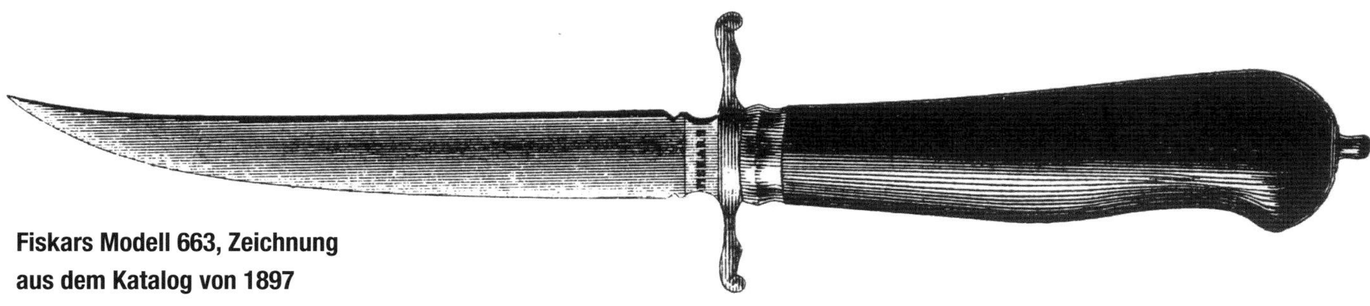

Fiskars Modell 663, Zeichnung aus dem Katalog von 1897

Unter den Sammlern und Puukko-Enthusiasten werden die frühen Fiskars-Klingen häufig als zu „fremdorientiert“ kritisiert. Manchmal werden sie verächtlich als *puukkoveitsi* („Puukko-Messer“) bezeichnet. Diese Bezeichnung wurde tatsächlich auch in alten Fiskars-Katalogen benutzt. Ein Fiskars-Modell, das aus gutem Grund so genannt werden kann, ist das Modell mit der Nummer 663 mit stark nach oben gebogener Klinge und einer dolchähnlichen Parierstange. Ähnliche Messertypen in verschiedenen Variationen wurden in großer Menge seit der Mitte des 19. Jahrhunderts in Eskilstuna, Schweden, hergestellt. Dieses Fiskars-Modell ist heute selten zu finden, wahrscheinlich weil nur wenige Finnen es zu seiner Zeit als nützliches Werkzeug angesehen hatten.

Die Griffmaterialien von Fiskars-Puukkos, oft Ebenholz oder sogar Elefantenelfenbein, erzeugten ebenfalls Unmut bei einigen Puukko-Puristen. Allerdings waren nicht alle Fiskars-Puukkkos „fremd“. So wurde zum Beispiel der Verkaufsschlager Orijärvi-Puukko nach einem traditionellen Puukko-Modell aus Südfinnland gestaltet.

Die Puukko-Modelle von Fiskars hatten Auswirkungen auf das Design der finnischen Puukkos allgemein. Ein Beispiel dafür ist die Kettenglieder-Schlaufe der Kauhava-Puukkos, die nach einem Vorbild von Fiskars und Hackman hinzugefügt wurde. Wenn es bei Fiskars-Puukkos irgendetwas gibt, dass es wert ist, kritisiert zu werden, dann ist es ihr Griff, der oft etwas klein ausfällt und häufig einen runden Querschnitt aufweist. Das macht es schwer, die Richtung der Schneide zu erfühlen.

Die Scheiden-Beschläge der Fiskars-Puukos bestehen normalerweise aus Neusilber, aber auch Messing-Varianten sind bekannt. Sie sind meist aus Stücken von dünnem Blech gefertigt, die durch Löten zusammengefügt wurden. Auch einfache Scheiden ohne Beschläge wurden hergestellt, aber davon haben nicht viele Exem-

Fiskars Modell 637, spätes 19. Jahrhundert

Hersteller	Fiskars Oy
Entstehungsjahr	1840-1870
Typ	Fiskars Modell 623
Klingenlänge	96 mm
Klingenbreite max.	15 mm
Klingenstärke max.	3 mm
Klingenquerschnitt	flache Seiten
Grifflänge	102 mm
Griffstärke max.	17,6 mm
Griffmaterial	Ebenholz
Monturen	Neusilber
Scheide	Leder 1,5 mm

Ein frühes Fiskars-Modell Nr. 623, zwischen 1860 und 1870 gefertigt (Sammlung des Autors)

Fiskars Modell Nr. 640, spätes 19. Jahrhundert (Fiskars Museum)

Hersteller	Fiskars Oy
Entstehungsjahr	1870-1890
Typ	Modell 640
Klingenlänge	132 mm
Klingenbreite max.	20,7 mm
Klingenstärke max.	4 mm
Klingenquerschnitt	flache Seiten
Grifflänge	120 mm
Griffstärke max.	24,6 mm
Griffmaterial	Ebenholz
Monturen	Neusilber
Scheide	Leder 1,3 mm

plare überlebt. Das Puukko besaß gewöhnlich eine einfache, röhrenförmige Zwinge und eine Endplatte oder kleine Unterlagsscheibe, die auf das Ende des durchgehenden Erls genietet wurde. Der Raum zwischen Zwinge und Klinge wurde mit Blei aufgefüllt, das in die Zwinge gegossen wurde. Dabei war der Griff in Sand gesteckt. Auf diese Weise litt der Griff nicht, falls etwas Blei überfloss. Diese Methode war einfach und dichtete die Verbindung zwischen Klinge und Griff perfekt ab.

Im Katalog von 1897 wurden die folgenden Hölzer als Griffmaterialien für Puukkos aufgeführt: Ebenholz, Cocuswood, Birke und Ulme. Cocuswood (Brya ebenus) ist ein Holz aus Westindien, das gern für Musikinstrumente, wie Flöten, verwendet wird. Andere Begriffe dafür sind Jamaikanisches Grenadill-Holz, Grünes Ebenholz oder Jamaikanisches Ebenholz.

Bei den Puukkos mit Griffen aus tropischen Hölzern oder Elfenbein waren diese oft mit Schnitzereien verziert. Sie machten den Griff auch weniger glatt, so dass sie auch einen praktischen Wert hatten. Puukkos mit geschnitzten Griffen wurden noch im Katalog von 1924 vermarktet, aber nicht später als 1936. Daher können wir annehmen, dass ihre Produktion irgendwann zwischen diesen beiden Jahren eingestellt wurde.

Die geschnitzten Ebenholz-Puukkos von Fiskars sind sehr schön gemacht. Die Motive der Dekorationen enthielten verschiedene Girlanden, Ranken und ineinander verschlungene Bänder mit einer Krone. Auf den beiden vorigen Seiten sind zwei Puukkos abgebildet. Das linke Puukko ist ein frühes Modell mit Girlandenmotiv, das rechte gehört dem Fiskars-Museum und trägt geschnitzte Bänder mit einer Krone.

Orijärvi-Puukko von Fiskars

Das Orijärvi-Puukko basiert auf einem alten Puukko-Typ aus Südfinnland. Sein Name stammt von einer Mine in Orijärvi, in der Nähe von Fiskars. In einem Fiskars-Katalog aus den frühen 1920ern finden sich zwei leicht unterschiedliche Puukko-Modelle, die gemeinhin als Orijärvi-Puukkos bekannt sind. Das typischere von beiden ist das Modell Nr. 610. Einige der Modelle sind Kreuzungen zwischen beiden Typen, die wie das Modell 610 geformt, aber mit einer Zwinge ausgestattet sind.

Das Orijärvi-Puukko hat einen Griff von moderater Größe mit einem kleinen, gebogenen Knauf mit spitzem Ende. Die Klinge ist leicht nach oben gebogen und hat einen keilförmigen Querschnitt. Das Orijärvi-Puukko wirkt wie ein erfrischend einfaches Gebrauchsmesser zwischen all den zierlichen Luxus-Puukkos von Fiskars. Es war auch das beliebteste Puukko-Modell von Fiskars mit über einer Million produzierter Exemplare.

Es wurde anscheinend meist ohne Scheide verkauft, da etliche der älteren Exemplare andere Scheidentypen besitzen als diejenigen, die von Fiskars hergestellt wurden. Das ist nicht überraschend, wenn man bedenkt, dass viele Finnen auch im 20. Jahrhundert noch in der Lage waren, ihre Scheiden selber herzustellen.

Auch Hackman und einige Fabriken aus Kauhava, wie zum Beispiel Iisakki Järvenpää und Luomanen & Kumppanit, produzierten seit den 1920ern Puukkos, die dem Orijärvi-Modell ähnelten. Sie alle hatten einen Griff aus Maserbirke mit Zwinge und einen kleinen, gekrümmten Knauf. Die Klingen waren in ähnlicher Weise leicht nach oben gebogen und hatten einen keilförmigen Querschnitt. Diese Puukkos wurden als Schnitz-Puukkos vermarktet und mit oder ohne Scheide verkauft.

Hackman

Der Puukko-Katalog von Hackman stimmte ziemlich mit dem von Fiskars überein, was offensichtlich auf Woodwards Anteil am Design zurückzuführen ist.

Orijärvi-Puukko von Fiskars, geschätzt auf frühes 20. Jahrhundert

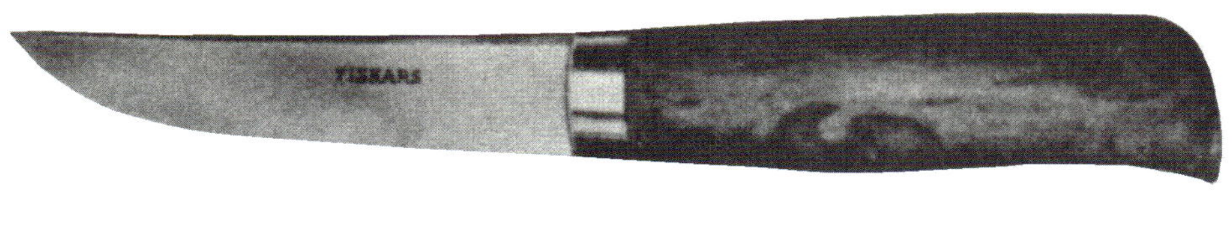

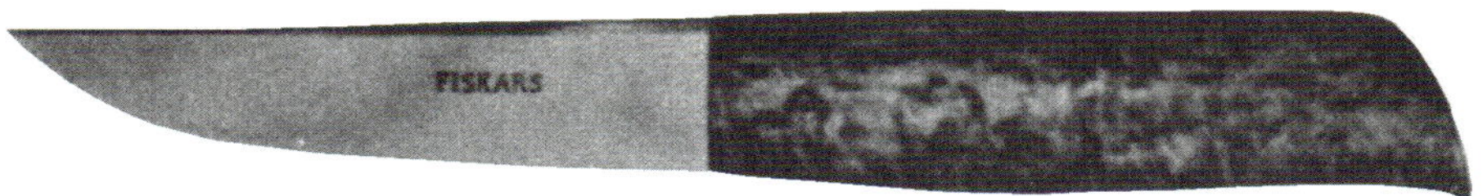

Fiskars-Modelle 610 und 611 (oben) aus dem Katalog von 1924

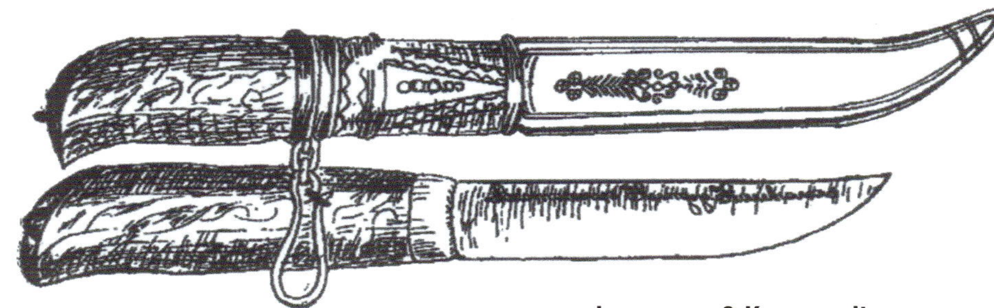

Luomanen & Kumppanit, Katalogbild von 1924

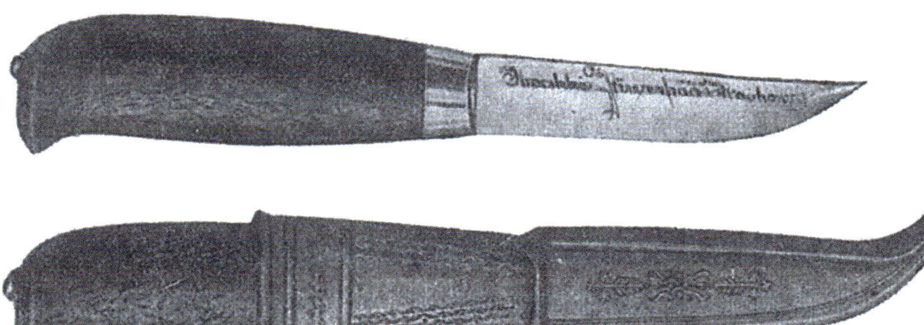

Iisakki Järvenpää, Katalogbild von 1928

Hersteller	Hackman, Sorsakoski
Entstehungsjahr	1891-1910
Typ	Hackman-Puukko
Klingenlänge	90 mm
Klingenbreite max.	16,2 mm
Klingenstärke max.	3,8 mm
Klingenquerschnitt	flache Seiten
Grifflänge	105 mm
Griffstärke max.	21,3 mm
Griffmaterial	Ebenholz
Monturen	Neusilber
Scheide	Leder 1,6 mm

Hackman Ebenholz-Puukko aus Sorsakosi, spätes 19. bis frühes 20. Jahrhundert

Hohlkehlen wie bei dieser Klinge sind bei Hackman-Puukkos relativ selten (Sammlung Jouni Hohkala)

Hersteller	Hackman, Sorsakoski
Entstehungsjahr	1917-1930
Typ	Hackman-Puukko
Klingenlänge	86 mm
Klingenbreite max.	15,3 mm
Klingenstärke max.	3,3 mm
Klingenquerschnitt	flache Seiten
Grifflänge	100 mm
Griffstärke max.	18,5 mm
Griffmaterial	Ebenholz
Monturen	Neusilber
Scheide	Leder 1,6 mm

Hersteller	H. Renfors
Entstehungsjahr	1911
Typ	Renfors-Puukko
Klingenlänge	53 mm
Klingenbreite max.	9,4 mm
Klingenstärke max.	2,2 mm
Klingenquerschnitt	diamantförmig
Grifflänge	54 mm
Griffstärke max.	11,7 mm
Griffmaterial	Ebenholz
Monturen	Neusilber
Scheide	Leder 1,3 mm

Kleines Renfors-Puukko, für das Auftrennen von Nähten gedacht (Sammlung Eero Heiskanen)

Hackmans Puukko-Modelle sind aber oft etwas massiger und die Verarbeitung der geschnitzten Griffe etwas gröber. Auf der anderen Seite passen sie oft besser in die Hand als ihre Gegenstücke von Fiskars. Sie fühlen sich eher wie Gebrauchswerkzeuge an.

Im Katalog von 1862 zeigte die Firma Puukkos mit Griffen aus Birke, Maserbirke, Ebenholz, Buchsbaum und Silberpappel. Von diesen Hölzern ist besonders die Silberpappel eine interessante Wahl. Sie ist selten, wächst in Südfinnland aber wild. Das Holz ist allerdings recht weich und wurde daher nur selten für Messergriffe benutzt. Buchsbaum wiederum ist interessant in dem Sinne, dass es im mittelalterlichen England das am häufigsten benutzte Material für Messergriffe war. Vermutlich wurde die Verwendung dieses Werkstoffs in Finnland von Woodward angeregt.

Die Abbildung rechts zeigt ein geschnitztes Ebenholz-Puukko aus Hackmans Fabrik in Nurmi. Sowohl die Schnitzereien als auch die gesamte Verarbeitung sind etwas rustikaler als die der meisten Modelle von Fiskars, aber das Puukko ist trotzdem hochwertig gemacht und liegt gut in der Hand.

Renfors

Das Renfors-Puukko ist eine interessante Rarität unter den finnischen Puukko-Typen. Es wurde vom Erfinder und Geschäftsmann Herman Renfors aus Kajaanni entwickelt. Davor produzierte Renfors unter anderem Blinker, Rollen, Angelruten, Knöpfe, Papiermesser, Schuhe, Taschen, Skiwachs und andere Artikel. Tatsächlich war er der Erfinder von Blinkern als Köder, aber unglücklicherweise meldete er kein Patent dafür an.

Die Griffe wurden aus Ebenholz, aber auch aus Knochen und künstlichen Materialien gefertigt. Die Monturen bestanden aus Neusilber oder Messing. Die

Geschnitztes Ebenholz-Puukko, Hackman, Nurmi, etwa 1875 bis 1876

Spezialität des Renfors-Puukko ist seine Scheide, die den Metall-Exemplaren aus der finnischen Kreuzfahrerzeit nachempfunden ist. Sie besitzt eine Konstruktion aus gebogenem Blech, die mit ihrer vernieteten Bauweise sehr gut für die Serienproduktion geeignet ist. Es passt außerdem sehr gut zum nationalen Romantizismus und Patriotismus dieser Zeit, eine historische Vorlage zu verwenden.

Der kleine Anhänger, der am Mittelteil der Scheide angebracht ist, gleicht dem des Tuukkala-Puukko. Renfors patentierte sein Scheidendesign am 29. September 1910, und seitdem wurden die Scheiden mit dem Renfors-Logo und dem Text „H. Renfors Kajana (oder Kajaani) / Patent“ markiert. Renfors-Puukkos wurden mindestens in drei verschiedenen Größen produziert. Das längste war mit Scheide nur 185 Millimeter lang, das kleinste etwa 85 Millimeter – eine echte Miniaturgröße. Heutzutage sind Renfors-Puukkos extrem selten, und die Scheiden werden oft ohne Inhalt gefunden.

In den letzten Jahren stellte Teuvo Sorvari verschiedene Replikas von Renfors-Puukkos her. Sie können leicht anhand der Markierungen auf der Scheide identifiziert werden.

Renfors-Miniatur-Puukko, zwischen 1910 und 1925 gefertigt

Renfors-Scheide, etwa 1910 bis 1925 (Sammlung aus dem Alten Schloss von Lieto)

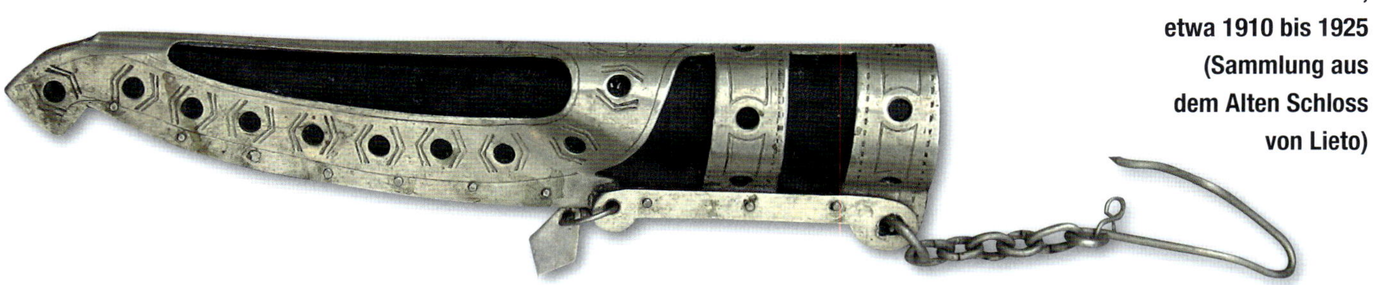

Seltenes Renfors-Puukko, etwa 1910 bis 1925, Griff aus Ebenholz mit rundem Profil

Hersteller	H. Renfors
Entstehungsjahr	1920-1925
Typ	Renfors-Puukko
Klingenlänge	85 mm
Klingenbreite max.	15,4 mm
Klingenstärke max.	3,8 mm
Klingenquerschnitt	diamantförmig
Grifflänge	100 mm
Griffstärke max.	18,2 mm
Griffmaterial	Ebenholz
Monturen	Neusilber
Scheide	Leder 1,6 mm

Besondere Puukko-Typen

Militär-Puukkos

Militär-Puukkos werden normalerweise als Allzweck-Werkzeuge und Nahkampfwaffen entworfen. Wenn ein Militärmesser militärisches Puukko genannt wird, hat es gewöhnlich deutliche Puukko-ähnliche Eigenschaften, die es von anderen Messern unterscheiden. Ein häufiger Unterschied zwischen einem Militär-Puukko und einem gewöhnlichen Gebrauchs-Puukko ist die Klingenlänge. Bei einem Puukko ist die Klinge normalerweise kürzer als der Griff, bei Militär-Puukkos ist sie dagegen meist länger. Das macht sie für den Nahkampf und Hackarbeiten besser geeignet.

Puukko-Bajonett

Das Puukko-Bajonett ist ein militärisches Messer, das 1919 vom Künstler Akseli Gallen-Kallela für die finnischen Verteidigungskräfte entworfen wurde. Das Modell ist deutlich von deutschen Militärmessern und Bajonetten aus dieser Zeit beeinflusst. Der Name „Puukko-Bajonett“ ist eigentlich irreführend, da es nicht dazu gedacht war, auf ein Gewehr aufgepflanzt zu werden. Es wurde stattdessen als Beimesser an einer Uniform getragen. Das Präfix „Puukko“ wurde dem Namen wahrscheinlich hauptsächlich wegen seiner Scheide hinzugefügt, die eine nach oben gebogene Spitze im Stil einer Puukko-Scheide hat, was bei deutschen Militärmessern nicht vorkommt. Auch die Klinge besitzt Ähnlichkeit mit einer Puukko-Klinge.

Puukko-Bajonette wurden von mehreren Herstellern produziert. Die bekanntesten waren Fiskars und Hackman. Aber sie wurden auch von deutschen Fabriken hergestellt. Beim Fiskars-Modell hatte der Handschutz die Form einer doppelseitigen Parierstange, aber bei den meisten Modellen war der Handschutz einseitig. Das Exemplar mit einer normalen Gürtelschlaufe (abgebildet auf der Seite 148) war für Soldaten und Unteroffiziere vorgesehen. Das Offiziersmodell besaß zwei Aufhängungsringe und konnte so an den Schwertgürtel gehängt werden. Auch Marineoffiziere und der Zivilschutz nutzen dieses Modell. Das Tragen des Puukko-Bajonetts wurde in den Jahren 1922 und 1930 eingeschränkt. 1940 wurde seine Verwendung komplett eingestellt.

Spezial-Puukkos der finnischen Armee

Neben dem Puukko-Bajonett gab das finnische Militär auch weitere Puukko-Modelle in Auftrag, viele davon bei Fiskars und Marttiini. Diese Puukkos können normalerweise an der SA-Markierung erkannt werden, die auf die Klinge gestanzt ist (SA = Suomen Armeija, finnisches Militär). Das rechts abgebildete Beispiel ist eine kleinere Version des Örijärvi-Puukkos von Fiskars und besitzt eine genietete Pappscheide. Ein anderes Spezial-Puukko war das der Fernmeldetruppe, das es in verschiedenen Versionen gab.

Puukkos aus dem II. Weltkrieg

Während der Kriegszeit waren Puukkos mit besonders langen Klingen üblich. Diese Art von Puukkos wurden auch schon früher produziert, unter anderem als Metzgermesser, und waren in den 1930ern populäre Handelsartikel. Während des Krieges fanden diese Modelle eine neue Bedeutung: Sie wurden als Militär-Puukkos genutzt. Diese Puukkos, die teilweise ziemlich groß und schwer sind, wurden unter anderem von Marttiini,

Fiskars und Hackman produziert, aber auch von einigen Fabriken in Kauhava.

Bei dem auf der folgenden Seite abgebildeten Hackman-Puukko mit Ebenholzgriff ist die Jahresmarkierung 1941 aufs Ortband gestempelt. Das war vermutlich das Jahr, in dem es als militärisches Puukko in Dienst gestellt wurde. Das Puuko selbst ist wahrscheinlich etwas älter. Das Puukko ist sehr groß: Der Griff misst 144 Millimeter, die Klinge 178 Millimeter und das Gewicht liegt bei 306 Gramm – mehr als das Dreifache eines typischen Puukko.

Im Jahr 1940 produzierte Marttiini sowohl seine Leuku-Modelle als auch die großen Lynx-Modelle mit der Beschriftung: „Kriegs-Andenken 1940“. Das auf der nächsten Seite abgebildete Exemplar hat eine Klingenlänge von 24 Zentimetern und eine Gesamtlänge von fast 37 Zentimetern. Die Klinge ist breit und schwer genug, um auch für Hackarbeiten benutzt zu werden. Der Griff wurde aus Maserbirke oder Salweidenwurzel gefertigt. 1940 und 1941 produzierte Marttiini ein ähnliches Modell sogar mit einer noch längeren Klinge. Die Gesamtlänge betrug erstaunliche 455 Millimeter.

Bunker-Puukkos

Während der Grabenkämpfe im Zweiten Weltkrieg hatten die finnischen Soldaten viel Zeit. Einige nutzten sie, um ein Puukko zu bauen. Die meisten davon waren für den persönlichen Gebrauch gedacht, einige als Geschenk. „Bunker-Puukkos“ wurden zeitweise sogar in kleinen Serien hergestellt, auch von russischen Kriegsgefangenen. Das Material dafür stammte unter anderem von abgeschossenen Flugzeugen und ähnlichem Schrott. Die Griffe wurden aus Aluminium und Holz gefertigt, aber auch aus anderem Material wie zum Beispiel Plexiglas, Sperrholz, Birkenrinde, Zink, Blei und verschiedenen anderen Metallen.

Die Scheiden wurden ebenfalls oft aus Aluminium oder Holz gemacht, aber auch aus Leder, Birkenrinde

Ein Spezialpuukko der finnischen Streitkräfte von Fiskars, zwischen 1935 und 1945 gefertigt

„Großes Ebenholz-Puukko“ von Hackman

J. Marttiini Oy „Big Lynx“ Leuku-Puukko von 1940

und anderen verfügbaren Materialien. Die Scheiden sind normalerweise ziemlich lang und von unverwechselbarer Gestalt. Oft wurden sie von ihrem Eigentümer mit unterschiedlichen patriotischen Motiven und anderen Markierungen versehen, die häufig den Namen der Militäreinheit zusammen mit Aufzeichnungen über Datum und Ort des Einsatzes enthielten.

Das Design der Bunker-Scheiden war meist den sperrigen Fischschwanz-Scheide von Marttiini und anderen Herstellern nachempfunden. Sie wurden oft auffallend und sehr individuell gestaltet. Wahrscheinlich wurden sie eher als Andenken an die Kriegszeit gemacht und wurden während der Patrouille im Lager zurückgelassen. Aus diesem Grund ist ein anderer in Finnland benutzter Begriff für das Bunker-Puukko *sotamuistopuukko*, „Kriegserinnerungs-Puukko".

Finnische Bunker-Puukkos sind als Sammelobjekte sehr beliebt, besonders wegen ihrer geschichtlichen Bedeutung, die durch ihre vielen Markierungen, die Orte und Daten enthalten, noch erhöht wird. Das rechts abgebildete Beispiel ist erstaunlich nüchtern für ein Bunker-Puukko: Es ist beeindruckend, aber nicht übertrieben und funktionierte wahrscheinlich als Allzweck-Werkzeug recht gut. Der gekrümmte Knauf besteht aus Sperrholz, das vom Propeller eines abgestürzten Flugzeugs stammt. Der mittlere Teil des Griffs wurde aus Plexiglas gemacht, die Zwinge und Distanzstücke aus Aluminium. Die Scheide besteht aus Aluminium und Leder und zeigt das Emblem der Artilleriestreitkräfte in Messing.

Vietnam-Puukko

Trotz seines Spitznamens „Vietnam-Puukko" ist dieses Messer kein Puukko, sondern ein Wildnis- oder Militärmesser im amerikanischen Stil. Es kann auch Survivalmesser genannt werden, da es einen hohlen Griff mit einem luftdicht aufgeschraubten Knauf hat. Es wurde von Ken Warner und Pete Dickey entworfen. Warner

Bunker-Puukko mit Plexiglasgriff aus Syväri, 1941 bis 1942

Hersteller	Hackman Oy
Entstehungsjahr	1970-1972
Typ	Vietnam-Puukko
Klingenlänge	178 mm
Klingenbreite max.	31,9 mm
Klingenstärke max.	6,2 mm
Klingenqu.	flache Seiten, Hohlschliff
Grifflänge	128 mm
Griffstärke max.	31,8 mm
Griffmaterial	Leder
Monturen	Messing verchromt
Scheide	Leder 1,5-2,0 mm

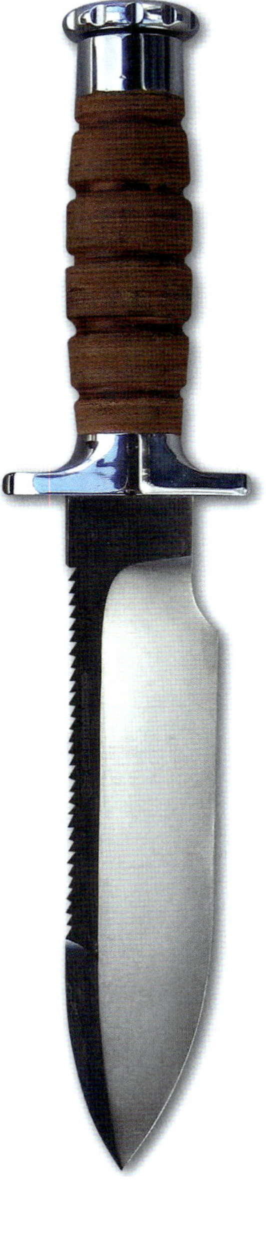

„Vietnam-Puukko" von Hackman, in den frühen 1970er Jahren gefertigt (Sammlung Teuvo Sorvari)

Ranger-Puukko von JP Peltonen mit Kunststoffscheide, aus der ersten Serie von 2004

Ranger-Puukko mit Lederscheide, kürzeres Modell von 2007

war zu dieser Zeit ein bekannter Messerjournalist und Dickey der Direktor der Firma Firearms International. Das Messer hatte einige gut durchdachte Details wie zum Beispiel die Säge auf dem Klingenrücken, die für das Sägen von Holz gedacht war, dabei aber nicht die Scheide beschädigte.

Hackman produzierte das Messer in den frühen 1970ern und stellte insgesamt etwa 7000 Stück her. Wegen des zähen Verkaufs wurden viele Messer als Schnäppchen angeboten. Das Messer war aber von sehr guter Qualität. Bald wurde es auf dem Gebrauchtmarkt für ein Vielfaches des ursprünglichen Preise gehandelt und ist heute ein gesuchtes Sammlerstück.

Der Name Vietnam-Puukko kommt daher, dass es in den Vereinigten Staaten während der letzten Phasen des Vietnamkriegs vermarktet wurde, wo es als Militärmesser Ruhm erlangte. Seine Popularität wuchs auch wegen der Lieferprobleme des Randall-Modells 18, das von Militärangehörigen bevorzugt wurde. Auch der legendäre Messerschmied Bill Moran schätzte das Hackman-Messer und kaufte 100 Stück davon, um sie Soldaten auf dem Weg nach Vietnam anzubieten, die nicht die Zeit hatten, um auf ein von Hand geschmiedetes Messer zu warten. Bevor er die Hackman-Messer weiterverkaufte, machte er dafür eine Scheide besserer Qualität und schärfte die Klinge gemäß seinem eigenen Standard. Als Hackman die Produktion 1972 einstellte, begann die amerikanische Firma Garcia, Kopien davon in Brasilien anzufertigen. Diese waren allerdings in jeder Hinsicht von schlechterer Qualität. Zusammen mit dem Wirkkala-Puukko ist das Vietnam-Puukko heute eines der bekanntesten finnischen Puukko-Modelle. Und das, obwohl es eigentlich kein Puukko ist.

Lehrgangs-Puukkos

Lehrgangs-Puukkos zum Gedenken an einen bestimmten militärischen Lehrgang sind in Finnland üblich. Es handelt sich dabei normalerweise um gewöhnliche

Fabrik-Puukkos, die mit dem Namen des Lehrgangs oder der militärischen Einheit versehen sind. Manchmal werden auch der Name des Teilnehmers und das Datum vermerkt. Das macht diese Puukkos interessanter als ihre unmarkierten Gegenstücke.

Ranger-Puukko

Das Ranger-Puukko ist ein militärisches Puukko, das von JP Peltonen, einem Puukko-Schmied und Ex-Offizier der finnischen Armee, entworfen wurde und hergestellt wird. Es ähnelt einem Puukko in Bezug auf seine geschmiedete Klinge aus Carbonstahl und die Steckangel. Die mit Teflon beschichtete Klinge hat eine Länge von 12,5 oder 15 Zentimetern und wird auf traditionelle Weise gehärtet, wobei der Klingenrücken weich bleibt. Dadurch kann die Klinge praktisch nicht abbrechen.

Das Ranger-Puukko wird entweder mit einer Lederscheide oder einer faserverstärkten Kunststoffscheide geliefert. Die Spezialität dieser Scheide ist ein weiches Gummirad, das das Puukko sicher an seinem Platz hält, auch wenn sie auf dem Kopf steht. Das Ranger-Puukko ist im Moment das einzige Messer, das offiziell von den finnischen Streitkräften eingesetzt wird.

Puukkos von Organisationen

Nachdem Finnland am 6. Dezember 1917 seine Unabhängigkeit erhalten hatte, wurden verschiedene Arten von Puukkos für Organisationen immer populärer. Vor allem politische und militante Organisationen bestellten bei den Fabriken verschiedene Puukkos mit ihrem Logo im Griff. Heute sind besonders die Puukkos einiger rechtsextremer Organisationen als historische Sammlerstücke auf dem Markt. Die Puukkos dieser Organisationen waren prinzipiell gewöhnliche Kauhava-Puukkos.

Puukkos der Weißen Garde

Die Weiße Garde war eine freiwillige Verteidigungsorganisation, die 1917 gegründet wurde, kurz nach der finnischen Unabhängigkeitserklärung und bevor Russland seine eigenen Streitkräfte etabliert hatte. 1918 wurde der Weißen Garde gestattet, als Regierungsarmee aufzutreten. Nach dem finnischen Bürgerkrieg (27.1.-15.5.1918) wurde die Weiße Garde zunächst strikt von der Regierung kontrolliert und schließlich 1944 aufgelöst.

Die Puukkos der Weißen Garde besitzen normalerweise Griffe aus künstlichen Werkstoffen. Im Griff ist das Emblem der Weißen Garde eingraviert: ein Schild mit dem Buchstaben S über zwei finnischen Flaggen. Die Endkappe besteht gewöhnlich aus weißem Zelluloid. Diese Puukkos wurden unter anderem von Luomanen & Kumppanit und Ahjo hergestellt.

Das Puukko m.27 der Weißen Garde wurde 1930 für die hohen Offiziere der Weißen Garde entworfen. Nur eine kleine Anzahl davon wurde von Hackman in Sorsakoski hergestellt. Das Puukko besitzt eine 15 Zentimeter lange Clip-Point-Klinge mit Hohlkehle und vernickelte Eisenmonturen. Die Lederscheide besitzt eine gebogene Spitze, nicht unähnlich der des Puukko-Bajonetts. Dieses Modell ist auch als „Ukko Pekka“ oder „Svinhufvud-Puukko“ bekannt, nach dem finnischen Präsidenten P. E. Svinhufvud, der genau dieses Modell am Gürtel zu tragen pflegte.

Lotta-Puukkos

Lotta Svärd war eine Frauenorganisation, die im Zusammenhang mit der Weißen Garde 1918 gegründet wurde. Ihr Hauptzweck war, Soldaten bei der Versorgung mit Lebensmitteln zu helfen. Von 1921 an operierte *Lotta Svärd* als unabhängige Organisation, bis sie 1944 aufgelöst wurde. Die Lotta-Puukkos waren gewöhnliche Kauhava-Puukkos, „kleine Lottas“ basierten auf dem Pfadfindermodell. Das Emblem der *Lotta*

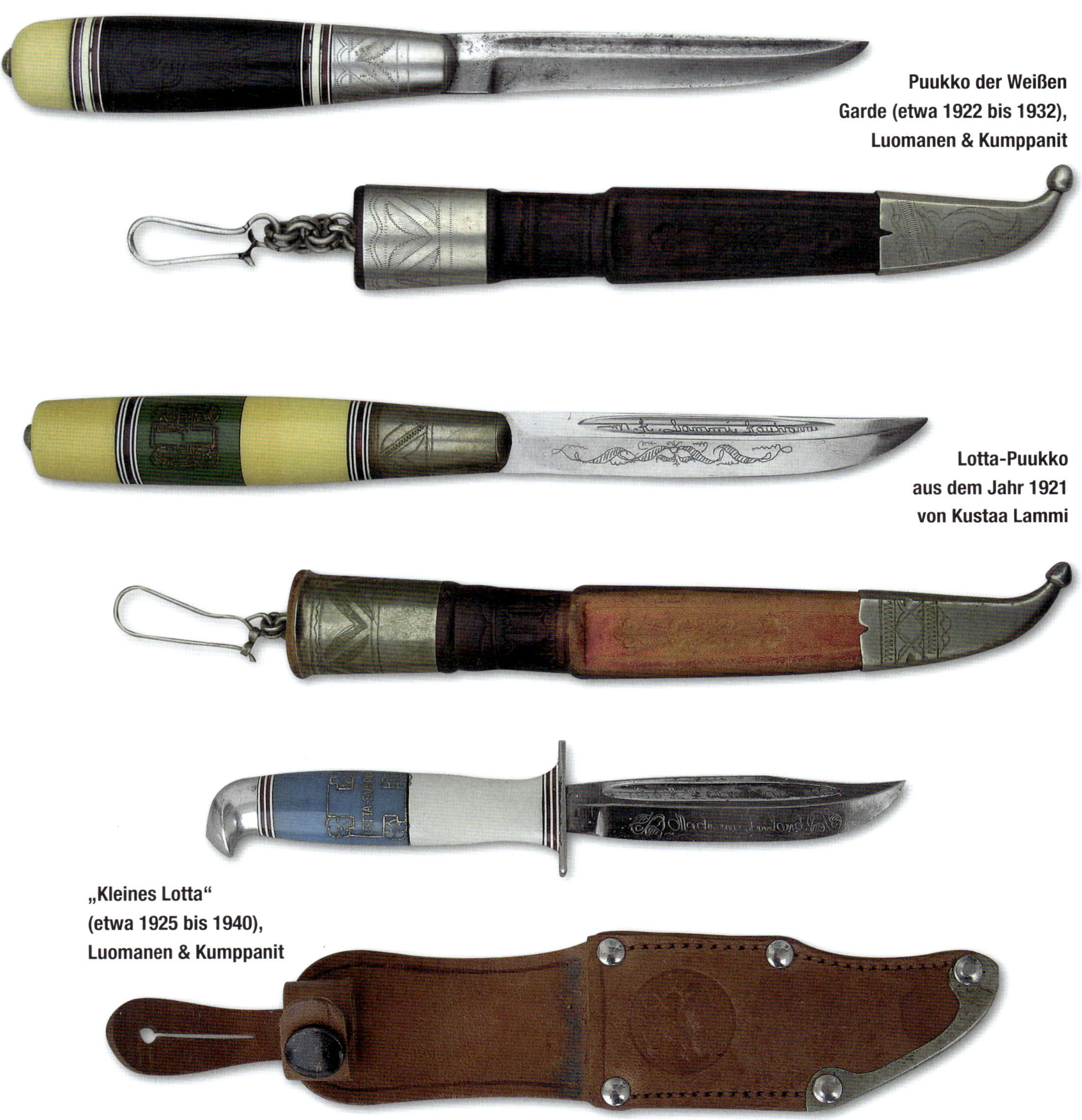

Puukko der Weißen Garde (etwa 1922 bis 1932), Luomanen & Kumppanit

Lotta-Puukko aus dem Jahr 1921 von Kustaa Lammi

„Kleines Lotta“ (etwa 1925 bis 1940), Luomanen & Kumppanit

Hersteller	Lahdensuo
Entstehungsjahr	1930-1932
Typ	Lapua-Puukko
Klingenlänge	94 mm
Klingenbreite max.	14,8 mm
Klingenstärke max.	3,9 mm
Klingenquerschnitt	diamantförmig
Grifflänge	96 mm
Griffstärke max.	16,6 mm
Griffmaterial	Ebonit
Monturen	Neusilber
Scheide	1,4 mm

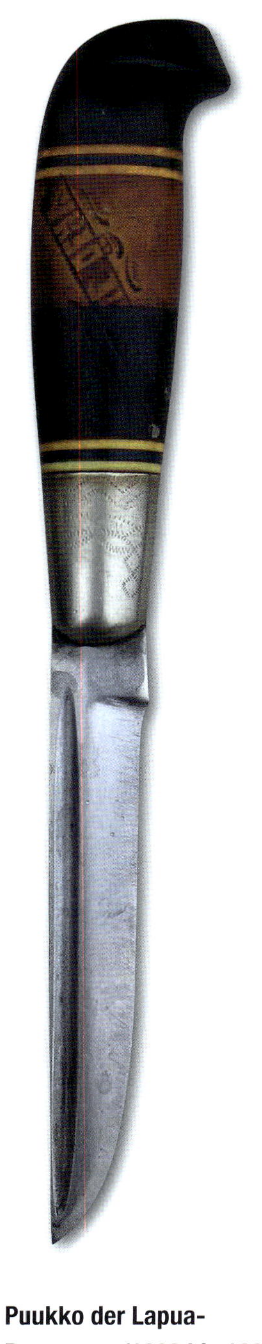

Puukko der Lapua-Bewegung (1930 bis 1932), Lahdensuo & Co., Lapua (Sammlung Eero Heiskanen)

Svärd, das in den Griff graviert wurde, war eine Swastika mit dem Namen der Organisation.

Puukkos der Lapua-Bewegung

Die Lapua-Bewegung wurde 1929 als Gegenbewegung zu kommunistischen Aktivitäten in Finnland gegründet. Diese extrem rechte und religiös geprägte Organisation hatte keine Scheu davor, auch Anschläge und Morde zu verüben, um ihre Ziele zu erfüllen. Sie wollte eine faschistische Diktatur in Finnland errichten und veranstaltete 1932 den Mäntsälä-Aufstand, bei dem 400 Männer der Weißen Garde eine Versammlung der Sozialdemokratischen Partei mit Gewehrschüssen unterbrachen. Die Organisation wurde noch im selben Jahr aufgelöst.

Die Griffe der Puukkos der Lapua-Bewegung waren schwarz-blau oder schwarz-braun gefärbt. Das Emblem der Bewegung, ein reitender Mann, der einen Bär niederknüppelt (eine deutliche Metapher) mit den Buchstaben L.L. war in den Griff eingraviert. Oft war der Name des Eigentümers in die andere Griffseite geschnitzt. Das erste Puukko der Lapua-Bewegung wurde als Andenken an den Bauernmarsch gefertigt, der am 7. Juli 1930 in Helsinki stattfand.

Die Puukkos der Lapua-Bewegung wurden exklusiv von Lahdensuo aus Lapua hergestellt. Iisakki Järvenpää und Kauhavan Puukkotehdas produzierten vorübergehend ähnliche Puukkos, mussten die Fertigung aber wegen der Verletzung von Urheberrechten einstellen. Kustaa Lammi stellte noch einige Lapua-Puukkos her, nachdem die Bewegung aufgelöst war (wahrscheinlich in den 1960ern). Diese Exemplare kann man an der schlechten Qualität der Embleme erkennen, die mit einer Gravurmaschine gemacht wurden.

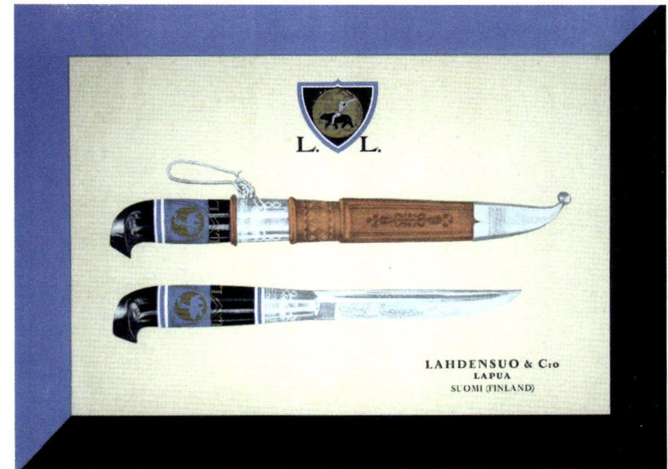

Puukko der Lapua-Bewegung im Katalog von Lahdensuo & Co. (1930 bis 1932)

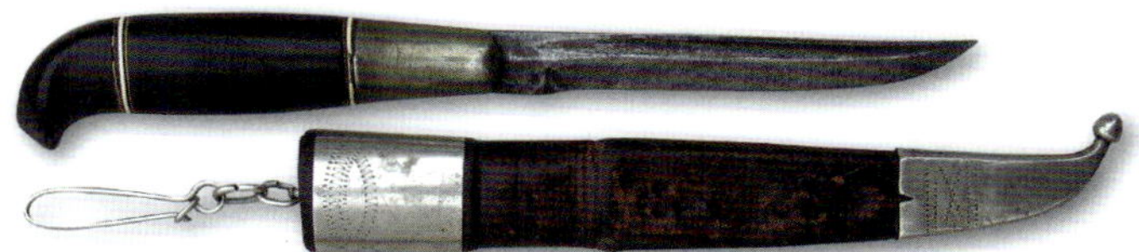

IKL-Puukko (1939 bis 1944)

IKL-Puukkos

Die IKL, auch bekannt als *Isänmaallinen Kansanliike* (Patriotische Volksbewegung) war eine ultrarechte Partei, die 1932 gegründet wurde, um die Arbeit der Lapua-Bewegung fortzusetzen. Die Partei wurde 1944 verboten. IKL-Puukkos sind den Exemplaren der Lapua-Bewegung sehr ähnlich. Der Griff trägt das Emblem der Partei, einen ähnlichen Bären und einen Mann mit den Buchstaben I, K und L in verschiedenen Ecken. Die Bewegung wurde 1993 erneut gegründet. Zu diesem Zeitpunkt machte Iisakki Järvenpää für ihre Mitglieder eine Kleinserie von schwarz und blau gefärbten Puukkos mit dem IKL-Emblem.

Das oben abgebildete Puukko, bei dem es sich vermutlich um ein originales IKL-Puukko handelt, hat ein eingraviertes Emblem, das nur einen Bären, nicht aber den Mann zeigt. Die Buchstaben IKL sind in den drei Ecken des Schildes platziert.

AKS-Puukkos

Die *Akateeminen Karjala-Seura* (Akademische Karelische Gesellschaft, 1922 bis 1944) war eine Vereinigung, die von nicht-examinierten Studenten gegründet wurde. Das Ziel der Vereinigung wurde beschrieben als die „Verstärkung des Nationalgeists und des Willens zur Verteidigung Finnlands“. Während der 1930er Jahre driftete die Organisation immer weiter nach rechts ab und arbeitete mit der IKL zusammen, nachdem die Lapua-Bewegung aufgelöst worden war.

Das AKS-Puukko hat einen gebogenen Knauf aus Maserbirke, der eigentliche Griff besteht aber aus künstlichem Material, in das das Logo der Gesellschaft – ein Bär, der ein Schwert hält – und die Mitgliedsnummer geschnitzt war. Ein anderes AKS-Puukko-Modell wurde verkauft, um die Organisation zu unterstützen. Es wurde von Iisakki Järvenpää hergestellt und besaß einen Griff aus Birkenrinde und eine rot und schwarz gefärbte, symmetrische Scheide, die mit vielen Messingbeschlägen verziert war.

Gedenk-Puukkos

Ein Gedenk-Puukko ist meist ein Souvenir, das als Andenken an einen Ort, eine Firma oder ein Ereignis hergestellt wurde. Gedenk-Puukkos sind meistens einfache Kauhava-Puukkos mit Dekorationen. Wegen der leichten Bearbeitung sind die Griffe von gravierten Gedenk-Puukkos meistens aus künstlichen Materialien gefertigt.

Olympia-Puukkos

Puukkos der Olympischen Spiele sind als Sammelobjekte sehr populär. Das erste finnische Olympia-Puukko wurde für die Spiele von 1940 in Helsinki produziert, die dann aber wegen des Ausbruchs des Zweiten Weltkriegs abgesagt wurden. Das zweite Puukko entstand für die nachgeholten Olympischen Spiele von Helsinki im Jahr 1952. Die Olympia-Puukkos mit ihren fünf Ringen wurden hauptsächlich von den Fabriken in Kauhava und von Lahdensuo in Lapua hergestellt. Die meisten der Puukkos besaßen ein graviertes Emblem und einen Text auf dem Griff. Es wurden aber auch hochwertige Griffe aus Birkenrinde mit Sorko-Intarsien gefertigt.

Firmen-Puukkos

Über die Jahre hinweg gaben viele Unternehmen Puukkos mit ihren Logos als Geschenk in Auftrag. Das auf der folgenden Doppelseite rechts abgebildete Beispiel wurde um 1930 von *Turun Sanomat* (Turku Nachrichten) in Auftrag gegeben. *Turun Sanomat* baute eine neue, moderne Druckerei in der Innenstadt von Turku. Das Puukko wurde möglicherweise für die Eröffnungsfeier gefertigt.

Souvenir-Puukkos

Souvenir-Puukkos können ein größeres Gebiet wie zum Beispiel Lappland repräsentieren. In diesem Fall kann das identifizierende Zeichen zum Beispiel ein Griff aus Rentierhorn und eine Scheide mit einem Stück Rentierfell sein. Die Lappland-Souvenir-Puukkos sind in der Tat die typischsten Souvenir-Puukos. Sie sind gewöhnlich von schlechterer Qualität als die traditionellen Gebrauchs-Puukkos, etwas kleiner und mit industriell produzierten Klingen ausgestattet. Manchmal steht „Finland“ auf der Scheide und oft „Made in Finland“ auf der Klinge. Einige gut gemachte Souvenir-Puukkos, wie zum Beispiel das Bärenkopf-Puukko aus Paaso, können natürlich auch als ordentliches Gebrauchs-Puukko dienen. Die kleinen Pferdekopf-Puukkos aus Kauhava kann man ebenfalls als Souvenir-Puukkos betrachten.

AKS-Puukko, sehr wahrscheinlich von Iisakki Järvenpää gefertigt (Kauhava Puukko Museum)

Hersteller	Iisakki Järvenpää
Entstehungsjahr	1935-1942
Typ	AKS-Puukko
Klingenlänge	96 mm
Klingenbreite max.	20 mm
Klingenstärke max.	5 mm
Klingenquerschnitt	diamantförmig
Grifflänge	112 mm
Griffstärke max.	22,3 mm
Griffmaterial	Ebonit, Maserbirke
Monturen	Neusilber
Scheide	Leder 1,8 mm

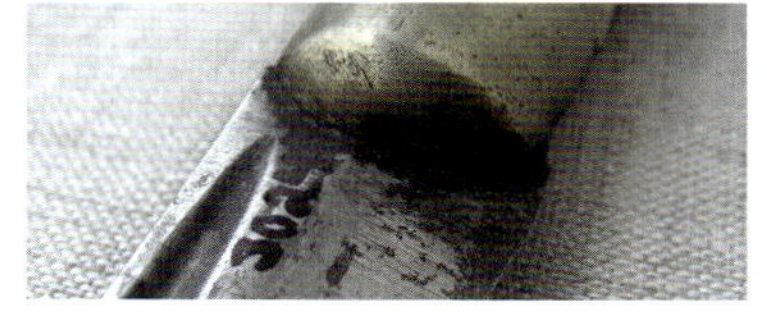

Hersteller	Lahdensuo
Entstehungsjahr	1939-1940
Typ	Olympia-Puukko
Klingenlänge	85 mm
Klingenbreite max.	16,6 mm
Klingenstärke max.	3,8 mm
Klingenquerschnitt	diamantförmig
Grifflänge	107 mm
Griffstärke max.	22,3 mm
Griffmaterial	Birkenrinde
Monturen	Messing
Scheide	Leder 1,6 mm

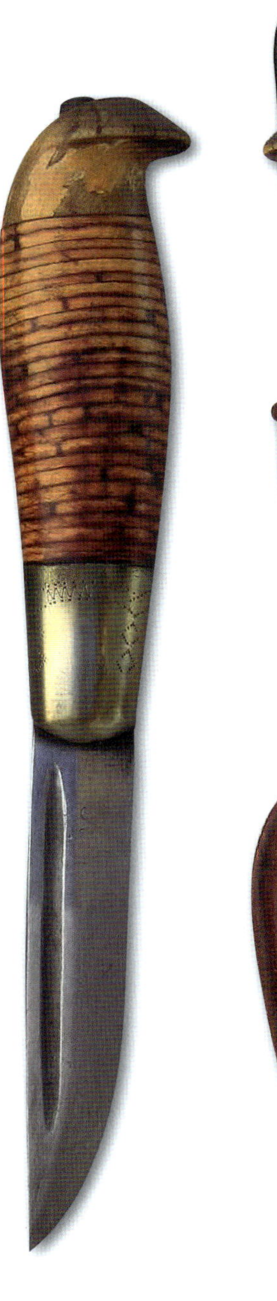

Olympia-Puukko mit Sorko-Intarsie, Lahdensuo, Lapua (Sammlung Eero Heiskanen)

Hersteller	Kauhavan Puukkotehdas
Entstehungsjahr	1930
Typ	Firmen-Puukko
Klingenlänge	99 mm
Klingenbreite max.	19,3 mm
Klingenstärke max.	4 mm
Klingenquerschnitt	diamantförmig
Grifflänge	107 mm
Griffstärke max.	21,4 mm
Griffmaterial	Ebonit, Maserbirke
Monturen	Neusilber
Scheide	Leder 1,6 mm

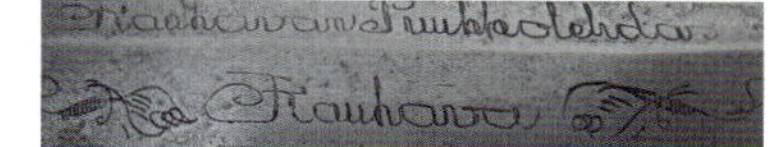

Turun Sanomat Geschenk-Puukko, von Kauhavan Puukkotehdas gefertigt (Sammlung des Autors)

Souvenir-Puukko der Stadt Lappeenranta, produziert von K. Lammi

Auch Städte und Gemeinden gaben verschiedene Arten von Puukkos in Auftrag, bei denen der Name des Orts auf den Griff geschrieben war, oft zusammen mit der Abbildung einer örtlichen Sehenswürdigkeit. Die Puukkos sind gewöhnlich einfache Modelle aus Kauhava-Produktion, die Griffe bestehen meist aus künstlichem Material.

Junki- und Miniatur-Puukkos

Manchmal ist es üblich, alle Puukkos mit einer Länge unter 150 Millimeter als Miniatur-Puukkos zu bezeichnen, aber typischerweise ist ein Miniatur-Puukko kürzer als 100 Millimeter. Ein Puuko mit einer Länge unter 150 Millimeter kann immer noch für viele Aufgaben zu gebrauchen sein. Ein Exemplar von weniger als zehn Zentimetern ist dagegen hauptsächlich ein Sammlerstück. Daher bezeichne ich ich Puukkos mit einer Länge von 100 bis 150 Millimeter als Junki-Puukkos und solche unter 100 Millimeter als Miniatur-Puukkos (*Junki* ist ein Name, der in Finnland für das kleinere Puukko eines Zwillings-Sets benutzt wird. Der Ausdruck stammt vom deutschen Wort „Junge“).

Eine typische Eigenschaft der Junki- und Miniatur-Puukkos ist, dass ihre Proportionen so nahe wie möglich denen der ausgewachsenen Exemplare folgen. Fiskars und Hackman stellten schon während des 19. Jahrhunderts exquisite Junkis und Miniatur-Puukkos her. Die schönsten von ihnen besaßen Griffe aus Ebenholz und Elfenbein mit geschnitzten Verzierungen, die oft auch den Namen des Besitzers mit einschlossen. Während des 20. Jahrhunderts wurden in Kauhava hergestellte Junkis und Miniaturen zu den häufigsten Vertretern dieser Gattung. Auch viele Silberschmiede im gesamten Land machten erlesene und einzigartige Miniatur-Puukkos.

Junkis und Miniatur-Puukkos werden manchmal auch *Aino-Puukkos* genannt. Einer Erklärung zufolge stammt der Name von Aino Passinen, einer Verfechterin des Frauenturnens, die nach dem Krieg eine Gymnastikshow in Kauhava organisierte. Während der Show wurden Junki-Puukkos mit dem in die Klinge geätzten Namen „Aino“ als Geschenk verteilt. Iisakki Järvenpää begann zu Beginn der 1950er Jahre damit, die Bezeichnung Aino für kleine Puukkkos zu benutzen, was diese Begriffsbildung etwas befeuert haben könnte.

Den Namen Ainu-Puukko gab es allerdings schon viel früher. Im Katalog von Luomanen & Kumppanit von 1924 findet sich unter anderem ein so bezeichnetes Modell, das dafür gedacht war, mit einer nationalen Tracht getragen zu werden, die nach Funden aus der Eisenzeit entworfen worden war. Die erste Aino-Tracht wurde 1893 gefertigt. Die Anleitung für ihre Herstellung wurde 1898 veröffentlicht. Das fragliche Aino-Puukko war ein gewöhnliches Puukko aus Kauhava. Die Größe des Puukko wurde nicht erwähnt, aber der Abbildung nach zu urteilen war es mit Sicherheit ein Junki- oder Miniatur-Puukko. Ein Puukko, das ihm in

Form und Preis ähnelte, wurde unter dem Namen „Tourist“ verkauft. Dieses Puukko hatte eine Klingenlänge von nur 40 Millimetern, was es in die Kategorie Miniatur stellt.

Wirkkala-Puukkos

Das Wirkkala-Puukko, das von der finnischen Designer-Ikone Tapio Wirkkala entworfen wurde, ist eines der meistbekannten und am häufigsten gesammelten finnischen Puukko-Modelle. Es wurde von etwa 1961 bis 1979 in zwei Größen von Hackman und Fiskars hergestellt. Bei den Fiskars-Exemplaren wurde der Name „Tapio Wirkkala“ neben den Namen der Fabrik gestellt, bei den Hackman-Versionen ist er unterhalb des Firmennamens angebracht.

Das Wirkkala-Puukko ist ohne Zweifel elegant und seine Scheide in vieler Hinsicht vorbildlich. Das Profil des aus Nylon gefertigten Griffs ist allerdings unpraktisch und die Klingenform teilweise missglückt: Der Fasenwinkel der Klinge ist zu klein, sie ist zu dünn und der rostfreie Stahl zu spröde, um damit zu schnitzen. Aus diesem Grund ist die Schneide bei vielen Wirkkala-Puukkos ausgebrochen und wurde nachgeschliffen. Die abgebildeten Exemplare zeigen die Klingen in ihrer Originalform. Bei den älteren Versionen ist die Klinge noch über vier Millimeter stark. Bei den späteren Modellen kann sie weniger als drei Millimeter messen.

Trotz seiner Unzulänglichkeiten wurde das Wirkkala-Puuko auch außerhalb Finnlands populär und war zum Beispiel in Schweden ein beliebtes Messer für die Wildnis. Die Klinge des Wirkkala-Puukkos ist tatsächlich gut für das Häuten und Ausweiden von Wild oder das Filetieren von Fisch geeignet. Es gibt auch viele „fremde“ Versionen des Wirkkala-Puukkos. So führte die norwegische Firma Helle schon 1965 ihr eigenes, von Wirkkala inspiriertes Modell ein. Es war keine di-

Junki- und Miniatur-Puukkos, spätes 19., frühes 20. Jahrhundert (das Exemplar rechts außen stammt aus dem 21. Jahrhundert)

Großes und kleines Wirkkala-Puukko, Hackman, 1961 bis 1979

Helle „Wirkkala“, 1965 bis 1975 produziert

Erste Version des Wirkkala-Puukkos von Lapin Puukko Oy, 1977 bis 1978 (Sammlung des Autors)

Hersteller	Lapin Puukko Oy
Entstehungsjahr	1977-1978
Typ	Wirkkala-Puukko
Klingenlänge	100 mm
Klingenbreite max.	23,3 mm
Klingenstärke max.	3,4 mm
Klingenquerschnitt	flache Seiten
Grifflänge	111 mm
Griffstärke max.	22,1 mm
Griffmaterial	Nylon
Monturen	Messing
Scheide	Leder 2,0 mm

Zweite Version des Wirkkala-Puukkos von Lapin Puukko Oy mit Parierelement, 1977 bis 1978 gefertigt

rekte Kopie, aber ein Messer, das ähnliche Designideen nutzte. Es wurde 2007 neu aufgelegt. In den 1990ern machte die amerikanische Firma Parker Cutlery eine beinahe exakte Kopie des Wirkkala-Puukkos, die allerdings durch die in die Klinge geätzte Angelszene und die seitlich gesäumte Scheide leicht vom Vorbild unterschieden werden kann.

Anfang des Jahres 2006 brachte der amerikanische Hersteller Cold Steel ein Modell namens „Sisu" auf den Markt, das dem Wirkkala-Puukko nachempfunden war. *Sisu* ist ein finnisches Wort, das grob mit „Mumm" oder „Ausdauer" übersetzen kann. Die Klinge wurde aus laminiertem, rostfreiem Stahl gefertigt, die Monturen aus Neusilber und der Griff aus poliertem Leinenmicarta. Die Scheide war eine typisch amerikanische, seitlich genähte Ausführung. Cold Steel stellte außerdem eine Version mit niedrigerem Preis vor, das Modell „Finn Bear" (finnischer Bär) mit einem Griff aus Zytel.

In den 1970ern suchte Wirkkala nach einem neuen Anbieter für seine Puukko-Designs und entschied sich für die Firma Lapin Puukko Oy, 1974 gegründet. Der Eigentümer der Firma, Esa Silvola, war glücklich darüber, mit Wirkkala zusammenarbeiten zu können und produzierte schließlich drei verschiedene Puukko-Modelle für Wirkkala in den Jahren 1977 bis 1978. Das erste Modell hatte einen kleinen Knauf und wurde in zwei Versionen mit und ohne Handschutz gemacht. Die Klinge hat eine gewisse Ähnlichkeit mit der Wirkkala-Puukko-Klinge, wurde aber aus Carbonstahl gefertigt und besitzt einen größeren Fasenwinkel. Der Griff wurde aus schwarzem Nylon mit robusten gegossenen Messingmonturen gefertigt. Die Lederscheide besitzt eine Kunststoffeinlage. Diese späteren Wirkkala-Puukkos sind praxistauglicher als die Modelle von Hackman. Trotzdem waren sie niemals wirklich populär.

Das dritte Lapin-Puuko-Entwurf von Wirkkala war ein einfaches Gebrauchs-Puukko. Der Griff bestand wie bei den anderen Modellen aus Nylon, die Klinge

Einfaches „Wirkkala-Puukko“ mit Nylongriff von Lapin Puukko, 1977 bis 1978 (Abbildung: Tapio Wirkkala, The Finnish Society of Crafts and Design, 1985)

aus rostfreiem Stahl. Nur der Griff wurde von Wirkkala gestaltet, die Klinge war ein Standardmodell. Die Lederscheide wurde vom Firmenbesitzer Esa Silvola entworfen.

Neben diesen Puukko-Modellen entwarf Wirkkala unter anderem ein Puukko-Set, das einem Leuku nachempfunden war, mit einer geschmiedeten Klinge, einem Griff aus Salweidenwurzel und einer mit Silber eingelegten Niete, die den Griff befestigte. Das dazugehörige Junki-Puukko hatte einen interessanten Knauf. Ein anderes Modell besaß eine Blechscheide im Stil der Eisenzeit, die mit Scheiden von Renfors vergleichbar war.

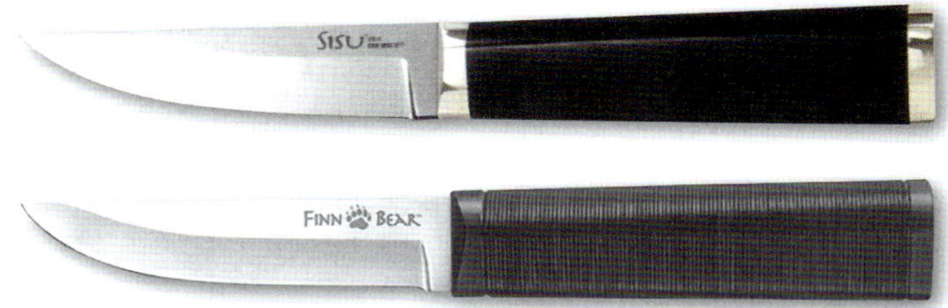

Cold Steel Sisu (2006) und Finn Bear (2007)

Lynx-Puukkos

Das Lynx-Puukko, das von Janne Marttiini in den späten 1920ern entwickelt wurde, ist das erste und bekannteste Modell unter den Marttiini-Puukkos. Es kam schon früh mit seiner hochwertigen Klinge und feiner Verarbeitung zu Bekanntheit: Zum Beispiel wurde es bei der Vyborg-Messe 1932 als bestes Produkt der Messe ausgezeichnet.

Nach einem Datenblatt der Firma Marttiini wurde der Name Lynx (Luchs, auf Finnisch *Ilves*) bei einem Wettbewerb gewählt. Zu diesem Zeitpunkt wurden verschiedene „Lynx-Puukkos“ von vielen Fabriken in Kauhava vermarktet. Der Name Lynx-Puukko wurde jedoch bald speziell auf das Modell von Marttiini angewendet. Während des Zweiten Weltkriegs war es be-

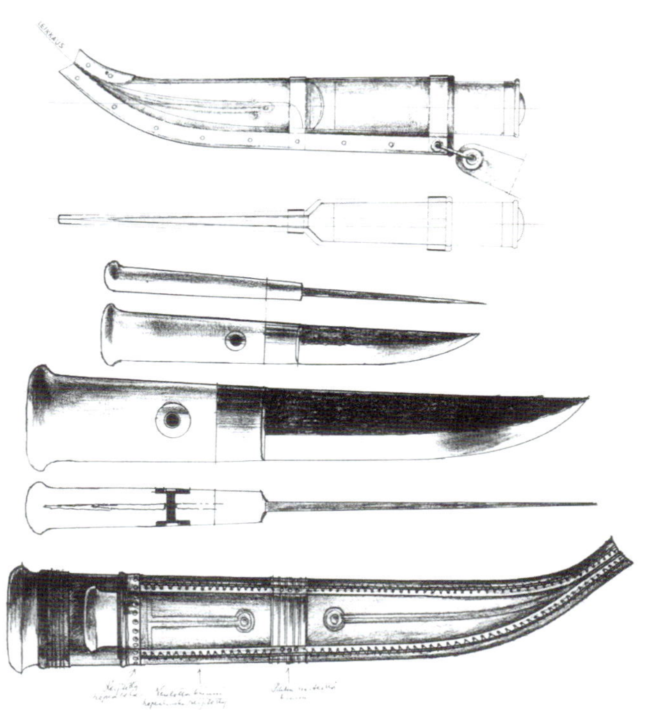

Puukko-Skizzen von Taipo Wirkkala (Abbildungen: Tapio Wirkkala, The Finnish Society of Crafts and Design, 1985)

Hersteller	Janne Marttiini
Entstehungsjahr	1928-1938
Typ	Lynx-Puukko
Klingenlänge	112 mm
Klingenbreite max.	20 mm
Klingenstärke max.	3,6 mm
Klingenquerschnitt	keilförmig
Grifflänge	115 mm
Griffstärke max.	24,6 mm
Griffmaterial	Salweidenwurzel
Monturen	Neusilber
Scheide	Leder 2,0 mm

Ein Lynx-Puukko von Janne Marttiini, das für einen Mord verwendet wurde (Sammlung Kriminalmuseum)

Hersteller	J.Marttiini Oy
Entstehungsjahr	1938-1945
Typ	Lynx-Puukko
Klingenlänge	98 mm
Klingenbreite max.	17,4 mm
Klingenstärke max.	3,1 mm
Klingenquerschnitt	diamantförmig
Grifflänge	95 mm
Griffstärke max.	20,2 mm
Griffmaterial	Salweidenwurzel
Monturen	Neusilber
Scheide	Leder 2,4 mm

Ein etwas jüngeres Lynx-Puukko von Marttiini (Sammlung des Autors)

„Olympia-Lynx" von Janne Marttiini, 1939 bis 1940

sonders populär. Das Lynx-Puukko besitzt einen einseitigen Knauf im Kauhava-Stil und eine Clip-Point-Klinge, in die normalerweise der Name des Modells geätzt ist. In den späten 1930ern wurde auch ein spezielles Modell mit einer Abschlusskappe auf dem Knauf gemacht, das „Olympia-Ilves" genannt wurde und für die Olympischen Spiele in Helsinki von 1940 gedacht war.

Das Lynx wird bis heute produziert. Mittlerweile wird der Griff entweder aus Birke oder Maserbirke gefertigt, bei den älteren Exemplaren finden sich viele Griffe aus Salweidenwurzel. Die älteren Modelle besitzen auch gravierte Zwingen, und der Fasenwinkel der Klinge ist kleiner als bei den späteren Ausführungen. Er variiert zwischen 13 und 21 Grad.

Die Scheide ist ein seitlich genähtes Fischschwanz-Modell. Zumindest bei den größeren Modellen aus den 1940ern ist das Profil eines Luchskopfes aufgedruckt. Die Lederquaste, die bei einigen Scheiden gefunden werden kann, sollte die Haarbüschel an den Ohren eines Luchses repräsentieren. Eine andere Erklärung ist, dass sie an die Quaste angelehnt war, die auch an Paradeschwertern und -Puukkos finnischer Soldaten angebracht war.

Lynx-Puukkos wurden in vielen verschiedenen Größen gefertigt. So konnte die Klingenlänge 70, 90, 100, 150 oder 200 Millimeter betragen. 1998 wurde eine limitierte, nummerierte Serie von festlichen Lynx-Puukkos produziert, um die 70-jährige Geschichte dieses Modells zu würdigen. Dasselbe Modell ohne Nummerierung ging im folgenden Jahr in Serie.

Puukko-Dolche

Mit dem Begriff Puukko-Dolch beschreibe ich einen Dolch mit einer symmetrischen, zweischneidigen Klinge und einem Griff oder einer Scheide, die leicht erkennbar Eigenschaften eines Puukkos aufweist. Diese Art von Messern wurde hauptsächlich in Kauhava und einigen anderen Bezirken während des späten 19. und frühen 20. Jahrhunderts hergestellt. Die Modelle von Kauhava trugen oft feine Sorko-Einlegearbeiten (Intarsien) auf den Griffen aus Birkenrinde.

Abgebildet ist ein seltener „Rautalampi-Puukko-Dolch", der von Iivar Haring gemacht wurde. Der Griff aus Ebonit und die Parierstange zeigen gravierte Verzierungen mit Tier- und Wappenmotiven. Der Name des Herstellers ist auf die Parierstange graviert. Die Scheide ist asymmetrisch und besitzt alle Elemente eines traditionellen Rautalampi-Puukkos. Die Griffkappe des Dolchs gleicht ebenfalls dem Rautalampi-Modell.

Jagd-Puukkos

Jagd-Puukkos sind ein relativ neues Phänomen in der Puukko-Welt, da in alten Zeiten das Puukko selbstverständlich auch für die Jagd benutzt wurde. Ein etwas anderer Puukko-Typ wurde gelegentlich fürs Abnicken, Häuten oder Aufbrechen des Wilds benutzt, aber ein separates „Jagd-Puukko" wurde anscheinend zumindest vor dem 20. Jahrhundert nicht benutzt. Selbst im frühen 20. Jahrhundert waren die „Jagd-Puukkos", die von manchen Herstellern beworben wurden, nichts weiter als typische Puukkos mit etwas längerer Klinge.

Von den späten 1920ern an wurde auch ein Scout-Puukko-Modell mit einer dolchähnlichen Parierstange unter dem Namen „Jagd-Puukko" oder „Wildnis-Puukko" vermarktet. Später wurde dieses Modell auch mit einem einseitigen Handschutz hergestellt. Diese Exemplare könnten im Prinzip die ersten Jagd-Puukkos genannt werden, da sich ihre Konstruktion deutlich von der eines gewöhnlichen Puukkos unterscheidet. Allerdings ist ihr Design von fremden Messern abgeleitet.

In den 1960er Jahren vermarktete Fiskars das auf der folgende Seite abgebildete Puukko mit Kunststoffgriff und 125 Millimeter langer Klinge aus rostfreiem Stahl als Jagd-Puukko. Eine neue Eigenschaft dieses Modells und vieler moderner Jagd-Puukkos ist, dass der Handschutz nicht aus einem hervorstehenden Element besteht, sondern eher aus einer geschwungenen Vertiefung im Griff nahe der Klinge.

Während der 1980er begann Marttiini einen neuen Typ von Jagd-Puukkos mit breiterer Klinge und Handschutz herzustellen, der untypisch für Puukkos war. Das Vorbild dafür stammte zum Teil vom Leuku und teilweise von fremden Jagdmessern. Eines der ersten modernen Jagd-Puukkos war das Wildnis-Puukko, das in den 1980ern von Heimo Roselli entwickelt wurde. Das Modell wurde im Ausland als Jagdmesser vermarktet. Es hatte eine breitere Klinge und einen breiteren Griff als typische Puukkos und war auch mit einem moderaten Handschutz ausgestattet. Zumindest von diesem Zeitpunkt an wurden moderne Jagd-Puukkos auch von mehreren indiviudellen Puukko-Schmieden hergestellt.

In Finnland wird das Jagd-Puukko auch oft Wildnis-Puukko genannt, da es auch dafür geeignet sein sollte,

„Rautalampi-Puukko-Dolch", Iivar Haring

Fiskars „Jagd-Puukko“ von 1967

Jagd-Puukko von Teuvo Sorvari, 2004

Modernes Jagd-Puukko mit einer Klinge von Jukka Hankala (Sammlung des Autors)

Hersteller	Anssi Ruusuvuori
Entstehungsjahr	2005
Typ	Jagd-Puukko
Klingenlänge	101 mm
Klingenbreite max.	29,7 mm
Klingenstärke max.	4 mm
Klingenquerschnitt	flache Seiten
Grifflänge	121 mm
Griffstärke max.	27,5 mm
Griffmaterial	Elchhorn
Monturen	Aluminium, Grenadill
Scheide	Leder 3,0 mm

Späne für ein Feuer vom Holz zu schaben und andere notwendige Arbeiten beim Camping auszuführen. Auf der vorigen Doppelseite abgebildet sind zwei moderne Jagd-Puukkos. Beide haben einen einfachen Handschutz und einen Knauf. Beide Scheiden sind als Klickscheiden konstruiert.

Die Anglerversion des Klapp-Puukkos von Hackman, etwa zwischen 1947 und 1955 produziert

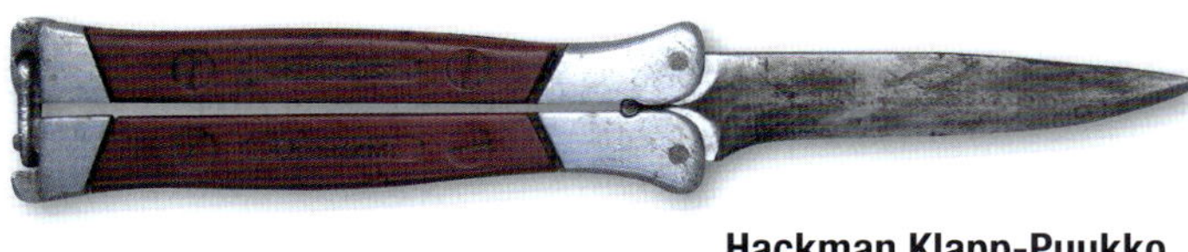

Hackman Klapp-Puukko, zweites Modell, etwa 1950 bis 1960

Pertemet Klapp-Puukko aus den späten 1990er Jahren

Hackman Klapp-Puukko, zwischen 1965 und 1975

Klapp-Puukkos

Klappbare Puukkos wurden in den 1940er Jahren von Hackman entworfen. Man benutzte die Grundkonstruktion von sogenannten Butterfly-Messern (auch Balisong genannt) mit einigen kleinen Abweichungen. Hackmans Modelle wurden in den späten 1940ern als „Klapp-Puukkos", „Campingmesser" und „Wildnis-Puukkos" vermarktet. Das erste Modell besaß eine geschmiedete Klinge aus Kohlenstoffstahl von guter Qualität und einen Griffrahmen aus gegossenem Aluminium mit aufgeschraubten Griffschalen aus kastanienbraunem Kunststoff.

Das zweite Modell besaß ebenfalls einen gegossenen Aluminiumrahmen, aber die Griffschalen waren jetzt nur noch aufgeklebt, obwohl das Abbild der Schrauben immer noch sichtbar war. Zumindest das erste Modell wurde auch als „Angel-Klapp-Puukko" produziert. Es besaß eine Klinge aus Kohlenstoffstahl mit abgerundeter Spitze, einen Aufreißhaken und einen Wellenschliff am Rücken, der es für das Ausnehmen von Fisch geeignet machte.

Das dritte Modell, das ab Anfang der 1960er Jahre produziert wurde, hatte Griffhälften aus reinem Kunststoff und eine dünnere Klinge, die aus Metallblech hergestellt wurde. Für eine gewisse Zeit wurde auch dieses Modell von Fiskars im Aufrag hergestellt, aber Mitte der 1980er Jahre wurde die Produktion endgültig eingestellt. 1994 nahm die in Sorsakoski ansässige Firma Pertemet die Produktion des Modells wieder auf. Bei diesen Puukkos ist der Text „Sorsakoski, Finnland" in den Griff geformt und „Pertemet, Sorsakoski" in die Klinge geätzt. Auch einige schlechte chinesische Kopien von diesem Modell wurden produziert.

Während der letzten Jahre hat das dritte Modell der Klapp-Puukkos internationales Interesse gewonnen, als man herausfand, dass die CIA während des Vietnamkriegs ihre Verbündeten vor Ort damit ausrüstete.

Handgefertigtes Jagd-Puukko mit Zwischenstücken aus Wüsteneisenholz im Griff (Sammlung JT Pälikkö)

Hersteller	JT Pälikkö
Entstehungsjahr	2006
Typ	Jagd-Puukko
Klingenlänge	107 mm
Klingenbreite max.	29,2 mm
Klingenstärke max.	5,1 mm
Klingenqu.	diamantförmig, Hohlschliff
Grifflänge	113 mm
Griffstärke max.	22,8 mm
Griffmaterial	Maserbirke, gefärbt
Monturen	Messing, Neusilber
Scheide	Leder 3,0 mm

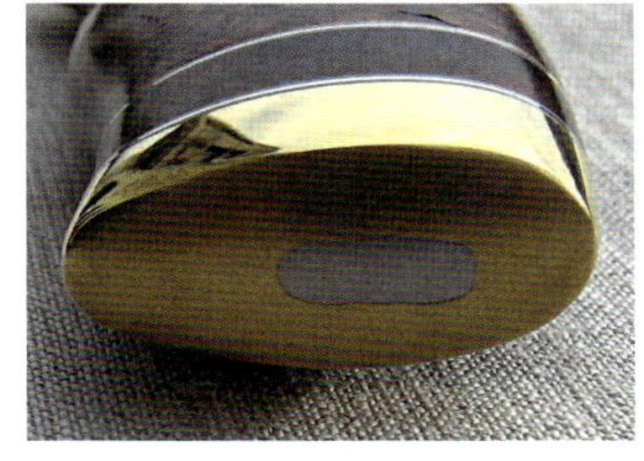

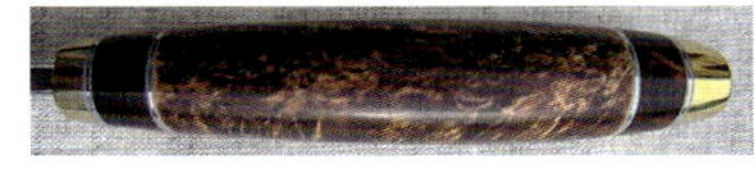

Puukko-Schmiede in Kauhava

Nachfolgend eine Liste aller bekannten Namen von Firmen und Personen, die in Kauhava an der Messerproduktion beteiligt waren, die meisten vor 1950. Die Informationen sind sehr lückenhaft. Angegeben ist in der Regel die Lebensspanne und / oder der Zeitraum, in dem die Schmiede und Hersteller nachweislich als Puukko-Hersteller oder Schmiede aktiv waren, wobei der tatsächliche Zeitraum größer gewesen sein könnte. Es ist bei vielen Personen auch nicht klar, ob sie Schmiede waren oder nur Scheiden machten oder andere Bestandteile von Puukkos fertigten. Teilweise ist nur das Geburtsjahr bekannt, teilweise das Todesjahr.

Ahl (Kaukoranta) Heikki	arbeitete schon im 19. Jhdt., später Geschäftsführer der Kauhavan Osuuspuukkotehdas, gegr. 1907
Ahomaa O.T.	1930er und 1940er Jahre
Alamäki Antti	frühes 20. Jahrhundert
Alaranta Matti	geb. 1857
Altteen V.	1940er Jahre
Dahl Johan	19. Jahrhundert
Ekman Akseli	frühes 20. Jahrhundert
Ekman Emil	frühes 20. Jahrhundert
Granath Kalle	Werkstatt zuammen mit Ville Granath, ca. 1920 - 1933
Granath Ville	Werkstatt zuammen mit Kalle Granath, ca. 1920 - 1933
Hannuksela Jaakko	Gründer von Hannuksela Puukkotehdas, 1895
Hannukselan Puukkotehdas	1895 - 1912
Hietakangas Juho	frühes 20. Jahrhundert
Iisakki Järvenpää Oy	Puukko-Fabrik, gegründet 1879, heute noch aktiv
Isojärvi Jalmari	19. Jahrhundert
Isojärvi Nikolai	19. Jahrhundert
Isojärvi Simuna (Sinkku)	19. Jahrhundert, stellte in den 1890ern Birkerrinden-Puukko für Järvenpää her
Jouppi Mikko	19. Jahrhundert
Jylhä Elias (Anselmi Juhonpoika)	Puukko-Schmied, 1895 -1919
Jylhä Urho	1944 - 1946
Järvenpää Eljas	gest. 1882, arbeitete mit seinem Bruder Iisakki
Järvenpää Juho Nikolai	1883 - 1935
Järvenpää Nestori	1891 - 1961
Järvenpää Iisakki (Isak)	7.1.1859 - 6.3.1929
Järvenpää Samuli	geb. 1844
Järvenpää Veikko	Puukko-Geschäft 1945 - 1950
K. Lammi	siehe Lammi Kustaa
Kaikoo Iisakki	19. Jahrhundert
Kalliokoski Kalle	1945
Kamppinen Jaakko	gest. 1885
Kankaanpää Altti	arbeitete für Puukkotehdas Reino Kankaanpää, gründete 1972 die Firma Hiomo Altti Kankaanpää
Kankaanpää Juhani	arbeitete für Puukkotehdas Reino Kankaanpää, Partner bei Hiomo Altti Kankaanpää 1972 - 1982

Kankaanpää Reino	eigene Firma Puukkotehdas Reino Kankaanpää 1942 - 1972
Kauhavan Puukkotehdas	Puukko-Fabrik 1898 - 1939
Kauhavan Osuuspuukkotehdas	Puukko-Fabrik 1907 - 1918
Kauhavan Uusi Puukkotehdas	Puukko-Fabrik (KUPT) 1918 - 1935
Kaukoranta Heikki	(siehe Ahl)
Kauppila K.	Puukko-Fabrik 1919
Ketola Ahti (Ahto)	Puukko-Fabrik 1945 - 1946
Kiviluoma O. J.	k. A.
Kivimäki Emil (Eemi)	frühes 20. Jahrhundert
Kivimäki Herman	frühes 20. Jahrhundert
Kivimäki Juho (Jussi)	frühes 20. Jahrhundert
Kivinen Ilmari	Puukko- und Spielzeug-Fabrik, 1940er Jahre
Kivinen Nikolai	Spielzeug-Fabrik, 1940er Jahre
Klemola Matti	gest. 1953, Puukko-Hersteller 1943 - 1952
Komulainen Eino	geb. 1924
Kuivinen Iisakki	19. Jahrhundert
Kujanpää Jaakko	gründete 1898 Kauhavan Puukkotehdas zusammen mit Kustaa Somppi
Kuula Antton	frühes 20. Jahrhundert
Kuurre L.V.	Puukko-Hersteller 1943 - 1952
Laasonen Kalle	1945
Lahdensuo & Co	Puukko-Fabrik in Lapua, Hersteller von Kauhava-Puukkos 1926 - 1958
Lahtinen August	Puukko-Schmied 1875
Laitinen Kustaa	Klingenschmied im frühen 20. Jahrhundert
Lammi Juho Kustaa	27.9.1861 - 9.7.1901
Lammi Kustaa	1901 - 2001, Puukko-Hersteller (bis 1996), gekennzeichnet mit K. Lammi, besonders aktiv 1926 - 1939
Lammi Matti	1836 - 1888, Vater von J.K. Lammi
Lammi Matti	1896 - 1979, Bruder v. K. Lammi, arbeitete als Schmied 1916 - 1929, danach für K. Lammi u. Järvenpää
Lassila Arvi	1945
Lauri Heino	Puukko-Hersteller in den 1940ern
Lehtinen (Luomanmäki) Jaakko	frühes 20. Jahrhundert
Leinonen Heikki	gest. 1950
Lellu Tuomas (Tuomas Tuurimäki)	1832 - 1924
Lillbacka Emil	1945
Liuha Antti	frühes 20. Jahrhundert, Vertreter von Iisakki-Järvenpää-Puukkos
Luoma Jussi	frühes 20. Jahrhundert
Luomanen & Kumppanit	Puukko-Fabrik 1922 - 1945
Maja Iisakki	1883 - 1933, arbeitete zunächst bei Järvenpää. dann (ab ca. 1910) als selbstständiger Schmied
Mattila Ville	frühes 20. Jahrhundert
Mäenpää (Mäenpänen) Antti	27.3.1873 - 16.10.1950
Mäenpää Ilmari	Puukko-Schmied
Mäenpää Jalmari	frühes 20. Jahrhundert
Mäenpää (Mäenpänen) Kustaa	Sohn v. Antti Mäenpää, arbeitete ab 1911 für Iisakki Järvenpää, später für Autio, dann in eig. Schmiede
Mäkinen Yrjö	frühes 20. Jahrhundert
Mäkipelkola Onni	siehe Mäkipelkolan Puukkotehdas
Mäkipelkolan Puukkotehdas	Puukko-Fabrik 1941 - 1961
Niemi Vihtori	einer der Gründer von Kauhavan Osuuspuukkotehdas
Nyberg Väinö	stellte 1907 – 1921 Klingen für Järvenpää und andere Firmen her
Palomäki Nikolai	Puukko-Hersteller ab 1928, aktiv bis 1945
Passi Matti	frühes 20. Jahrhundert
Perttula Nikolai	frühes 20. Jahrhundert, arbeitete wahrscheinlich schon im 19. Jahrhundert

Pikkumäki Alfred	Schmied, machte Klingen für erste Iisakki-Järvenpää-Puukkos, ab 1910 für die Järvenpää-Fabrik
Pitkäjärvi Einari	Puukko-Hersteller in den 1940er-Jahren
Pollari Iisakki	1920er und 1930er Jahre
Puronvarsi M	Puukko-Geschäft in den 1940er Jahren
Puukkotehdas Ahjo	Puukko-Fabrik, gegründet 1922
Puukkotehdas Reino Kankaanpää	Puukko-Fabrik 1942 - 1981
Puukkotehdas velj. Porkkala	Puukko-Fabrik 1949
Rintanen Juha	1940er Jahre
Roiha Vilho Roiha	einer der Gründer von Kauhavan Puukkorengas, 1927
Roomio Tuomas	Mitte des 19. Jahrhunderts
Rukkila Matti	Puukko-Schmied, frühes 20. Jahrhundert
Ruusu Santeri	frühes 20. Jahrhundert
Rämäkkö Kustaa	1881 - 1971, die Rämäkkö-Familie ist für ihre Scheiden bekannt
Rämäkkö Nikolai	1877 - 1927
Rämäkkö Vihtori	1889 - 1958
Saari Matti	1940er Jahre
Saari Vihtori	1940er Jahre
Saarinen Matti	1940er Jahre
Salo August	frühes 20. Jahrhundert
Salo Eemeli	frühes 20. Jahrhundert
Salo Onni	geb. 1925, lizensierter Puukko-Schmied, mindestens bis 1945
Salo Tuomas	19. Jahrhundert
Salonperä Kalle	1914 - 1979
Salonperä Kustaa	Puukko-Schmied, evtl. identisch mit Kustaa Salonperä
Seppälä Vilho	Puukko-Schmied, 1940er Jahre
Silla Jalmari	frühes 20. Jahrhundert
Silla Juha	Puukko-Schmied
Sippola August	frühes 20. Jahrhundert
Somppi Kustaa	gründete 1898 Kauhavan Puukkotehdas zusammen mit Jaakko Kujanpää
Somppi Matti	1920er bis 1940er Jahre
Somppi Nikolai	Meisterschmied, 1920er bis 1940er Jahre
Syvänen Arvo	1940er Jahre
Syvänen Eino	Puukko-Hersteller 1942 - 1952
Syvänen Juho (Juha)	arbeitete ab 1925
Takala Lauri	frühes 20. Jahrhundert
Tuurinmäki Kustaa	1855 - 1878
Tuurinmäki Tuomas	8.9.1832 - 18.3.1924
Vainionpää Nikolai	geb. 1891
Valkeiskangas Juho (Urho?)	1940er Jahre
Viinikka Joel	Puukko-Geschäft, 1940er Jahre
Vihalainen Juha (Juho)	1822 - 1915, auch bekannt als Johan Henrik Viholainen
Viitamäki Viljami	1940er Jahre
Viitasalo Jaakko	Puukko-Schmied 1882 - 1918
Viitasalo Toivo	Puukko-Fabrik 1945 - 1947
Viitasalo Vihtori	frühes 20. Jahrhundert
Välimäki Onni	lizensierter Schmied 1945